희망을 찾아 떠나다

20대의 공정여행
희망을 찾아 떠나다

처음 펴낸 날 2010년 5월 1일
세 번째 펴낸 날 2011년 12월 1일

지은이 김이경·주세운
펴낸이 유재현
편집한 이 이혜영, 장만, 강주한
꼴을 꾸민 이 조완철
알리는 이 박수희
인쇄·제본 영신사
종이 한서지업사

펴낸곳 소나무
등록 1987년 12월 12일 제2-403호
주소 121-830 서울시 마포구 상암동 11-9, 201호
전화 02-375-5784 **팩스** 02-375-5789
전자우편 sonamoopub@empal.com
전자집 www.sonamoobook.co.kr

값 14,000원

ISBN 978-89-7139-817-3 03980

소나무 머리 맞대어 책을 만들고, 가슴 맞대고 고향을 일굽니다.

청년 공정여행 가이드북

희망을 찾아 떠나다

김이경 · 주세운 지음

소나무

꿈을 품은 여행, 여행이 보여준 꿈

여행을 떠나기 전, 대학 3 · 4학년생이던 우리는 답답한 일상에 갇혀 있었다. 학교는 우리에게 진정한 배움보다는 좋은 학점을 받아 유능한 노동자가 되는 길만을 보여줬다. 학교 밖에서도 우리는 친구를 만들기보다 서로를 경쟁자로 보는 데 익숙했다. 88만원세대의 경제적 압박도 압박이지만 그보다 더 고통스러운 건 꿈과 우정의 부재였다. 그 둘이 없는 우리는 청년이라 할 수도 없었다.

그랬던 우리에게 '지구촌 빈곤' 문제는 어쩌면 하나의 탈출구였을지 모른다. 여느 대학생처럼 스펙을 쌓기에도 모자랄 시간들을, 나와 전혀 관계가 없는 사람들을 생각하며 보냈다. 적어도 그 때만큼은 우리가 인간답게 살고 있다는 느낌을 가질 수 있었으니까. 빈곤의 '현장'을 직접 보고 싶다는 꿈을 품고 여행 계획을 세우는 동안에도 우리를 이끈 건 가슴 뛰는 설레임이었다.

2007년 9월 12일부터 12월 13일까지 남아시아의 세 나라를 여행했다. 세 청년이 지구촌의 빈곤과 싸우며, 희망을 만드는 사람들을 찾아 떠난 여행이었다. 약 90일의 여행 기간 동안 미리 선정한 단체들–그라민은행, 음용수 공급과 위생을 위한 엔지오 포럼, 러그마크, 마하구티, 쓰리 시스터즈, 안나푸르나보존구역프로젝트, JTS, 맨발대학, 세와—을 중심으로 짧게는 이틀에서 길게는 2주 정도 머무르며 사람들을 만났다.

우리가 찾아간 곳은 주로 관광지와 거리가 먼 시골의 오지들, 낙후된 공장들, 변방의 황무지 마을들이었다. 찾아가는 과정은 힘들었고 머무는 환경도 척박했다. 일부러 사서 고생한 덕분인지 여행 중 우리에겐 고생스런 일도, 우리끼리의 갈등으로 싸운 적도 많았다. 한 사람은 이질에 걸려 심하게 앓기도 했다.

우여곡절 끝에 꿈꿨던 여행을 다녀오고 이렇게 한 권의 책으로까지 정리했다는 게 아득하게 느껴진다. 돌이켜 다시 생각해본다. 이 여행은 우리에게 어떤 의미였던가. 꿈이 우리를 여행하게 했고, 여행은 다시 우리를 꿈꾸게 했다는 것이 아닐까.

또한 무엇보다 우리에겐 답보다 질문을 배운 여행이었다. 처음에 우리가 생각한 빈곤의 의미는 1달러 미만의 혹은 하루 20리터의 물을 구할 수 없는 등의 계량화된 수치였다. 그러다 여행 중 만나게 된 많은 사람들을 통해 빈곤을 숫자로만, 물질로만 정의할 수 없다는 생각을 뼈저리게 하게 되었고, 우리의 빈곤과 우리가 잃어버린 용기들을 그곳에서 배우기도 했다. 이제는 더 이상 우리(북반구)의 도움으로 그들(남반구)의 빈곤을 해결할 수 있다는 식의 말은 하지 않게 되었다. 다만 우리는 서로 배우고 함께 연대할 수 있을 뿐이지 않을까.

책을 내는 지금, 우리에게 한 가지 바라는 것이 있다면 이 책이 친구들에게 또 하나의 스펙-업 경험담으로 받아들여지지 않았으면 하는 것이다. 이

책이 누군가의 특별한 경험을 뽐내는 글이 아니라 서로의 꿈을 나누고 자극하는 기회가 될 수 있었으면 좋겠다.

그리고 요즘 유행하는 자기계발서들이 기업과 직장인들의 성공담을 들려주듯이 어떤 단체의 빈곤퇴치 성공담을 보여주려고 이 책을 쓴 것도 아니다. 물론 우리가 여행을 통해 만난 사람들은 여러 어려움 속에서도 자신들의 희망을 만들고 있는 이들이었다. 하지만 우리는 여행을 통해 알게 되었다. 성공만큼 중요한 실패와 질문들이 있고, 때론 이룰 수 있는 꿈보다 이룰 수 없는 꿈들이 더 소중하다는 사실을.

민폐를 많이 끼친 여행이라 감사할 사람들이 많다. 우선 아홉 달 동안 여행을 함께 준비하고 석 달 간의 여행을 함께했던 우리의 멤버 여정이에게 고마움을 표하고 싶다. 여정이가 없었다면 우리가 한 모든 경험은 불가능했다. 사정으로 원고 작업은 함께 하지 못했지만 책의 모든 부분에 여정이의 흔적이 담겨있다.

GSU, ODA Watch, 그리고 만행 친구들에게도 감사의 마음을 전하고 싶다. 좋은 스승을 만나는 것보다 좋은 친구들을 만나기가 어렵게 느껴지는 요즘, 함께 꿈 꿀 수 있는 사람들을 만나서 참 든든했다. 언론사 머니투데이의 홍찬선 부장님, 박종면 국장님은 치기어린 청년들을 믿고 기회를 내어주셨다. 이경숙 기자님은 여행 내내 우리를 보살펴주고 기사를 다듬어준 또 한 명의 멤버였다. 방글라데시 · 네팔 굿네이버스 한국 활동가들은 우리가 곤란을 겪을 때마다 큰 힘이 되어 주셨다.

여행을 준비하면서 우리에게 많은 도움을 준 분들께도 감사드린다. 박창순, 육정희 한국공정무역연합 대표님, 김경연, 김동훈, 김혜경, 이선재, 이

태주, 한재광 ODA Watch 선배님들, 이근행, 라힘, 김경희, 정미경, 김미화, 오연금, 이경하, 정선희, 강희영, 신희철 님은 무턱대고 찾아가 물음을 구했던 우리의 무례를 따뜻한 도움으로 돌려준 분들이었다.

부족한 젊은이들을 믿고 함께 책을 만들어준 소나무 출판사 식구들-유선배, 장만, 조완철 님 등에게도 감사의 마음을 전하고 싶다. 밥을 나누고 삶을 나누며 책을 만드는 소나무의 그 넉넉함에 취해 내 집처럼 편하게 눌러있곤 했다. 그리고 우리의 편집자 이혜영 솔방울님은 책을 넘어서는 깊은 격려와 도움을 주었다. 책을 만드는 동안 참 행복했다.

그리고, 부족한 자료와 사진을 지원해 준 이매진피스와 귀한 사진 내어준 편해문 님 덕분에 훨씬 풍성한 책이 될 수 있었다.

끝으로 가장 고마운 분들….

어설픈 우리의 방문을 바쁜 업무 중에도 팔 벌려 맞아준 여러 단체와 그곳에서 땀흘리는 수많은 활동가들, 가난한 살림에도 우리를 보살펴 준 아시아의 이웃들, 여행에서 만난 친구들…. 그들이야말로 우리 여행의 주인공들이다. 그 모든 분들의 마음의 자양분을 받은 이 책이 세계 시민으로 살기를 꿈꾸는 친구들의 마음에 가닿는다면 참 기쁘겠다.

2010년 봄

김이경, 주세운 드림

* 이 여행은 '머니투데이'의 후원으로 이루어졌습니다.

20대의 공정여행

희망을 찾아 떠나라

태국 공항의 몽상가들

너무 춥다. 의자 3개를 연결해서 만든 간이 침대에 다리를 뻗고 누운 뒤 침낭으로 몸을 둘둘 말았다. 그래도 너무 추워 잠을 이룰 수 없었다. 뒤에 있는 창문 너머로, 어디로 가는지 모르는 많은 비행기들이 밤하늘을 밝게 비추며 항해하는 모습이 보인다. 이 곳은 방글라데시로 가기 전에 들른 태국의 공항이다. 여기서 우리는 무려 15시간을 보내야만 한다. 밤에 한숨 자면 금방 아침이 올 거라고 생각하고 환승시간이 긴, 가장 저렴한 티켓을 끊었다. 그런데 에어컨이 너무 센 탓인지 잠이 오지 않는다. 애써 잠을 청하고 있는 친구들을 바라보니 이 곳까지 온 것이 꿈만 같았다.

"여행 가는 경비로 기부를 하는 게 더 낫지 않겠나?"

여행을 준비하면서 필요한 자금을 구하기 위해 여러 곳을 뛰어 다닐 때 만난 어느 분이 던진 질문이었다.

"물론 저희가 여행을 가는 대신에 그 경비로 기부하는 게 단기적으로 보았을 때에는 더 나을지도 모릅니다. 하지만 빈곤 속에 있는 사람들에게 단지 돈을 준다고 그들의 삶이 나아질까요? 그들이 돈을 다 쓰면 또 누가 그들에게 기부를 해 줄 건가요? 저희는 빈곤을 겪고 있는 사람들과 이에 맞서 희망을 찾고 있는 사람들의 이야기를 한국에 있는 사람들, 특히 청년들에게 알리고 싶습니다. 많은 사람들이 관심을 갖고, 구조적인 문제를 해결하려고 시도할 때 기부보다 더 큰 효과가 날 거라고 생각합니다."

그때는 이렇게 자신 있게 대답했지만, 그런 질문에 완전히 떳떳하기는 우리 스스로도 쉽지 않았다. 사실 우리의 여행은 시작부터 여러 사람들의 비난과 응원 속에 있었다. 대학생 동아리에서 주최한 행사에서 처음 만났을 때, 우리 셋은 파키스탄의 아동노동을 사용하지 않는 공정무역 축구공을 한국에 들여오자는 프로젝트를 함께 만들었지만, 공정무역은 한국에서 어렵다는 이유로 낮은 점수를 받았다. 그 뒤 우리의 여행 기획서를 본 많은 NGO 실무자들은 너무 포괄적인 내용을 다루고 있어서 지원금을 대줄 수 없다며 고개를 내저었다. 그러나 몇몇 친구들은 우리의 무모한 시도에 끊임없는 격려를 해주기도 했다.

누구도 우리의 여행이 가능할거라고 생각하지 않았다. 우리 셋 만 빼고는. 하지만 신기하게도 돈에 대한 걱정은 없었다. 우리는 당연히 간다고 생각하면서 여행을 준비했다. 만약 아무도 여행을 지원해 주지 않는다면, 아르바이트를 해서라도 자금을 마련하겠다는 각오였다. 우리는 비행기표만 마련되면 떠날 계획이었다. 돈이 떨어지면 노숙이라도 하지 뭐, 이런 생각이랄까.

우리에게 자금 마련보다 중요했던 건, 우리가 '왜' 여행을 가야 하는지에 대한 각자의 대답을 찾는 것이었다. 그래서 일주일에 이틀은 직접, 나머지는 온라인으로라도 무조건 모였다. 함께 읽은 책만 해도 수십여 권이고, 만난 사람만 해도 50명은 되었다. 일주일에 적어도 세 번은 밤을 새면서 자료를 찾고 토론을 벌였다. 반년 동안 하루도 편하게 쉬지 못했다. 낮에는 학업을, 밤에는 여행 준비를 했다.

모 신문사에 독특한 홈페이지를 운영하는 기자가 있었다. 사회에 이로운 자본 '쿨한 머니(Cool Money)'만 다루는 홈페이지였다. 여행을 준비하며 이 곳에서 찾은 정보들로 많은 도움을 받았기에, 기자에게 한번 만나서 보다 상세한 조언을 구하고 싶다는 메일을 보냈다. 그런데 며칠 만에

"빈곤과 싸우는 사람들을 만나는 여행이라니, 말씀만 들어도 가슴이 두근거립니다. 실은 저도 친한 언니와 그런 여행을 '말로만' 기획한 적이 있지요."

라고 하며 여행 기획서를 보내달라는 답장이 왔다. 기획서를 보낸 뒤 몇 차례 만남을 가졌는데, 이 일이 우리에게 생각지도 않은 행운을 가져다주었다. 신문사에서 10주 동안 기획 연재를 하는 조건으로 여행 경비 전액을 지원해주겠다는 제안이었다. 얼떨결에 우리가 원한 모든 것 – 경비조달과 우리의 탐방이야기를 전할 매체를 찾는 일이 해결되었다. 신문사에서는 우리에게 딱 두 가지를 요구했다.

"글을 쓸 때 여러분들이 보았던 것, 느꼈던 것, 들었던 것, 심지어 냄새 맡은 것까지 하나하나 기록해서 독자들이 마치 여러분과 함께 있는 것처럼 느낄 수 있도록 써주세요. 그리고 절대 아프면 안 됩니다."

여행을 준비한 지 4개월째. '돈'에 대한 고민은 끝이 났다. 새벽 2시. 자료를 찾고, 만나고픈 사람들에게 메일을 보내는 작업을 하느라 학교에서 밤을 새고 있을 때였다. 잠도 깰 겸, 우리는 잠시 산책을 하러 나갔다.

"우리가 여행 간다고 크게 달라질 게 있을까?"

"잘은 모르겠지만, 적어도 우리는 달라지지 않을까?"

"여행 가면 어떤 사람들을 만나고 싶어?"

"음, 책에서 보았던 유명한 사회적 기업이나 NGO의 대표들보다는 공정무역 상품을 만드는 노동자들, 하루 종일 고달프게 일하는 릭샤꾼, 지역에서 빈곤과 싸우고 있는 젊은 활동가들을 만나고 싶어. 넌?"

"난 나의 삶과 그들의 삶의 연결고리를 찾고 싶어. 내가 입고 있는 티셔츠, 먹는 과자나 음식, 편안하게 살 수 있는 바탕에 우리가 가려는 나라의 사람들과 연결된 지점이 있을 것 같거든."

"그리고 난 우리의 여행, 우리의 선택이 무엇을 바꿀 수 있을지 알고 싶어. 여행지에서 사람들이 쓰는 돈은 모두 어디로 가기에 유명한 관광 명소가 있는 나라인데도 가난에서 벗어나지 못하는 걸까?"

"또 우리 세대는 모두 비슷한 교육을 받고 똑같은 것들을 원하고 있는 것 같아. 사회에서 정해놓은 길을 따라 걷지 않는 건 시간 낭비라고 생각해. 다들 너무 바빠. 동아리에 토익에 취업 스터디까지 하느라 바쁘지만 지금 발을 디디고 있는 곳을 더 살기 좋은 곳으로 만드는 데에 쓸 시간은 없는 것 같아. 각자 개인이 가진 욕심만 쫓다 보면 남들을 밀어내는 일밖에 할 수 없잖아. 내가 있는 자리에 다른 사람도 함께 서고, 서로 마주보면서 살아야 된다는 걸 여행을 통해 느끼고, 알리고 싶어."

남들이 들으면 몽상이라고 할 정도로 이상적인 이야기였지만, 그래서 더욱 가슴이 뛰었는지도 모른다. 이제 우리가 꿈꾸고, 보고 싶었던 것들을 현실로 만나게 된다. 지난 반년 동안에 겪었던 일들, 함께 나눴던 이야기를 다시 생각해보니 여행이 더욱 더 기대가 된다.

우리는 태국 공항에 누워서 여행의 막이 열리기를 기다리고 있다. 단순히 구경꾼에 불과한 여행자이지만, 흔한 영상이나 보고서 뒤에 가려진 사람들을 직접 만나서 이야기를 나눌 생각을 하니 두근거린다. 물론 잠은 어디서 자야 할지, 돈은 충분할지, 혹 친구들과 싸워서 여행이 삐걱거리지는 않을지 걱정이 된다. 하지만 확실한 것만큼 재미없는 게 또 있을까. 앞으로 어떤 일들이 펼쳐질지 예상할 순 없지만, 그 무엇이든 우리의 인생을 흔들어 놓을 듯한 예감이 든다.

그나저나, 에어컨 좀 낮췄으면 좋겠다!

방글라데시

Banking of the poor, Grameen Bank

가난한 사람들의 은행, 그라민은행

희망태그

그라민은행, 마이크로 크레딧, 소액융자, 유누스

이경

알록달록 색색의 사리를 입은
아주머니들이 마당 한켠에 모여 앉아 있었다.
이 공간에 있다는 것 자체가 믿어지지 않았다!
오랫동안 동경해 오던 그라민은행의 현장을 직접 보게 되다니,
온몸이 얼어붙는 것 같았다.

국제 택배기사가 되어도 좋아

방글라데시의 수도 다카에 도착했다. 비행기에서 내려 출국심사를 받는 우리 앞에 한국에서 그토록 그리던 '그라민(폰)'의 광고가 번쩍였다. 우리 여정의 첫 번째 목적지이기도 한 그라민은행은 2006년 노벨평화상을 받은 경제학자이자 사회적 기업가 무하마드 유누스가 만든 기업이다. 한국에서 몇 달간 밤을 새며 공부했던 그라민을 이렇게 빨리 보게 될 줄이야! 우리는 마치 연예인을 만난 것 마냥 유누스 박사가 웃고 있는 그라민의 광고판 앞에서 브이를 그리며 사진을 찍었다.

"자자, 사진 그만 찍고 가방 가지러 가자. 너무 복잡하네."

찾아야 할 짐은 배낭 세 개와 이불보따리 하나. 웬 이불? 여행가면서 이불을 싸 들고 가기는 처음이다. 이것의 정체는 한국에서 10년 동안 이주노동자로 일하고 있는 라힘 씨의 집으로 배달할 물건이다. 라힘 씨는 우리에게 방글라데시의 역사, 현지 정치 상황, 이슬람 나라에서 주의해야 할 점 등에 대해 몇 주에 걸쳐 알려주고 안내자까지 소개해 주었다.

일 년 내내 더운 방글라데시이지만 겨울에는 낮과 밤의 일교차가 커서 솜이불이 필요하단다. 그런데 방글라데시에는 한국 이불만큼 얇고 따뜻한 게 없어 우리가 갈 때 전달해줬으면 하고 손에 들려주었다. 그러고 보니 우리 옆에는 많은 방글라데시 남자들이 다들 이불 한 보따리와 삼성 텔레비전, 소니 캠코더 등의 외국 물건들을 한가득 지고서 입국 심사를 기다리고 있다. 이들은 외국에서 돌아오는 이주노동자들일까, 아니면 방글라데시에서 구할 수 없는 생필품을 외국에서 사서 들어오는 사람들일까.

우리 앞에선 경찰처럼 보이는 이가 짐 검사를 하고 있다. 그는 말쑥한 우리를 보더니,

"어디서 왔습니까?"

"한국에서 왔는데요?"

"아! 한국!"

그가 손짓으로 뒤를 가리켰다. 그냥 지나가라는 뜻이었다. 그는 몰려있는 현지인들을 헤쳐, 우리가 지나갈 수 있을 만한 공간을 만들어 주었다.

'한국'의 힘이 이렇게나 대단한 건가. 우리 뒤에는 짐 검사를 받기 위한 사람들이 가득 남아 있었다. 누가 새치기라도 하다 걸렸는지 소란스럽다. 이렇게 쉽게 방글라데시 땅을 밟으니 예전에 영국과 미국의 입국 심사관 앞에서 쩔쩔 맸던 때가 떠올랐다. 그들 앞에서 난 지갑에 있던 현금까지 꺼내서 보여줘야 했다. 심지어 미국에서는 9.11 테러로 입국 심사가 까다로워져 아시아인이라는 이유만으로 따로 마련된 사무실로 끌려가(!) 가방 검사를 받는 것도 모자라 "반드시 한국으로 돌아가라"고 을러대는 모욕을 당한 적도 있었다.

다카 공항은 예상했던 것보다 깨끗했다. 방글라데시에 대해 우리가 가졌던 '가난한 나라, 엄청난 인구'(한국의 1.5배 면적에 2009년 현재 약 1억 5천 명의 인구가 살고 있다)라는 이미지에 비해서 말이다. 대기실에서 종이에 한국어로 '희망대장정' 이라고 써서 들고 있는 사람을 만났다. 앞으로 한 달간 우리의 방글라데시 일정을 도와줄 안내자 아자드 씨다.

다른 지역과 달리 방글라데시는 한국에서 현지 정보를 거의 얻을 수 없는 미지의 나라였다. 방글라데시에 관해선 시중에 한글로 된 여행가이드 북 하나 없었다. 물가도, 언어도 감이 잡히지 않았다. 지금 생각해도 아자드 씨가 없었다면 우리가 방글라데시에서 어떻게 지냈을까 싶다.

"잠깐 기다려. 택시 불러 올게." 그는 차를 불러 오겠다며 정문 앞에 우리를 남겨두고 떠났다. 공항 출입구를 나오니 숨이 꽉 막힐 정도로 후끈 달아오르는 이곳의 온도가 온몸으로 느껴졌다. 동시에 기이할 정도로 어색한 풍경이 눈에 들어왔다.

공항의 정문은 높은 철조망으로 둘러쳐져 있었는데, 철조망 뒤에서 무수

히 많은 사람들이 얼굴을 들이 밀고 공항 안을 쳐다보고 있는 게 아닌가. 그들은 누군가를 기다리는 게 아니라 그저 신기한 구경거리를 쳐다보는 것 같았다. 눈만 보이는 검은색 차도르를 입거나 화려한 진분홍, 주황색, 초록색 사리를 걸친 여자들이 우리가 있는 안쪽을 빤히 쳐다보고 있었다.

아이들은 또 왜 그렇게 많은지, 한두 명은 철조망 사이로 손을 내밀며 작은 목소리로 '원 딸라' 를 외치기도 하고, 때가 찌든 옷을 입은 서너 명은 호기심 어린 눈을 반짝반짝 빛내며 우리를 바라보았다. 그 뒤로는 우리를 의심의 눈초리로 보는(우리가 그렇게 느끼는!) 남자들의 시선이 겹쳐진다. 거기다 개미 새끼 한 마리라도 공항 안으로 침범하면 가만두지 않겠다는 듯 커다란 몽둥이를 흔들어대는 공항 직원까지 가세해 분위기는 어지럽고도 살벌했다. 얼떨결에 그 사이에 끼어든 우리는 몇 분 만에 방글라데시를 다 느낀 것처럼 혼이 쏙 빠져버렸다.

그라민 폰으로 해주세요

아자드 씨는 흰색 봉고를 대절해 왔다. 차 안에서 그와 함께 온 두 명의 친구가 우리를 반겨 주었다. 차를 타고 공항을 빠져 나가려는 순간, 손 하나가 불쑥 택시 안으로 들어왔다. 퀭-한 눈을 한 늙은 아주머니가 아이를 안고 팔을 흔들었다. 신호를 받고 있을 때마다 차 안으로 들어오는 손들과 창문을 두드리는 소리로 정신이 없었다. 도로 한가운데서 조화를 팔며 돌아다니는 아이들, 자기보다 어린 코흘리개를 안고 자동차 사이를 돌아다니며 구걸하는 아이들까지. 아자드 씨는 처음에는 아이들에게 1다카씩 쥐어주더니 나중에는 손을 내치며 쫓아버렸다. 인도나 도로 할 것 없이 정신이 없는, 그야말로 아수라장이었다.

험난한 길을 뚫고 숙소에 도착했다. 그런데 문제가 생겼다. 한국말을 잘 할 거라고 생각했던 아자드 씨가 우리와 의사소통이 안 된다! 또 그가 소개해 준 숙소는 너무 비쌌다. 하루에 6만 원이라니! 이슬람 국가에서 미혼 남녀는 같은 방을 쓸 수 없으니 세운은 혼자서 다른 방에서 자야 한다며, 늦었으니 어서 들어가라고 한다. 방 두 개. 우리가 오늘 지불해야 할 돈은 12만 원. 예산의 12배였다.

"숙소 방값이 너무 비싸요. 다른 곳으로 옮기고 싶어요."

"배고파? 밥 먹어?"

아자드 씨는 계속 동문서답을 한다. 같이 온 친구 중 한 명은 자신이 저널리스트라며 우리에게 계속 질문을 해댔다. 정신이 하나도 없었다. 이거 큰일 났다. 한 달은 방글라데시에 있어야 하는데, 험난한 이곳에서 우리를 구원해 줄 이는 도대체 누구란 말인가.

비상연락처로 남겨두었던 굿네이버스 지부장님께 전화를 걸었다. 다행히 그의 도움으로 다음날 저렴한 숙소로 옮길 수 있었다. 그는 우리가 입은 옷을 보며 걱정스러운 얼굴을 했다.

"방글라데시는 이슬람 국가라 옷이나 행동을 조심해야 돼요. 특히 여학생들은 옷부터 사세요. 전통의상으로 구입하고, 절대 거리에서 발목을 내보이면 안 됩니다. 이슬람 국가에서 발목은 성적인 의미로 통해요. 그리고 가슴 부분은 숄로 덮어주세요. 그렇게 하지 않으면 옷을 입고 있어도 가슴을 내 놓고 다니는 거라고 생각하거든요."

그의 도움으로 숙소도 바꾸었고, 다카에서 자원 활동을 하는 친구들의 도움을 받아 방글라데시 옷도 샀다. 이제 남은 건 현지 휴대폰을 사는 일.

공정여행 팁

이슬람 사회를 여행하는 여행자들을 위한 패션 제안

사람들은 여행을 떠나며 일탈을 꿈꾼다. 그래서 특히 여성들은 평소에는 입지 못하는(!) 많이 파인 윗옷이나 짧은 스커트나 비키니 등을 과감하게 입기도 한다. 한국 사회의 크고 작은 규제를 벗어나 자유를 누리는 기회이기도 하지만 우리의 여행지가 이슬람을 국교로 하는 나라 혹은 이슬람 문화권이라면 이야기는 달라진다. 개인의 자유도 중요하지만 타인의 자유와 문화를 해치지 않는 범위 안에서의 자유라는 점을 기억하자! 공정여행은 현지의 문화를 존중하는 나의 옷차림에서부터도 시작된다.

이런 부분을 주의해 주세요

1. 여성은 가슴 부위를 반드시 숄이나 머플러로 가려 주세요.
2. 발목이 드러나는 치마나 반바지는 삼가주세요. 발목을 보이는 건 성적인 의미이기 때문에 발목을 덮는 긴 바지나 치마를 입어야 합니다.
3. 남성의 경우에도 긴바지를 입는 것이 좋습니다. 남성의 경우는 여성보다 옷에 대한 제약이 적은 편이기는 하나 노출이 심하거나 원색, 딱 달라붙는 옷은 입지 않는 것이 좋아요.

* 모스크 또는 이슬람 사원에 들어갈 때는 얼굴이나 노출된 부분을 가릴 수 있는 스카프를 챙겨 가세요.

이슬람 사회의 문화를 존중해 주세요

1. 식당이나 가게에서 주류를 요구하지 마세요. 이슬람 국가에서는 주류를 일절 금지하고 있습니다.
2. 무슬림의 기도 시간을 존중해 주세요.
3. 차도르를 입은 여성들을 찍을 때는 양해를 구하세요.
4. 공공장소에서 날음식(회, 해산물, 육회 등), 돼지고기, 술을 먹지 마세요.
5. 손으로 밥을 먹는 것은 문화의 일부이니 더럽다고 생각하지 마세요.
6. 느긋한 마음을 가지세요. 낙천적이고 느긋한 이슬람인들 앞에서는 서두르지 말고 느긋하게 기다릴 줄도 알아야 합니다.

아자드 씨를 따라 도심 한 복판에 있는 전자상가에 들어갔다. 한국으로 치면 용산 전자상가 같은 곳이다. 층마다 상점들이 꽉 차있다. 무엇보다 인구 밀도를 자랑하듯 어느 곳이든 사람들로 장사진을 치고 있다.

우리가 고른 휴대폰은 SASEM이라는 프랑스 회사의 제품이다. 돈을 아낀다고 가장 저렴한 걸로 골랐는데, 여행 내내 우리는 이 선택을 두고두고 후회했다. 배터리 충전 속도가 엄청 느린데다가, 충전하는 동안에는 통화가 불가능한 어이없는 핸드폰이었다.

통신회사는 당연히 그라민폰을 선택했다. 그라민폰은 1996년에 전화 연결망이 없어 외부와 연락하기 어려운 방글라데시 농촌지역의 어려움을 덜어주기 위해 이동전화 서비스를 제공한 그라민 계열사 중 하나이다.

“그라민폰이 방글라데시 통신업계에서 점유율 1위 기업이에요. 시골에 가도 잘 터져요.”

우리가 그라민폰을 연신 외치자 핸드폰을 팔던 아저씨도 한 마디 거들었다. 놀랍게도 그라민폰은 업계 1위의 메이저 회사였다. 뜻있는 일을 하는 회사는 작은 회사일 거라는 생각이 굳어있었나 보다.

상가를 나오니 이미 어두운 밤이었다. 퇴근시간에 몰려 오토릭샤(3륜 소

형 택시)는 좀처럼 잡히지 않았다. 어떤 오토 릭샤는 세 명이 탈 수 있는 좌석에 여섯 명이 타고 있기도 했다. 릭샤를 포기하고 우리는 버스에 올라탔다. 버스는 영국 식민지 시절의 영향인지 2층 버스가 많았다. 그런데 사람들이 올라탈 때만 잠깐 불을 밝히고는 곧 실내등을 꺼버렸다. 깜깜한 채로 다니는 버스의 모습이 마치 만화에 나오는 유령버스처럼 으스스했다. 어둠 속에서 더듬더듬 버스 2층에 올라가니 남자들이 벌떡 일어나 자리를 내어준다. "아, 돈노밧(고마워요)."이라고 조그맣게 대답하곤 털썩 앉았다. 안도의 숨을 내쉬며 무심히 창밖으로 시선을 옮기는 순간, 우리는 경악했다.

"이건 개미지옥이야!"

"이거 봐봐. 월드컵 때 광화문에 응원하는 사람들보다 많은 것 같은데!"

방글라데시의 인구밀도를 눈으로 직접 마주한 순간이었다. 쉴 틈 없이 거리를 메우며 오고가는 사람들. 그토록 많은 사람들이 어디서 쏟아져 나왔는지. 겁먹은 우리는 아자드 씨 뒤를 필사적으로 쫓아다녔다. 버스에서 내려 다시 오토릭샤를 타고, 마지막에는 싸이클릭샤를 타고 마침내 숙소에 무사히 도착했다.

꿈에도 그리던 그라민은행

우리가 여행을 준비하는 내내 꼽았던 방문 1순위는 언제나 그라민은행이었다. 탐방할 단체와 지역을 정할 때 멤버들끼리 의견이 달라 서로 부딪치기도 하고 루트 수정도 많이 했지만, 그라민은행 만큼은 꼭 가봐야 한다는 데

이견이 없었다. 그만큼 우리에게 그라민은행은 꿈의 방문지였다.

우리가 그라민을 첫 손에 꼽은 건 각자의 개인적 관심도 있긴 했지만 – 특히 나는 경제학도로서 유누스 박사가 그라민은행을 통해서 설파한 가난한 사람들을 위한 경제학이라는 이념에 관심이 갔다 – 선진국 사람들이 아니라 방글라데시 사람들에 의해 성공한 사례라는 의미, 또한 빈곤퇴치를 시혜적인 기부가 아니라 하나의 비즈니스로 그라민은행과 대출자들이 함께 윈윈Win-Win하는 방식으로 이뤄냈다는 데 큰 관심이 갔다. 마침 노벨상을 수상해 사람들에게 많이 알려진 것도 우리 여행의 의의를 보다 많은 사람들에게 전달하는 데 적합하겠다 싶었다.

보통 어떤 기업이 성공하거나 어떤 단체가 유명해지면, 그곳의 설립자나 대표에게 관심이 쏟아진다. 우리도 처음엔 그랬다. 유누스 박사와 만나 얘기를 나눌 수 있다면 얼마나 기쁠까. 하지만 여행을 준비하면서 우리는 조금 생각을 바꿨다. 대표나 유명 인사들의 말은 언제 어디서나 찾아보고 읽을 수 있지만, 그곳에서 실제로 일하는 사람들의 목소리는 직접 현장에서 그들을 만나보지 않으면 결코 들어보지 못하는 것이 아닌가 하고.

유누스 박사가 쓴 책 『가난한 사람들을 위한 은행가』에는 그라민은행 직원들의 일과가 묘사되어 있다. 시골 외진 곳에서 근무하는(그라민은 방글라데시어로 마을이라는 뜻이다.) 그들은 아침마다 자전거를 타고 마을을 돌며 대출자들로 구성된 회의에 참석하고, 신규대출 신청자의 집을 방문해 집안 형편은 어떤지, 아이들 교육은 잘 시키고 있는지를 질문한다. 그런 그라민은행 직원의 일과를, 나도 함께 자전거를 타고 뒤쫓아 다녀보는 상상을 얼마나 많이 했는지. 그리고 마을에 도착하면 주민들에게 이렇게 꼭 물어보리

삶의 의지를 담보로 한 대출, 세상을 감동시키다

그라민은행은 1983년 방글라데시 치타공대학의 경제학 교수였던 무하마드 유누스가 설립한 은행이다. 경제학 교수가 직접 은행을 만든 것도 특별하지만, 설립 목적은 더 특별하다. 은행을 설립하기 7년 전, 1976년에 유누스는 치타공대학 옆 조브라 마을에 사는 마을 주민들이 고작 27달러가 없어 살인적인 이자의 고리대금에 시달리며 빈곤에 허덕이는 모습을 목격한 후 대학 강의실을 뛰쳐나왔다. 유누스는 그의 책에서 "사람들이 굶어 죽어가는 판국에 강의실에서 자유시장의 완벽한 작동원리와 우아한 경제이론을 가르치는 일이 어려웠습니다. 끔찍한 기아와 빈곤 앞에서 무기력하기만 한 이론의 공허함을 안 뒤, 이것을 학생들에게 가르칠 수는 없었습니다."라고 그때의 일을 회상한다.

"내가 하는 강의 시간 중에는 몇 백만 달러가 왔다갔다 하는데, 지금 내 눈앞에서는 단지 몇 센트에 모든 것이, 삶과 죽음이 걸려 있는 것이었다. 뭔가 크게 잘못되어 있었다. 어째서 대학에서 가르치는 것과 현실은 이토록 차이가 난단 말인가? 나는 우선 나 자신에게 화가 났고, 이토록 가혹하고 비정한 세상에 화가 났다. 희망이라고는 눈곱만치도 찾아보기 힘든 암울한 심정이었다." - 『가난한 사람을 위한 은행가』 중

그 뒤 그는 강의실 밖에서 실험을 시작했다. 가난한 사람들도 돈을 빌려주면 갚을 능력이 있다는 것을, 그들이 스스로 삶을 만들어 갈 수 있다는 것을 증명해냈다. 그리고는 그라민은행을 세웠다. 부자에게만 돈을 빌려주던 은행의 제도를

뒤집어 가난한 사람들에게 자립 의지를 담보로 돈을 빌려주기 시작했다. 당시에 유누스를 따라 그라민은행에 뛰어든 몇몇 학생들을 제외하고는 (아니 어쩌면 그들조차도) 그의 실험을 진지하게 받아들이는 사람은 없었다.

그러나 2009년까지 그라민은행은 방글라데시의 780만 명에게 소액대출을 제공하고 있고, 8만 4,237개의 마을에서 544개의 지점을 운영 중이다. 또 대출자의 절반 이상이 빈곤선을 탈출하는 데 성공했다. 이후 그의 실험은 UN, 세계은행 등이 주목하는 빈곤퇴치 프로그램이 되었고, 이를 모델로 미국, 일본, 한국을 포함하여 전 세계 여러 나라에서 빈곤층을 위한 소액대출 은행을 운용하고 있다. 2006년 노벨상위원회는 유누스와 그가 설립한 그라민은행이 전 세계 빈곤퇴치에 세운 공로를 인정하여 노벨평화상을 수여한다고 발표했다.

라. "그라민은행이 당신의 삶을 얼마나 바꿨나요?"

방글라데시에 도착하자마자 그라민은행에 연락을 취했다. 며칠 뒤 우리는 은행 직원의 소개로 숙소도 그라민은행 본사 근처로 옮겼다. 숙소에서 그라민은행 본사까지는 릭샤로 5다카, 우리 돈으로 70원 정도만 내면 될 만큼 가까운 거리였다. 그라민은행의 본사 건물은 주위 건물 중 가장 높고 거대했다. 20층 정도였지만 주변에 높은 건물이 없어 마치 서울의 63빌딩 같아 보였다. 늠름하게 서 있는 하얀 건물이 주위를 압도했다.

그라민은행 앞에는 무하마드 유누스 박사의 사진이 걸려있고 담벼락에

는 바다를 배경으로 유누스가 눈을 감고 고개를 젖힌 채 양손을 쫙 펼치고 있는 그림이 그려져 있었다. 그라민은행 이정표를 제대로 박아놓긴 했는데 조금 우스꽝스러웠다. 하지만 더 웃기는 건 우리가 그걸 따라 했다는 것. 지나가는 사람들이 '재네는 뭐지?' 하는 눈빛으로 쳐다봤다. 그래도 어쩌랴. 이토록 감격스러운 걸. 우리가 드디어 여기에 왔다구요!

건물 주위는 잔디와 나무가 잘 가꿔져 있고, 건물 입구에는 경찰과 보안 요원이 지키고 서 있었다. 텔레비전과 비디오를 양 손에 낀 택배 기사 한 명이 우리처럼 자신이 가야 할 길을 찾느라 두리번거리고 있다. 어리둥절해하며 한 쪽 건물에 들어서자 외국인의 등장이 전혀 낯설지 않은 듯, 보안 요원이 우리에게 누구를 만나러 왔냐고 물어본다. 누르자한 베굼Nurjahan Bejum을 만나러 왔다고 하니 9층으로 올라가라며 친절하게 엘리베이터 버튼까지 눌러준다.

사무실 문에는 소액 융자에 대한 안내 포스터가 붙어 있었다. 사무실에는 사람이 몇 명 없어 한산해 보였다. 우리네 은행(혹은 기업들)의 본사를 생각하면 빽빽하게 들어선 책상과 의자에 딱 달라붙어 있는 사람들의 모습이 연상되는데 – 정장이나 유니폼을 빼입은 사람들이 정신없이 전화를 받거나 컴퓨터 앞에 앉아 서류 작성에 바빠 어디 말 붙일 엄두가 안 나는 모습들 말이다 – 이곳은 우리의 예상과는 조금 달랐다. 한 쪽에서는 너댓 명이 둘러 앉아 회의를 하고 있고, 다른 몇 사람들은 상담을 하거나 계산에 열중하고 있지만, 다들 왠지 모를 여유가 있어 보였다.

우리를 처음 맞이한 사람은 우딘Uddin이었다. 그는 우리를 창가 근처에 있는 큰 책상으로 안내했다. 책상에 앉아 사무실을 둘러보니 외국인의 모습이 적지 않게 보였다.

"저 분들은 어디서 온 사람들이에요?"

"아, 여자 분은 미국에서 온 학생이고요, 남자는 일본 사람이에요. 여기서 인턴십 과정을 밟고 있어요. 여러분들도 인턴십 과정으로 오면 더 많은 걸 보고 배울 수 있을 텐데, 왜 방문자 과정으로 수속을 밟았어요?"

"저희도 마음 같아서는 3개월 정도 이곳에 머물면서 궁금했던 것들을 다 풀어내고 실무도 경험해 보면 좋겠는데, 이 곳 말고도 가 볼 곳이 있어서요."

외국인들은 한창 서류 작업 중이었는데, 흘낏 보니 인턴십이 끝난 뒤 보고서를 쓰고 있는 것 같았다. 본점에서는 유누스의 책에서 읽은 내용들을

경험하거나 볼 수 없었다. 이곳은 말 그대로 본점이고 지역 사무소에서 올라오는 정보들을 취합하고 조정하는 곳이니까. 빨리 본사에서의 오리엔테이션이 끝나고 마을 지점으로 가고 싶다!

방문프로그램의 처음은 그라민은행의 역사 등을 보여주는 형식적인 오리엔테이션이다.(정말 형식적이었다! 노트북으로 그라민은행을 소개하는 프리젠테이션을 보는 것으로 끝이 났다.) 그리고 우리는 그라민은행 초창기 멤버인 누르자한 베굼을 만나러 갔다.

그라민을 만든 주역, 누르자한 베굼과 가슴 떨리는 만남

누르자한 베굼은 유누스 박사가 치타공 대학교 교수일 때부터 조브라 마을을 함께 돌며 그라민은행을 만든 초창기 멤버이다. 유누스가 두 층 위인 11층에 있다는 걸 얼핏 들었지만, 굳이 인터뷰를 요청하진 않았다. 우리에게는 오히려 그라민은행의 초창기 멤버인 누르자한 베굼과의 만남이 더 흥분되었다. 그런데 우리를 그녀의 방으로 안내하는 직원들의 얼굴이 뭔가 겁을 먹은 표정이다. 사무실로 들어서자마자 방글라데시어로 그녀가 한 마디 했는데, 직원들이 움찔하더니 빠른 걸음으로 어디론가 간다.

"어서 오세요. 한국에서 온 대학생이죠? 한국 사람은 이곳에 오는 경우가 드문데, 반가워요."

"네, 안녕하세요. 치타공 출신으로 유누스 박사와 함께 그라민은행의 토대를 만든 분이시죠? 처음부터 함께 활동했던 사람들 얼굴을 만나고 싶어서 여기까지 왔어요. 만나 뵙게 되어서 영광이에요."

"그라민은행에 대해 궁금한 점이 있으면 뭐든지 물어보세요."

"그라민은행 초기부터 유누스와 치타공에서 마을 조사를 함께 했다고 들었는데, 어떻게 처음 시작하게 되었나요?"

"전 대학원을 졸업하고 캐나다 개발단체에서 일을 하려고 했었어요. 그런데 고향을 떠나서 방글라데시 곳곳을 돌아다니며 일하는 걸 어머니께서 반대해서 결국 못하게 되었죠. 상심하고 있을 때 유누스를 만나게 되었어요. 사무실에서만 일을 한다고 거짓말을 하곤 유누스와 함께 마을 조사 작업을 하게 되었어요. 처음 마을에 갔을 때 제가 살아왔던 환경이랑 너무 달라서 충격을 받기도 했어요."

"마을에서는 어떤 작업을 했나요?"

"아마잔이란 대출자 여성을 인터뷰하는 일이었어요. 그녀는 두 번 결혼을 했는데 모두 실패했어요. 구걸을 하며 살다가 그라민은행에서 돈을 빌린 뒤 장사를 시작했지요. 전 아마잔을 인터뷰하며 그라민은행에서 일을 제대로 해봐야겠다는 결심을 하게 되었어요."

"지금은 본사에서 무슨 일을 하나요?"

"신입사원들을 교육시키고 이들이 어떤 마음가짐으로 일하는지 살피는 역할을 맡고 있어요."

그녀와 대화를 하다보니 어쩐지 우리도 점점 위축되고 있었다. 그녀의 카리스마에 눌리고 있었다! 엄청난 에너지와 날카로움을 가지고 있는 그녀. 그라민은행 직원들 교육과 전반적인 상황을 책임지고 있는 직책의 무게가 몸으로 느껴졌다. 그녀에게 압도된 우리는 아까 그녀의 한 마디에 경직된 남자 직원의 심정을 조금이나마 이해할 수 있었다.

그녀는 농촌 마을에서 그라민은행의 현장을 살펴볼 우리에게, 돌아와서 소감을 이야기해 달라고 부탁했다. 벌써부터 부담이 되기 시작했다. 그녀를 또 만나서 이야기해야 한다니.

그라민은행의 시골 지점으로 갈 때는 다카에서 우리를 보살펴주던 아자드 씨 대신 그라민은행을 잘 알고 있는 통역자와 함께 하기로 했다. 그라민은행을 잘 아는 사람이 통역을 해줘야지 우리에게도 도움이 된다는 것이다. 그렇기는 하지만 아자드 씨는 우리 때문에 하던 일을 잠시 미루고 지방에서 다카까지 올라오지 않았는가. 그에게 뭐라고 설명해야 할까 고민하고 있는데, 이미 통역자가 얘기한 듯했다. 아자드 씨가 특유의 짧은 말로 인사를 건넸다.

"나는 친척집, 괜찮아."

아마 '나는 친척집에 머물면 되니까 괜찮다' 는 뜻이었겠지.^^

가자 마을로, 진짜 그라민은행으로

버스정류소에 도착하니 어디서 표를 사야 하는지 도통 감을 잡을 수가 없었다. 영어만 어느 정도 하면 세계 어디든 여행을 다닐 수 있을 거라고 생각했는데, 영어가 거의 통하지 않는 이곳에서는 까막눈에 귀머거리 신세다. 말이 안 통하는 우리는 통역자 뒤를 졸졸 따라갈 수밖에 없었다. 통역자가 주는 버스표를 들고 버스 안으로 들어서니 좁은 통로에 가죽이 찢어져서 솜이 튀어나온 의자들이 들쑥날쑥 놓여 있었다. 가만히 있어도 땀이 나는 날씨인데도 에어컨은 가동되지 않았다. 널찍한 고속버스에 익숙한 우리에겐 고역이었다. 불편한 의자에 한 시간정도 앉아 있으니 허리 통증이 찾아왔고, 등 뒤로는 땀이 계속 흘렀다.

다카에서 우리의 목적지 보그라까지는 6시간 정도가 걸린다. 2시간쯤 자다가 너무 더워 잠에서 깼다. 얼떨결에 따라오느라 제대로 인사도 못했던 통역자에게 말을 걸었다.

"그라민은행 직원이세요?"

"아뇨. 원래는 학교 선생님이었어요. 우리나라에선 선생님으로 생계를 꾸려나가기가 벅차요. 그래서 그만두고 이 일을 하기 시작했어요."

"한국에서는 선생님을 하려고 줄을 서요. 안정적이고 방학이라는 긴 휴가도 있어서요. 결혼 상대로도 인기가 높아요."

"학생들 가르치는 건 괜찮은데 경제적으로 힘이 들어요. 이렇게 통역을 하게 되면 다른 지역도 다니고, 외국 친구들도 생기고, 돈도 생각보다 많이 벌어요."

그와 이야기하는 도중 갑자기 모든 사람들의 머리가 버스 천장까지 튀어 올랐다. 얼마 전 홍수 피해로 땅이 파헤쳐진 곳을 지났나 보다.

"몬순(홍수) 시즌이 지나고 와서 다행이에요. 얼마 전에 비가 엄청 내렸는데, 다카를 제외한 지역은 아직 정비나 복구가 안 된 상태예요. 계속 이럴 테니 엉덩이를 살짝 들고 있어요."

이런 저런 이야기를 나누다 다들 피곤한지 다시 눈을 붙이기 시작했다. 나도 눈을 감았지만, 잠이 잘 오지 않았다. 1년 전 유누스 박사를 만났을 때가 떠올랐다. 나는 그라민은행이나 소액융자를 알기 전에 유누스 박사를 먼저 만났다. 그가 2006년 노벨평화상을 받은 해에 서울평화상 수상 기념으로 한국에서 가진 강연이었다. 그때 나는 그가 무엇을 했는지도 모른 채 노벨상 수상자라는 이유로 강연장을 찾았다. 그리고 그에게 직접 '그라민은행과 소액융자' 에 대해 들었다.

강연이 끝난 뒤 그와 악수라도 해보고 싶어서 강단 앞으로 다가갔다. 많은 사람들이 유누스의 명함을 받기 위해서 줄을 서 있었다. 그는 나를 보더니 앞으로 손을 뻗어 내 양쪽 어깨를 꽉 잡아 주었다. 나와 눈을 맞추며 온몸의 에너지를 전달해준 그 느낌이 나를 여기까지 데리고 온 건지도 모르겠다.

나는 그날 일기를 썼다.

작은 변화에서 세계의 변화. 이것이 노벨평화상의 전부인 걸 알게 해 준 강연회였다. 그는 경제학자다. 그는 내가 1년 전에 만나본 거만한 노벨경제학 수상자와 다른 모습, 다른 생각을 갖고 있었다. 그는 모든 것을 솔직하게 이야기해 주었고 위트가 넘쳤으며 여유를 가지고 있었다. 또 겸손했다. 무엇보다 그는 자신만을 위한 경제학이 아니라 다수를 위한 경제학을 하고 있었다. 최대다수 최대행복을 진정으로 실천하고 있는 분이 아닐까.

그가 대학생들에게 했던 다섯 가지 이야기

1. 작은 변화부터 시작하라.
2. 고용되려고 하지 마라.
3. 가끔은 아무것도 모르는 것이 더 좋은 결과를 가져온다.
4. 왜 안되냐? 고 되물어 보아라. 사람은 모두 평등하다.
5. 빈곤은 제도 속에서 만들어졌기 때문에 반드시, 분명히 없앨 수 있다.

더 공부하고 책을 더 많이 읽어야겠다!

그의 강연을 들은 후 국가 단위가 아닌 마을 단위로 이루어지는 빈곤 퇴치 방법에 대해 관심을 갖게 되었다. 돈이 아닌 '사람의 가능성'에 집중한 그의 생각을 닮고 싶었다. 경제학을 공부하고 있는 학생의 입장에서 유누스의 사회제도를 바꾸는 실험이 큰 자극으로 다가왔다. 그로 인해 나도 '지금까지 배운 경제학 지식을 가난한 사람들을 위해 어떻게 쓸 수 있을까?' 라는 고민을 처음 해 보았다.

이 일이 있은 후 내가 배운 지식을 어떻게 잘 활용할 수 있을지에 대해서 생각하고 정보를 찾기 시작했다. 이런 과정에서 공정무역도 만나고 공동체 마을, 공정여행이라는 개념들을 만나게 되었다. 유누스 박사로부터 얻은 영감의 결과가 이 여행으로 이어졌다.

진짜 그라민은행 맞아?

지난 일을 생각하면서 감회에 젖어있는 사이, 버스가 보그라에 도착했다. 시간은 이미 깜깜한 밤이었다. 그 곳에서 다시 오토릭샤를 타고 30분 정도 달렸다. 깊은 어둠 속에 별빛과 귀뚜라미의 가느다란 소리, 그리고 시원한 바람이 우리를 반겨 주었다. 다카에선 느끼지 못한 풍광이었다. 사실 너무 어두운 길을 달렸기 때문에 조금 겁이 나기도 했다.

"내려요. 다 왔어요."

처음엔 슈퍼에 잠시 들른 것이라고 생각했다. 우리가 마실 물이 없다고 하자 슈퍼에 잠시 들러서 물이랑 먹을 것을 사자고 통역자가 말한 직후였기 때문이다. 지갑만 가지고 내리려 하는데 통역자가 우리 가방을 모두 꺼내들었다. '슈퍼에 가는데 왜 가방을 다 꺼내지?' 라고 생각하고 있는데, 갑자기 오른쪽에서 손 하나가 불쑥 튀어나왔다.

"안녕하세요. 먼 길 오시느라 고생 많았어요. 생각보다 늦게 도착했네요. 저는 살랑가 지점(Salanga ullahpara branch)의 지점장 나연이라고 합니다."

앗! 슈퍼가 아니라 꿈에 그리던 그라민은행 마을 지점이었다. 주위에 아무 것도 없는 허허벌판 한가운데에 덩그러니 2층 건물만 있는 그 곳을, 우리가 그라민은행이라고 상상이나 했겠는가. 얼떨결에 인사를 하고 배낭을 들고 안으로 들어가려고 하는데 앞이 잘 보이지 않는다.

"시골이어서 정전이 잦아요. 7시쯤에 정전이 되었는데 아직도 복구가 안 되고 있네요. 촛불을 켜 놨으니깐 어둡지는 않을 거예요. 들어오세요."

그 때는 이미 밤 10시를 훌쩍 넘긴 시각이었음에도, 직원들은 촛불을 켠 채 장부 정리에 집중하고 있었다. 유누스는 "그라민은행 지점에서 필요한 건 책상과 의자뿐이지만, 사실 그것마저 없어도 된다."라고 이야기한 적이 있다. 정말 그의 말처럼, 지점 안에는 오래된 책걸상과 벽걸이 시계, 낡은 철제 수납함 밖에 없었다.

나연이 우리가 며칠 동안 지낼 2층 방을 안내해 주었다. 방을 본 순간, 우리는 겉으로는 티를 안냈지만 속으로는 당황했다. 청소를 안 한지 1년은 된 듯한 방에는 먼지와 거미줄로 뒤덮인 창문과 가구들, 그리고 누우면 꺼져버릴 것 같은 침대 한 개가 있을 뿐이었다.

"어떻게 이런 곳에서 살면서 일을 하지?"

"우리가 너무 기대를 많이 했나봐. 농촌에서 활동하는 게 어렵기는 어렵지."

"그래, 우리가 농촌에서 활동을 한 번도 안 해봤는데 이렇게 말하는 것도 사치일지 몰라."

"그나저나… 우리가 이 공간 써서 다른 사람이 못 자는 거 아냐?"

살짝 2층을 둘러보니 옆방에선 대여섯 명이나 되는 남자들이 바닥에 천을 깔고 누운 채로 텔레비전에서 방송되는 크리켓 경기를 보고 있었다. 우리를 위해 그들은 잠자리를 내 주고 좁은 방에서 잘 준비를 하고 있었다. 순간 미안한 마음이 들었다. 그런데 같이 자자고 할 수도 없지 않는가. 그냥 깨끗하고 조용하게 이 공간을 이용하는 수밖에.

방 옆에는 화장실 겸 샤워실이 있었다. 샤워실이라고 해도 우리네처럼 타일이 깔려있거나 칫솔꽂이나 수건걸이가 있지는 않다. 녹이 슬어 온통 갈

공정여행 팁

여행지에서의 전기 사용법

방글라데시의 수도인 다카에서 지내는 동안 저녁 7시만 되면 어김없이 도시 전체가 갑자기 어둠에 잠겼다. 또 그라민은행의 살랑가 마을 지점에서도 해가 진 후면 항상 정전이 되었다. 우리는 밤에 샤워를 하거나 혹은 화장실에서 볼일을 볼 때면 늘 불안했다. 화장실에서 비명을 지르지 않기 위해선 헤드랜턴은 필수품이 되었다.

현재 선진국에 사는 약 17%의 사람이 전체 목재의 75%, 종이의 70%, 1차 에너지(원유, 석탄, 천연가스, 수력, 원자력 등)의 절반 이상을 소비하고 있다고 한다. 투어리즘 컨선 Tourism Concern에서 보고한 바로는 인도 남부 해변 지역에 위치한 고아 Goa의 한 5성급 호텔에 머무는 투숙객들이 지역 주민들보다 28배 이상의 전기를 소비한다고 했다.

더운 여름에 에어컨 때문에 감기에 걸리고, 추운 겨울에는 히터 때문에 반팔을 입고 다니는 나라에서 살다가 갑자기 '전기를 아껴 쓰세요.', '에어컨 대신 부채를 이용하세요.' 등의 공정여행 팁을 지키는 건 쉽지 않은 일이다. 하지만 지구 어디에서라도 이런 에너지 사용 방식은 지속가능하지 않다.

그리고 정전이 잦은 아시아 여행을 할 때는 정전으로 놀랐을지라도 현지인들에게 화를 내지는 말자. 강 상류에서 물을 다 써버리면 하류에는 쓸 수 있는 물이 조금밖에 없는 건 당연한 것 아닌가. 대신 주위에 있는 현지인들에게 물어보자. "몇 시에 정전이 되나요?" 정전 시간만 알면 당황하지도 않고 불편을 덜 수 있다.

색빛인 샤워기를 한번 틀어보았다. 물이 그칠락 말락 졸졸 흘러나온다. 온도 조절기능은? 당연히 없다. 다행히 녹물이 나오진 않는다.

날마다 저녁 7시가 되면 어김없이 정전이 되었다. 언제 전기가 들어올 지 아무도 몰랐다. 하루 종일 땀을 흘려 씻고 싶은 마음이 간절한데 어두운 저 공간에서 과연 씻을 수 있을지….

"헤드랜턴 있잖아. 그거 머리에 쓰고 샤워하자. 물 조금씩 피해가면서."

"야! 그러면 되겠네. 재밌겠다!"

그래서 우리는 헤드랜턴을 들고 샤워를 하러 들어갔고, 정전이 될 때마다 샤워실에서 들려오는 누군가의 비명 소리를 들으며 여러 날 밤을 보내게 되었다.

달려라 자전거 달구지!

어제 늦은 저녁 식사로 닭을 먹은 우리에게 시위라도 하듯 아침부터 수탉 한 마리가 계속 울부짖었다. 수탉에게 항복하는 심정으로 일어나 화장실에 가려고 나오는데 식탁 위에 신문 한 장이 곱게 놓여 있었다. 살짝 들어보니 아, 언제 두고 가셨을까. 짜파티와 커리…. 그라민은행 센터 주위에는 구멍가게도 식당도 없었기 때문에 며칠간 우리는 근처 마을 여성분이 해주는 음식을 먹게 되었다. 그라민은행 직원들이 먹는 음식과 똑같은 것이다.

우리는 짜파티를 한 입 베어 물었다. "앗! 짜파티를 흙으로 만들었나봐!" 정말 짜파티에서는 텁텁한 흙맛이 났다. 입에 맞지 않았지만 남길 수는 없었다. 새벽부터 일어나서 우리를 위해 만든 음식이지 않은가. 짜파티를 커리에 푹 찍어 우걱우걱 먹었다.

1층으로 내려가니 흰색 셔츠를 입은 나연이 우리를 기다리고 있었다. 어

제 밤에 주황색 티셔츠에 룽기(방글라데시 남성들이 입는 전통 치마)를 입은 모습과는 다르게 정말 은행 지점장 같은 모습이었다.

그라민은 '마을은행' 이라는 이름의 뜻처럼 위치부터 여느 은행과는 달리 도심에서 멀리 떨어진 시골에 있다. 우리는 하루 만에 문명과 단절된 기분이었다. 그래도 아침부터 맑은 공기를 마시며 초록빛 논밭 사이를 걷는 기분은 상쾌했다. 나연이 우리를 위해 나무 수레를 빌렸다. 일종의 싸이클릭샤라고 할 수 있겠는데, 우리 눈에는 소 대신 자전거가 끄는 달구지에 가까웠다. 달구지가 자전거에 매달려 있었고, 20살쯤 돼 보이는 청년이 우리를 기다리고 있었다. "그라민은행 직원들은 마을에 들어갈 때는 자전거를 타고, 도시로 나갈 때는 오토바이를 이용해요." 나연은 지금은 함께 가야 할 인원이 5명이 넘는다고 하며 이걸 타고 가자고 했다.

달구지에 올라타는 건 생각보다 어려운 일이었다. 마을 사람들이 모두 나와서 우리가 달구지에 오르는 것을 지켜보고 있었기 때문이다. 마침 오늘은 장이 서는 날이어서 더 많은 사람들이 나와 있었다. 방글라데시 전통 옷을 입고 오길 잘했다는 생각이 들었다. 그 많은 눈들이 우리 얼굴과 옷차림을 얼마나 뚫어져라 뜯어보는지 진땀이 날 지경이었다.

당당한 그녀들

달구지를 타고 곧장 마을로 향했다. 홍수가 난지 얼마 안 되어 엉덩이가 들썩거려 아팠지만 마을의 곡식들은 쭉쭉 뻗어 농사가 잘 된 것 같았다. 얼마 되지 않아 우리는 한 마을로 들어가게 되었다.

나연은 우리를 문 한쪽이 기울어져 있는 어느 집 마당으로 안내했다. 바닥이 온통 진흙탕이라, 애써 챙겨 입은 방글라데시 옷에 묻을까 조심조심 문 안으로 들어섰다. 닭들은 진흙탕 사이를 유유히 거닐고 있었다.

마당으로 들어서니 책에서만 봤던 장면이 거짓말처럼 눈앞에 펼쳐졌다. 바로, 여성 대출자들의 모습! 알록달록 색색의 사리를 입은 아주머니들이 마당 한켠에 모여 앉아 있었다. 이 공간에 있다는 것 자체가 믿어지지 않았다! 여행의 첫 방문지이기도 했지만, 오랫동안 동경해 오던 그라민은행의 현장을 직접 보게 되다니, 온몸이 얼어붙는 것 같았다.

세 명의 젊은 외국인들이 신기하지도 않은지, 그들의 시선은 흔들림 없이 한 곳을 향해 있었다. 그라민은행 직원에게. 비록 알아듣지는 못하지만 정신을 가다듬고 우리도 직원과 여성들의 이야기에 최대한 귀를 기울였다.

월요일인 오늘은 매주 한 번씩 열리는 '대출자 리더들 모임'이 있는 날이다. 그라민은행은 가난한 개인에게 대출을 해주지만 조건이 있다. 다섯 명이 연대를 맺어야만 대출을 해준다. 다섯 명이 만든 그룹의 대표를 '리더'라고 부른다. 오늘 모인 리더는 약 스물다섯 명 정도였다.

우리가 도착하니 은행 직원이 회의를 시작하는 인사말을 건넸다. “하나, 모두 일어나세요. 둘, 경례!” 모두 여자였다. 남자들은 회의장 밖에서 서성거리고 있었다. 이슬람 국가에선 장도 남자가 볼 정도로 여성에게 일체의 외부활동을 제한한다고 들었는데, 이곳의 풍경은 정말 낯설고도 놀라웠다.

또 우리가 한국에서 본 가난한 사람들의 사진은 보통 주눅 든 표정이거나 슬픔에 찬 모습이었다. 하지만 그라민은행 대출자 리더들은 너무나 당당한 눈빛을 우리에게 보냈다. 목소리도 시원시원하고 컸다. 마을을 맨발로 돌아다니고 글을 읽지는 못해도 그들은 자신의 가난을 부끄러워하지 않았다. 오히려 위축된 쪽은 우리였다.

줄마다 네 명씩 앉아 있었는데, 순서대로 공책 다섯 권씩을 직원에게 건넸다. 우리는 그들과 마주 앉아 대출 장부를 보았다. 빼곡히 무언가가 적혀 있는 공책. 장부에는 얼마를 빌렸고 갚았으며, 이자는 얼마나 있는지 반듯한 글씨로 씌어 있었다. 공책 사이에는 이번 주에 갚아야 할 돈도 가지런히 꽂혀 있었다.

“글씨를 못 쓰는 사람이 있을 텐데 어떻게 하나요?”

"그런 분들은 자녀가 대신 써 줘요. 자, 다음 사람 나오세요~."

멤버 모임을 담당하고 있는 직원은 꽤나 바쁜 모양이다. 우기가 끝난 직후라 덥고 습했다. 그는 파란색 팬이 바쁘게 돌아가고 있는 휴대용 선풍기를 자기 쪽으로 돌린 채 일에 집중했다.

"모두 여자밖에 없는 게 신기하지 않나요?"

"유누스가 쓴 책에서 그 이유를 보았는데, 나연이 보기엔 어때요?"

"여자에게 돈을 빌려주는 게 더 나아요. 남자들에게 돈을 빌려주면 그 돈으로 와이셔츠나 시계를 먼저 사요. 반면 여자들, 특히 아주머니들은 자녀에게 먼저 돈을 써요. 아이들을 학교에 보내고 책을 사고, 그 다음에 무엇이든 만들어 장사를 해서 대출을 갚아나가죠. 가끔씩 그라민은행은 여자들에게만 돈을 빌려주는 은행이냐고 묻기도 해요. 그러면 우리는 이렇게 대답하죠. '다른 은행들이 남성에게만 대출해 줄 때에도 이렇게 물어보나요? 그라민은행은 누구에게나 열려있어요.'" (그라민은행이 설립되기 전 방글라데시 은행의 대출자 중 여성의 비율은 1% 이하였다.)

도이보띠 씨의 자랑스런 양철지붕

마침 우리가 들어선 마당에 대나무를 엮어서 만든 책장이 보였다. 한 여성이 우리가 문 앞에 서 있는 걸 보고는 방에서 금세 쫓아 나왔다.

"여긴 책장을 만들어서 시장에 팔아 생계를 꾸려나가고 있는 도이보띠의 집이에요."

도이보띠는 우리에게 방 안으로 들어오라며 손을 잡고 끌었다. 그녀를 따라가다 낮은 양철 지붕에 머리를 쾅 하고 박고 말았다. 그녀는 깜짝 놀라

내 머리를 감싸 쥐며 몇 번이나 만져주었다. 나는 애써 웃으며 그녀와 그녀의 가족들에게 인사를 했다. 그녀의 집은 겉으로 보면 흙벽에 나무기둥으로 지붕을 올린 초라한 집이지만 안은 꽤 잘 갖추어져 있었다. 나무로 만든 침대에 얇은 이불이 놓여 있었고 방글라데시 시골에서 부의 상징이라는 유리 그릇이 진열장에 쌓여 있었다. 방은 꽤 작아서 우리 셋과 통역자, 그라민 직원 두 명까지 들어가자 꽉 차서 우리는 무릎을 세우고 옹기종기 모여 앉았다.

"그라민 은행은 어떻게 알게 되셨나요?"

"그때가 언제더라… 18년 전이었나. 그때 저는 남의 밭에서 품을 팔거나 삯바느질로 근근이 끼니를 잇고 있었어요. 그런데 누가 그러는 거예요. 그라민은행에서 나 같은 사람한테도 대출을 해준다고. 그 길로 멤버가 됐어요."

"제일 처음에 얼마 대출했는지 기억나세요?"

"당연하죠! 7,000다카를 빌렸어요. 그걸로 암소를 사서 젖을 짜 시장에 내다 팔았어요. 그 때 돈을 좀 모을 수 있게 됐어요. 그 돈으로 남편과 책장 만드는 사업을 시작했죠. 우리 가족은 8월만 되면 잠을 못 잤어요. 비가 엄청 내리거든요. 18년 전에는 우리집이 초가집이어서 비만 오면 천장에서 빗물이 줄줄 샜어요. 그런데 이제 양철지붕으로 싹 고쳤어요."

이제 튼튼한 양철지붕을 두른 그녀의 집은 바람과 비에도 끄떡없고, 앞마당에는 식수 펌프도 설치되어 있다. 그야말로 '번듯한' 집이 생긴 것이다. 그녀의 자랑스러운 양철지붕에 머리를 박은 나는 통증이 싹 가시는 듯했다.

"제 딸도 그라민 멤버예요."

그녀는 우리가 가는 게 아쉬운지 딸을 만나고 가란다. 그리고는 바로 옆집으로 우리를 데려다 주었다.

도이보띠의 딸 마로티의 집 마당은 대나무로 만든 소쿠리들로 가득했다. 수줍게 웃으며 우리를 반겨주는 마로티는 "누추하지만 집 안으로 들어오세요."하며 손짓을 했다.

"어머니가 그라민 멤버였다고 들었어요."

"네 맞아요. 그라민은행을 만나기 전에 우리 가족은 하루 세 끼를 먹는 것도 쉽지 않았어요. 하지만 그라민은행에서 대출을 받고부터는 살림이 한결 나아졌어요. 그라민은행 덕분에 장사를 시작하게 되었고, 동생들은 학교를 졸업할 수 있었어요. 그리고 좋은 일자리까지 구한 걸요! 저도 어머니의 권유로 멤버가 되었어요. 요즘은 남편과 함께 소쿠리를 만들어서 시장에 내다 팔고 있어요."

힘 센 여성들의 따뜻한 마음

몇 집을 돌아다니긴 했지만, 나는 마을 전체를 한번 둘러보고 싶었다. 사진을 찍는다는 핑계로 한창 마로티와 이야기하고 있던 일행에서 살짝 빠져 나왔다. 돌아다니던 나를 반겨준 사람은 그라민 멤버 여성이었다. 그녀는 마을 여자들 중에서 가장 눈에 띄었다. 리더 회의 때도 의연한 얼굴을 하곤 가슴을 쫙 펴고 가장 앞 줄, 중간에 앉아 있던 분이다.

그녀가 마을 구경을 시켜주겠다고 나를 잡아 이끌었다. 팔 힘이 보통이 아니다. 살짝 내 팔을 잡은 것 같은데 욱씬욱씬 거렸다. 그녀와 말은 통하지 않지만 세계 만국 공용어 '눈빛'과 '손짓'이 있지 않는가. 그녀는 마을 집집마다 돌아다니며 나를 소개해 주었다. 비가 온지 얼마 안 되어 진흙탕에 발이 푹푹 빠졌지만 신이 났다. 길 따라 흙으로 만들어 볏짚을 올린 집이 쭉 이어져 있었다.

드문드문 닭들이 길을 가로막고 있었지만 손짓 한 번만 하면 후다닥 도망갔다. 마을은 조용하고 평온했다. 미소를 띤 사람들의 얼굴은 여유로웠다. 집집마다 수공예 기술을 하나씩 가지고 있는지 마당에 책장, 소쿠리, 의자가 쌓여있곤 했다.

내가 집 앞 마당에 들어설 때마다 힘센 아주머니께서 뭐라고 외쳤다. 그러면

온 가족이 우르르 몰려 나와 나를 정면으로 바라보고 움직이지 않았다. 힘센 아주머니는 내 카메라를 톡톡 치며 그들을 손가락으로 가리켰다. 나는 그녀가 시키는 대로 카메라를 들어서 찍고는 가족들에게 보여주었다. (폴라로이드라도 있었으면 그들의 모습을 바로 전달해 주었을 텐데!^^)

30분쯤 지났을까. 친구들과 그라민 직원이 밖으로 나와 나를 찾고 있었다. 서둘러 그 쪽으로 가느라 나도 모르게 발을 진흙에 헛디뎠다. 여정이도 마찬가지인가 보다. 맨발에 진흙이 가득 묻었다. 그 때 갑자기 한 분이 물을 받아 와서는 직접 우리 발을 씻겨 주었다. 괜찮다고 사양하려는데 이 마을 여자들은 모두 어찌나 힘이 센지 말릴 수가 없었다.

어머니들은 세상 모든 아이들을 제 자식처럼 염려하는 품을 가지게 되는 걸까. 밥은 먹었는지, 춥지 않은지, 힘들지 않은지, 아프지 않은지…. 우리는 미안하고 고마운 마음으로 발을 맡겼다.

가난한 이들도 사업가가 될 수 있다!

몇 집 둘러보지도 못했는데 벌써 점심시간이다. 우리가 다카에 도착한 이틀 뒤부터 이슬람 최대의 종교의식인 라마단이 시작되었다. 라마단 기간 1달 동안 전 세계 이슬람교도들은 해가 뜰 때부터 질 때까지 금식을 하며 본능적인 욕구와 투쟁해서 자신들을 시험해 나간다고 한다. 금식할 동안 오락, 음료, 심지어 성관계까지 금한다. 체력적으로 힘든 시기여서 사무실, 관공서, 학교 모두 3시 전에 업무와 수업을 마친다.

다카에 있을 때는 의식을 알리는 기도 소리가 하루에도 몇 번씩 스피커에서 울려 퍼져 이방인인 우리에겐 시끄럽게 느껴지기도 했는데, 농촌으로 오니 조용해서 좋았다. 그래도 통역자와 직원들은 금식을 했기 때문에 우리만 식사를 해야 할 때는 조심스러웠다.

오전에 너무 힘을 쏟은 탓일까. 점심을 먹고 난 뒤부터 몸이 쳐지기 시작했다. 조금 쉴 겸해서 그라민 은행 뒤로 쭉 뻗은 논두렁을 따라 걸었다. 길을 따라 천천히 걷고 있으니 금세 통역자와 지점장 나연이 쫓아왔다.

"뒤 쪽에 마을이 있는 걸 어떻게 알았어요? 이왕 나섰으니 마을로 들어가 봅시다!"

15분가량 걸었을까. 모퉁이를 도니 약 8평 남짓한 공간에 닭과 병아리가 가득했다.

"어떻게 이렇게 많은 닭이랑 병아리가 있을 수 있죠? 엄청 많아요!"

"이 집은 그라민은행을 통해 대출 받아 양계 사업을 해서 번창했죠."

왜 꼭 닭일까? 소도 있고 돼지도 있는데? 소는 한 번에 새끼 한 마리만 낳는다. 반면 돼지는 한 번에 여러 마리를 낳는다. 돼지를 키우는 것이 더 좋겠지만 방글라데시에서 돼지를 생계수단으로 키우는 사람은 없다. 왜냐하면 이슬람에서 돼지는 불결함의 상징이기 때문이다. 그래서 이슬람교도들은 소와 닭, 양은 먹지만 돼지는 먹지 않는다. 소는 꽤 비싼 동물이기 때문에 농촌에서 소를 키우기는 어려워 대신 닭을 키운다고 한다. 그래서 그라민 멤버들 중에는 양계 사업하는 사람이 꽤 많다고 했다.

우리 뒤로 벌써부터 아이들 한 부대가 따라 붙었다. 마치 연예인이 팬클

럽을 몰고 다니는 수준이다. 이번에 방문한 마을은 오전에 방문한 마을보다 넓은 대지 위에 자리 잡고 있었다. 그리고 무엇보다 꼬맹이와 아이들이 많았다. 마을 앞에 어디가 끝인지 알 수 없을 만큼 넓은 논과 밭이 펼쳐져 있었고 경운기도 몇 대 눈에 띄었다.

아이들은 우리가 소똥을 밟을라치면 소리를 질러 피할 수 있게 도와주었다. 또 대출자 집 가운데는 대나무로 입구를 막은 곳이 곳곳에 있었는데, 그럴 때마다 아이들이 대나무를 가뿐히 들어 길을 터주었다. 이번에 만난 대출자는 보여줄 것이 있다며 우리를 밖으로 안내했다.

"그라민은행에서 대출을 받아서 남편과 함께 쌀 정제 사업을 시작했어요. 처음에는 엄청 규모가 작았죠. 그런데 조금씩 이윤이 생겨서 이제 기계 몇 대를 들여놓고, 말하기 부끄럽지만 공장을 차렸어요."

지금까지 만난 아주머니들과는 달리 살이 붙어 얼굴이 동그란 아주머니는 공장 문을 활짝 열었다. 그녀가 운영하는 공장은 마을의 넓은 공터 한켠에 위치해 있었다. 안으로 들어가자 쌀 포대가 가득했고 쌀 정제 기계가 놓

여져 있었다.

"이 마을은 큰 도로에서 조금 멀리 있는 지역이기는 한데 이 아주머니와 같이 사업에 성공한 케이스도 있고, 아까 보았듯이 양계업이 잘 된 사례도 있어요. 사업이 잘 되면 서로 서로 보고 배우고 비법을 알려주는 것 같아요."

나연이 다시 센터로 돌아오면서 이 마을의 성공 신화(!)를 설명해주었다.

예금자들이 만드는 장학금

나연과 함께 허름한 집 앞에 멈춰섰다. 나연은 집 주인 아저씨와 이야기하더니 집 안으로 들어오라는 손짓을 했다. 방 안으로 들어가니 왼쪽에 분홍색 사리를 입은 한 소녀가 연필을 쥔 채 침대에 걸터앉아 있었다.

소녀는 우리가 오기 전까지 공부를 하고 있었는지 침대에는 책이 가득 펼쳐져 있었다. 언뜻 보니 영어책이었다. 우리는 혹시나 이 친구와 직접 대화를 나눌 수 있을지 모른다는 기대감에 통역을 거치지 않고 인사를 했다.

"안녕. 우리는 한국에서 왔어. 이름이 뭐야?"

"안녕하세요. 저는 모쉬미라고 합니다. 고등학교에 다니고 있어요."

"공부하는데 방해한 거 아닌가 모르겠네. 공부는 어때?"

"네, 저는 국어, 영어, 수학을 좋아해요."

14살의 모쉬미는 한 눈에 보기에도 똘똘해 보였다. 모쉬미는 올해 매년 마을 학생들 중 12명에게만 주는 그라민 장학생으로 선발되었다.

좋은 필체로 빽빽이 채워져 있는 공책과 교과서를 보자 감탄이 절로 나왔다. 영어를 배우고 있지만 자기소개 이상은 하지 못해서 우리는 결국 통역자의 도움을 받을 수밖에 없었지만 모쉬미는 드문드문 영어 단어를 말하며 우리와 눈을 맞추었다.

그라민은행은 기본 대출 외에도 빈곤층의 생활개선을 위해 주택 대출, 학자금 대출, 극빈층 대출, 소기업 대출, 장학 제도 등 다양한 프로그램을 운영 중이다. 장학금을 주는 프로그램은 '그라민 쉬카Grameen Shikkha'라고 불리는데 2003년부터 농촌지역 학생들을 돕기 위해 만들어졌다.

방글라데시는 국가에서 학비와 교과서를 무상으로 제공하지만 학용품이나 교복은 개인이 각자 준비해야 한다. 살림 하나 꾸려가기에도 벅찬 농촌에서 아이들의 교육에 신경 쓸 겨를이 없을 것이다. 그래서 그라민은행은 후원자가 이들을 위해 최소 5만 다카(약 750달러)를 내면 예금으로 유치한 뒤 여기서 나오는 연 6퍼센트의 이자로 빈곤층 자녀의 학비를 지원하는 프로그램을 만들었다. 올해(2007년)는 장학금 운영 프로그램으로 총 130명을 후원한다고 하였다. 그라민은행은 지금까지 1,200여 명의 학생을 지원해왔다.

모쉬미 옆에는 어머니라고 하기에는 나이 들어 보이는 여인이 서 있었다. 모쉬미의 어머니 자하라나 씨다. 모쉬미는 늦둥이로 태어났단다.

"그라민은행 장학생이 되면 얼마를 받게 되나요?"

"우리는 3000다카(약 4만 원)를 장학금으로 받았어요. 이 돈으로 책도 사고 학용품도 사고 모쉬미 공부를 위해서 쓰고 있어요."

"모쉬미는 꿈이 뭐예요?"

"저는 의사가 되고 싶어요."

딸의 이야기를 듣고 있던 어머니가 덧붙인다.

"딸이 원하는 꿈을 이뤄 사회에 도움이 되는 사람이 되길 바래요."

이야기하는 내내 딸의 손과 얼굴을 쓰다듬는 자하라나. 그녀는 딸이 공부를 열심히 해서 우리처럼 여러 나라를 여행하고 넓은 세상을 보며 다른 사람의 아픔을 치유해주는 사람이 되었으면 좋겠다고 했다.

그라민은행 고객이 되다

밤 7시가 되니 어김없이 정전이 되었고 우리는 헤드랜턴에 의지해 찬물에 샤워를 했다. 1층 사무실에서는 잠시 업무를 중단하고 촛불을 켠 채 식사를 하기 시작했다. 지금은 라마단 기간. 이들은 해가 진 뒤에야 비로소 밥을 먹을 수 있다. 직원들은 한국 튀밥 같은 '무리'에 연한 갈색 소스와 야채, 과자, 고기 등을 넣고 버무린 '이프타르'를 만들어 둘러앉아 먹고 있었다. 이프타르는 하루 중 금식 후에 먹는 가벼운 식사라는 의미이다. 라마단 기간 때 여러 사람과 음식을 나눠 먹는데 우리에게도 이프타르를 덜어 주었다.

밤 11시. 업무가 거의 끝났나 보다. 전기가 다시 들어와 사무실이 환하다.

잠을 청하려고 하는 우리를 나연이 불렀다. 그라민 대출 신청서에 대한 설명을 해주고 싶다며 웃는다.

그라민 대출 신청서는 B4 사이즈 보다 약간 작다. 페이지 안에는 대출자 이름, 대출자 남편 또는 아버지 이름을 적는 난부터 시작한다. 여느 은행과는 다른, 그라민 대출 신청서의 가장 놀라운 부분은 담보를 기입하는 칸이 없다는 점이다. 우리나라라면 집이나 땅 같은 부동산의 크기와 시가를 적어야 하는 자리에 집은 어떤 재료로 만들어 졌는지, 식수는 어떻게 구해서 먹는지, 아이는 몇 명이고 학교는 다니는지에 대한 사항을 적도록 되어 있었다. 집안에 의자 · 가구 · 침대 · 자전거 · 라디오가 몇 개 있는지, 소 · 염소 · 닭 · 오리 등 어떤 가축을 키우는지…, 신청자의 신용이나 재산의 정도가 아닌 생활 형편을 물어보는 질문이 신청서 네 면에 가득 채워져 있다. 이러한 사항은 그라민은행 직원이 직접 대출 신청자의 집을 방문해서 조사를 한다고 한다. 대출자를 믿지 않는 것이 아니라 그들의 상황을 직접 보고 판단을 하기 위해서다.

"우리는 대출 받을 수 없나요?"

"음. 일단 그라민 멤버가 되어야지 대출을 받을 수 있어요. 여러분들은 그라민 멤버가 아니기 때문에 대출을 받기는 어려워요."

대출에 대한 이야기를 듣다가 갑자기 재미있는 생각이 떠올랐다.

"그럼 그라민은행에 예치는 할 수 있죠? 그라민은행 이자율이 높잖아요!"

"아, 네. 은행 고객이 될 수는 있겠네요. 지금 서류를 준비하도록 하죠. 바로 고객이 될 수 있어요."

머뭇거리는 여정, 세운도 부추겨서 각 500다카씩 입금하여 그라민은행 통장을 개설하였다. 통장 개설을 위해서는 사진과 여권 사본만 있으면 된다. 언제 다시 방글라데시에 올지는 모르지만 다음에 왔을 때는 이자 덕을 톡톡히 볼 거라고 생각하며 우리는 흡족한 미소를 지었다.

사실 고백하건대 우리가 다시 그 돈을 찾을 길은 없다. 다카로 돌아와 본사 직원에게 통장 개설한 것을 자랑하자 직원은 고개를 갸우뚱하며 한 마디를 날렸다.

"통장 개설 후 2년 안에 안 찾으면 계좌가 말소돼요. 그리고 아직 그라민은행은 자동화 시설이 안 갖추어져 있어서 돈을 찾으려면 그 마을에서 찾을 수밖에 없어요."

우리가 1,500다카에 이자까지 받으려면 2년 안에 다시 방글라데시 살랑가 지점으로 와야 한다. 과연 우리는 다시 이곳에 올 수 있을까?

희망을 만드는 사람들 | 그라민은행 총각 지점장, 나연

힘들지만 영광스러운 일이에요

"꽥~ 꼬꼬" 닭의 우렁찬 울음소리와 서늘한 바람이 나를 깨웠다. 눈을 뜬 나는 부지런히 옷을 갈아입고 산책 나갈 채비를 했다. 릭샤 천국인 다카에서 벗어나 한적한 곳에 오니 왠지 아침 운동을 해 보고 싶었다. 콧노래를 부르며 옷을 갈아입는 순간 붉은 색의 뭔가가 옷에 묻어 있는 것을 발견했다. 피였다. 숙소에 출몰하던 벌레에게 자다가 물린 것 같았다.

시골 한복판에 덩그렇게 홀로 선 그라민은행에서 의사를 찾거나 소란을 떨 수도 없었다. 지점장 나연에게 등을 보일 수밖에 없었다. 그와 우리의 통역사는 나의 등을 몇 분간 보면서 무슨 얘기를 주고받더니 침착하게 소독약을 발라 주었다. 다 큰 아가씨가 27살 총각에게 등을 보인다는 것이 부끄러웠지만 별 다른 방법이 없었다. 나연은 나에게 걱정하지 말라며 특유의 '싱긋 웃음'을 보여 주었다.

그는 늘 웃는 얼굴이었다. 나연은 방글라데시 말로 '눈'이라는 뜻이다. 이름만큼 그의 눈은 깊고 너무나 아름다웠다. 보고 있으면 빠져들 것처럼. (아무런 문제없이 상처가 나은 건 나연의 웃음 덕분이었을 거라고 아직까지 굳게 믿고 있다.)

나연은 27세의 젊은 나이지만 그라민은행 마을 지점의 지점장을 맡고 있다. 그는 방글라데시의 명문인 치타공 대학에서 회계를 전공했다. 그라민은행에서도 대학을 나온 것이 큰 힘으로 작용하는 것 같았다. 지점장의 나이는 대학을 갓 졸업한 27살인데 부지점장은 40살은 넘어 보인다. 부지점장은 이 마을에서 몇 십 년 간 은행 업무를 담당한 사람이라고 한다.

"그라민 은행에서 일하는 건 어때요?"
"시골에서 가난한 사람을 위한 은행 업무를 하는 건 힘들지만 저한테 '영광스러운 일' 이에요. 귀한 경험이기도 하고, 공부한 걸 제대로 쓸 수 있는 일이기도 하구요."

"그라민은행이 세계적으로 유명해졌잖아요. 부모님이 그라민은행에서 일한다고 자랑스럽게 생각하지 않아요?"
"부모님은 별로 안 좋아하세요. 가족들 모두 치타공에 사는데 여기서 꽤 멀어요. 자주 못 보잖아요. 부모님이 공무원을 하라고 계속 이야기하셔서 시험을 한번 볼까 생각하고 있어요."

나연은 그라민은행에서 일하는 건 자기 인생에서 행운이라고 이야기하며 열심히 일을 하고 있지만 부모님이나 결혼의 문제에서 자유롭지 않은 눈치였다. 가난한 사람들을 돕는 보람있는 일이라지만 도시 총각에게는 아직 해결해야 할 일들이 너무 많은 듯했다. 결혼을 하고 보금자리를 얻어서 아이도 낳고 가정을 만들어야 하는데 아직 농촌 지점은 직원들의 이런 사정을 보듬을 여력이 되지 않는 것 같았다.
여러 가지 고민이 많은 나연이었지만 그는 우리와 함께 있는 내내 편안한 차림으로 마을을 거닐며 마을 사람들에게 진심 어린 미소를 건넸다. 그 모습을 보며 '영광스러운 일' 이라는 그의 표현을 이해할 수 있었다. 그들이 나누던 인사에는 우리가 보통 아는 은행원과 대출자 사이의 관계에서는 도저히 상상할 수 없는 따뜻함이 깃들어 있었다. 그는 마을 사람들, 대출자들, 직원들에게 그 누구보다 친절하고 세심하게 챙겨주는 우직한 리더였다. 또 우리에게는 큰 오빠 같은 든든한 지원자였다.

요구르트로 꿈을 발효시킨다

그라민은행 센터에서 조금 걸어 나가면 마을 입구가 나온다. 하루에 버스가 몇 대밖에 오지 않아 버스 한 대가 멈추면 여러 명의 남자들이 버스로 뛰어간다. 이미 버스는 지붕에까지 사람이 올라타 있는 상황. 그래도 꾹꾹 눌러서 버스에 끼여 타거나 지붕으로 기어코 올라가서 버스를 두드리며 출발하라고 소리친다. 여자들은 보통 오토릭샤보다 큰 릭샤에 타는데 이건 버스보다는 사정이 좀 낫다. 오토릭샤가 잘 다니지 않는 이곳에서 마침 릭샤가 한 대 보였다.

릭샤를 잡아타고 30여 분 달리니 보그라 시내에 들어섰다. 시내라 그런지 마을의 모습과는 다르게 호텔도 보이고 빌딩도 보였다. 릭샤는 꼬불꼬불 골목길을 쉼 없이 달리다 세모 모양의 세련된 건물 앞에 멈췄다. 우와. 보그라에 이렇게 깨끗하고 예쁜 곳이 있다니!

우리가 도착한 곳은 그라민은행과 다농이라는 다국적 식품회사가 함께 만든 그라민 다농 요구르트 공장이다. 공장 입구에는 그라민은행의 상징인 집 모양 안에 '다농' 로고가 그려진 마크가 눈에 들어왔다. 아하, 함께 동거한다는 뜻이구나!

공장 안으로 들어서자 그라민 다농 요구르트 '샥티도이'의 마스코트인 사자 캐릭터 모형이 떡 하니 서 있다. 그 앞으로 안경을 쓴 백인 남자가 다가와서 인사를 건넸다.

"안녕하세요. 저는 이 공장 매니저를 맡고 있는 실방 로미오입니다. 로미오와 줄리엣의 그 로미오예요."

생각보다 젊은 남자가 매니저를 맡고 있었다. 프랑스에서 방글라데시로 일하러 올 정도면 그라민 다농 요구르트에 열정이 있는 사람일 거라고 생각하니 그가 더욱 반가웠다.

'샥티'는 방글라데시어로 '에너지'를 '도이'는 '요구르트'를 의미한다. 샥티도이의 마스코트는 익살스러운 사자이다. '사자 같은 힘이 불끈 솟아나게' 만드는 요구르트라는 뜻이리라.

요구르트 한 개 가격은 80그램에 5다카. 한화로 100원도 채 되지 않는 75원이다. 그는 책상 아래에서 그동안 모은 타사 제품을 보여주며 샥티도이가 얼마나 영양가가 풍부한지 설명하기 시작했다.

"이 요구르트도 5다카인데 영양 성분 표시도 없을 뿐더러 오히려 건강에 좋지 않아요. 설탕이 너무 많이 들어가 있고 그냥 단맛을 느끼는 데 그치죠. 샥티도이는 전지우유, 철분, 비타민A, 칼슘, 아연, 단백질 등이 풍부하게 들어가 있어요. 이 뒷면에 있는 성분표를 보세요."

어떤 상품의 담당자라도 자사 제품이 최고라고 홍보하겠지만 로미오의 목소리에는 장사꾼의 입 발린 소리가 아닌 진심어린 자부심이 느껴졌다. 흥이 오른 로미오의 설명은 계속되었다.

"우유는 공장 근처에 있는 소규모 낙농업자들에게 공급받습니다. 그리고 그들이 전문가들에게 낙농업 기술 교육을 받을 수 있도록 하고 있어요. 보그라 지역의 낙농업을 조직하고 개선하는 일도 함께 하고 있구요. 또 지역민을 참여시키고 일자리를 만드는 데 도움이 되는 유통 모델을 개발하며 적용 중이에요. 요구르트 아저씨, 아줌마가 대표적이죠."

보그라에 위치한 그라민 다농 공장은 큰 공장을 한 개 만드는 것보다 작은 규모의 공장을 여러 개 짓는 것이 더 많은 일자리를 창출하고 지역 경제, 특히 농촌 경제에 기여할 수 있다는 고려에서 내린 결정이다. 더불어 대규모 마케팅보다는 지역 기반의 판매와 그라민은행 대출자들을 통한 홍보에 주력하고 있다고 한다.

한국에는 요구르트 아줌마가 있다면 방글라데시에는 '샥티도이 아저씨'가 있었다! 이들은 샥티도이를 자전거 뒤에 가득 싣고 마을을 일일이 찾아다니며 샥티도이를 홍보하고 판매한다. 도이를 한 개 팔 때마다 그들은 1.5다카를 얻는다.

2007년 2월에 첫 상품 판매를 시작했고 하루 생산량은 아직까지 목표치의 1/10 이하인 250킬로그램(목표치 3톤)이지만, 지금 이 시범사업이 성공한다면 10년 내에 이와 같은 크기의 공장을 방글라데시 곳곳에 50여 개를 지을 꿈을 가지고 있다. 그래서 어린이들에게 영양을 공급하고, 2만 5천 명의 직접고용, 10만 명의 간접고용을 창출한다는 원대한 목표를 세워놓고 있었다. 또한 샥티도이로 얻은 수익은 주주에 대한 보상이 아닌 그라민 다농 사업에 재투자 된다.

희망의 증거 | 그라민 다농 요구르트

아이들의 건강과 지역 경제를 일구는 요구르트

유누스 박사는 방그라데시의 부족한 영양을 채워 줄 영양 식품을 만들고 싶어 했다. 그는 2006년 노벨평화상 수상 당시 "상금 140만 달러 중 일부를 빈민을 위한 안과, 병원 및 고영양가 식품회사 건립에 쓰겠다."고 했다. 그는 희망이나 꿈을 말로만 하지 않았고, 모든 것을 현실에 기반하여 생각하고 현장에서 해답을 찾았다. 그것 중 하나가 그라민 다농 푸드이다.

평소 그라민은행에 관심이 높았던 다농 회장과 유누스 박사가 만나게 되면서 두 사람은 새로운 사회적 기업을 만드는 것에 합의했고, 아이들의 영양과 건강을 위해 요구르트를 개발하자는 데 뜻을 모았다.

이제는 자유 기업의 이데올로기에 실질적으로 도전하는 체제도 없는데 왜 자유시장경제는 그토록 많은 사람들을 보살피지 못했을까? 자유시장경제는 원래 사회문제 해결에 적합하지 않다. 불평등을 악화시킬 가능성이 높다.
–『가난 없는 세상을 위하여』 중

유누스는 자유시장경제에 맞서 빈곤과 불평등을 없앨 준비를 했다. 그는 2006년 3월 합작회사를 공식 출범하는 계약을 맺고, 1년여 간의 연구 끝에 올해(2007년 2월) 샥티도이를 출시했다.

그라민 다농은 요구르트의 주요 재료인 우유뿐만 아니라 설탕, 당밀 모두 근교 농촌에서 공급받고 있기 때문에 지역 경제에도 직간접적으로 영향을 끼치고 있다. 더 나아가 그라민 다농은 그라민은행 대출자들에게 샥티도이를 판매하는 일자리를 제공한다. 아직 보그라에 있는 슈퍼에는 냉장시설을 갖춘 곳이 없기 때문에 48시간 안에 샥티도이를 팔기 위해서는 이 지역을 가장 잘 알고 있는 지역 주민이 판매하는 것이 가장 효율적이기도 하다.
그라민 다농 푸드는 정직한 영양 식품을 공급하는 동시에 원료, 제조, 유통, 판매가 모두 지역에 기반한 로컬푸드 사업을 펼치고 있다.

최첨단 친환경 요구르트 공장

우리 옆으로 김치공장이나 연구실에서 쓰는 흰 모자와 마스크를 쓴 깡마른 남자가 조용히 의자를 빼서 옆으로 앉았다. 그는 우리에게 공장을 안내해 줄 브누아 마샤느Benoir Machawoine. 그는 대학교에서 미생물학을 전공하고 인턴과정으로 다농 푸드에 합류해 요구르트 생산과정의 기술적인 부분을 관리하고 있었다.

"5다카라는 싼 가격에 기존 다농 요구르트와 똑같은 품질을 만드는 것이 가장 어려웠어요. 모든 공정을 처음부터 다시 디자인해야 했죠."

그는 생산에 생각보다 어려움이 많다며 실질적인 이야기를 해 주었다. 우리보다 나이는 어렸지만 공장을 책임지고 관리하고 있는 그는 이미 어엿한 기술자였다.

공장 안에는 건물 1층 높이의 우유 흡입 파이프 및 가열 · 냉각 탱크가 각각 3대 가량 있었고, 그 옆 사무실은 실험실이었다. 실험실 옆 휴게실에서는 직원인 듯 보이는 방글라데시 사람 서너 명이 짜이를 마시고 있었다. 바쁠 것도 서두를 것도 없어 보이는 여유로운 모습이었다.

"오늘 요구르트 만드는 과정을 못 볼 것 같네요. 유산균에 문제가 생겨서 전량 폐기처분해야겠어요."

이런, 가는 날이 장날이라더니 요구르트 공장에 와서 요구르트를 볼 수 없다니! 그는 대신 공장 시설에 대해서 이야기해 주겠다며 우리를 데리고는 밖으로 나갔다. 약 700평방미터 넓이를 차지하고 있는 공장은 재료 공급에서부터 포장까지 원스톱으로 가능한 시스템은 기본이고, 20톤 용량의 빗물 취수탱크와 네 개의 태양 전지판, 자체 정수 처리장을 갖춘 최첨단 친환경 공장이었다. 방글라데시는 물론 한국의 웬만한 공장도 갖추기 힘든 인상적인 모습이다.

"요구르트를 만드는 공장이기 때문에 물에 가장 신경을 쓰고 있어요. 사용하는 물, 내보내는 물 모두 수질관리 시스템을 통해서 깨끗하게 정화해서 쓰고 내보내요. 근처 목장으로 이 물이 들어가기 때문에 더 신경 쓰고 있죠. 저흰 요구르트 용기도 전분을 이용해서 만들어 쓰레기가 아닌 비료로 쓸 수 있게 개발했어요."

그때 갑자기 나타난 로미오가 휴대폰을 우리에게 건넸다.

"헬로우?"

"여보세요? 한국인?"

"네. 한국인 맞아요."

"어머 여기서 한국인을 만나다니. 잠시만 기다려요. 점심 같이 먹어요."

갑자기 한국인과 통화를 하고 예정에 없던 점심 약속이 잡혔다. 로미오와 브누아, 그리고 로미오의 여자친구까지. 로미오의 여자친구는 미국인 저널리스트였는데, 마침 휴가를 내고 방글라데시에 와 있단다. 아프리카에서 처음 만나 사랑에 빠진 두 사람. 방글라데시까지 온 여자친구를 위해 로미오는 곧 휴가를 낼 예정이란다. 이렇게 자유롭게 연애하는 사람을 보니 너

무 부러웠다. 아~ 자유로운 영혼들이여!

샥티도이, 꼭 먹고 말겠어!

로미오와 대화 도중 놀라운 사실을 한 가지 알게 됐다. 로미오는 우리가 한국에서 여행 준비를 할 때 읽은 『세상을 바꾸는 대안 기업가 80인』을 쓴 저자의 제자였던 것이다. 이 책은 우리가 여행을 꿈꾸고 준비할 때 많은 자극과 도움을 줬다. 로미오는 대학에서 지속가능경영을 공부 할 때 대안기업을 주제로 강의를 들었다며, 사회적 기업에 근무하는 것이 자신의 꿈이었다고 했다. 그는 그라민 다농의 설립을 보고는 잘 다니던 직장을 그만 두고 방글라데시에 자원하여 왔다.

우리가 로미오의 소개로 만난 한국인들은 한국국제협력단(KOICA 코이카) 소속의 장기 봉사 단원들이었다. 그분들은 우리를 보자 너무나 반가워했다. 방글라데시에서도 지방인 이곳 보그라에서 봉사단이 아닌 한국인을 처음 본다는 것이었다. 그녀의 큰 환대에 우리는 조금 움찔했지만 재미있는 언니와 이야기를 한다는 것 자체로 신이 났다.

그녀는 우리가 샥티도이를 보러 왔다는 이야기를 듣고는,

"방글라데시에서는 기존에 상상할 수 없었던 뛰어난 맛과 영양분의 제품이라 지역 내에서 인기가 많은 편이에요. 저도 샥티도이 팬이에요."

한국인, 미국인, 프랑스인, 방글라데시인 4개국이 모인 성대한 점심식사가 끝나고 우리는 샥티도이를 구입하기 위해 슈퍼로 갔다. 남아시아의 구멍가게는 대체로 일률적인 모습을 하고 있다. 가게 입구는 천장에 달아 놓은 샴푸와 불량식품이 줄줄이 비엔나 소시지처럼 늘어져 있고, 앞에는 먼지 쌓인 과자가 놓여있다. 우리가 방문한 보그라에는 다른 지역 슈퍼와 다른 점이 딱 한 가지 있었다. 그건 샥티도이 광고 포스터가 붙여져 있는 것. 파랑 바탕에 샥티도이 캐릭터 사자가 슈퍼 앞에 떡 하니 버티고 서 있었다.

로미오는 직접 슈퍼를 돌며 신선한 요구르트를 골라 주었다. 그러나 날씨가 우리의 기대를 또 한번 무너뜨렸다. 더운 날씨 탓에 샥티도이가 많이 상해서 오늘은 맛보기가 힘들다는 것이다. 우린 대신 옆 가게에서 파는 보통의 도이를 먹을 수밖에 없었다. 샥티도이, 꼭 먹고 말겠어! 그렇게 우리는

다음을 기약하고 다시 마을 지점으로 돌아갔다.

희망의 증거 | 폰 레이디와 텔레메디신

정보통신 기술로 소외를 넘어서라!

전화 한 대로 하는 사업, 그라민폰의 폰 레이디

그라민폰은 1997년 3월, 농촌 지역 사람들에게 휴대폰을 통한 소득 창출 기회, 통신이용을 제공하기 위한 사회적 목적으로 설립되었다. 무엇보다 그라민 텔레콤(38%)과 다국적기업인 노르웨이 통신회사 텔레노르(62%)의 합작으로 많은 관심을 받아왔다. 현재 그라민폰은 방글라데시에서 통신시장의 40%이상을 점유하며 AKTEL, 방글라링크를 제치고 1위를 차지하고 있다.

그라민 텔레콤은 그라민은행의 계열사 중 하나로 비영리 회사다. 그라민 텔레콤으로부터 나오는 지분 수익율을 바탕으로 사회공헌 사업을 하고 있다. 우리는 농촌지역 여성들에게 소득 증진의 기회를 제공하는 '빌리지폰', 의료혜택 접근성을 높이는 '텔레메디신' 프로그램을 직접 살펴볼 수 있었다.

보그라에서 그라민 프로그램을 살펴보는 동안 빌리지폰 사업을 하고 있는 샤하나치를 만났다. 그녀는 그라민은행으로부터 대출 받은 돈으로 그라민폰을 구입해 휴대전화를 이용한 사업을 하는 '폰 레이디' 다.

"처음에는 새로운 것이라 두렵기도 했지만, 남편의 든든한 격려를 받아 시작하게 되었어요. 가족과 멀리 떨어져 있는 사람들에게 전화를 빌려줄 수 있어서 보람을 느껴요."

폰 레이디가 되기 위해서는 사람들의 추천이 필요하다. 그래서 마을에서 믿음과 존경을 받는 사람이 할 수 있다. 샤하나치는 마을사람들(농부, 무역업자, 사업가, 학생 등)에게 전화를 빌려주고 1분당 사용 요금을 받고 있다.

지금은 농촌 지역에도 휴대폰 이용이 가능한 곳이 많이 생기고 휴대폰을 소유하고 있는 사람들이 많아서 폰 레이디 사업은 선불제 카드 판매로 방식을 전환하고 있다.

원격 의료 서비스, 텔레메디신

"환자의 상처 부위를 다시 보여주세요."

방글라데시 수도 다카의 한 건물에 들어서니 신경학 전문의 카지딘 무하마드 교수가 모니터에 보이는 환자를 보며 치료 방법에 대해 조언하고 있다. 방글라데시의 첨단 기술을 보여주는 것일까? 우리는 어떤 상황인지를 금방 눈치채지 못해 어리둥절했다.

이것은 그라민 텔레콤과 방글라데시 사회복지기관인 DAB(Diabetic Association of Bangladesh)와 FDA(Faridour Diabetic Association)가 합작하여 만든 '텔레메디신' 프로젝트다. 텔레메디신은 2005년 8월 의료 혜택을 받지 못하는 빈민들에게 치료 기회를 제공하기 위해 시작되었다. 수도 다카에서 120킬로미터 떨어진 곳인 파리드푸르FARIDPUR에서도 전문의사의 진료를 받을 수 있게 된 것이다.

이 서비스를 통해 환자들은 질 높은 의료혜택을 제공받으면서, 동시에 비용과 시간을 절약하고 있다. 다카까지 오고 가는 수고를 하지 않고도 보통 치료비의 30% 가격을 지불하고 있으니 말이다.

텔레메디신을 이용한 환자들의 만족도도 높고, 신규 이용자의 비율은 28%로 점점 확대되어 가고 있다. 그러나 프로젝트 담당자는 어려움을 호소하기도 했다.

"전문의들과 스케줄을 조정하는 것이 힘들어요. 지역 의사들의 반발도 만만치 않구요. 또 사업을 확장하기 위한 기술과 자금 확보가 급선무예요."

텔레메디신은 보다 많은 사람들이 프로젝트에 참여할 수 있도록 일반 대중, 전문의, 정부 관계자 등을 대상으로 홍보활동을 벌이고 있다. 현재 방글라데시에는 전화기를 접해 보지 못한 사람에서부터 DMB폰을 이용하는 사람에 이르기까지 정보통신기술 격차는 심화되고 있다. 그라민 텔레콤은 계속해서 IC(Information Center)를 설립하는 등 정보통신기술을 통해 사회적 소외를 해결하기 위해 사업을 벌일 예정이다.

돈으로 해결될 수 없는 빈곤

그라민은행 살랑가 지점에서 머문 일주일 간 우리는 다양한 사람들을 만났고, 그라민은행의 도움으로 새로운 삶을 만들어가고 있는 많은 사람들의 이야기를 들을 수 있었다. 하지만 항상 장밋빛만 본 것은 아니었다. 우리가 만났던 조비따 할머니처럼 말이다. 그녀는 그라민은행에서 이자율 0%의 극빈층(Begger) 대출을 받고 있었다. 극빈층 대출은 소액융자의 혜택도 받기 힘든 사람들을 위해 2003년부터 시작된 프로그램이다.

우리는 다른 그라민 멤버들처럼 얼마나 생활이 향상되었을까 기대를 품고 그녀를 찾았다.

시집갔다가 지참금이 적다는 이유로 남편과 시댁 식구들에게 쫓겨난 딸이 일하고 있는 친척집 앞마당이었다. 그녀는 뼈가 드러날 정도로 말랐고 눈은 안으로 움푹 들어가 있어 며칠 굶은 사람 같았다. 우리를 위해 자리를 마련하고 의자를 건네는 그녀의 떨리는 손은 몹시 불안해 보였다.

조비따 할머니는 그라민은행 지점 앞에서 견과류 등을 팔아서 하루에 20~30다카, 우리 돈 500원 정도를 번다. 이 정도 수입으로는 음식을 구할 길이 없어 이웃집에 허드렛일을 도와주고 남은 음식을 얻어먹는다고 한다. 그녀에게 거처를 물었을 때 통역관이 번역해준 대답은 집(house)이 아닌 작은 쉼터(tiny shelter)였다.

잠시 후 그녀의 거처에 도착한 우리는 이 두 단어의 차이를 여실히 느낄 수 있었다. 이웃이 소유한 간이 외양간 한켠에 마련된 그녀의 집은 인간의 거처라고 하기에는 민망한 최소한의 그 무엇도 보장되지 않는 장소였다. 외양간에는 소가 있었다. 이 소가 볼일을 보는 뒤켠에 작은 포대자루가 쌓여 있다. 그녀가 그것을 가리키며 두 손을 모아 자는 시늉을 했다.

그녀 앞에서 우리는 차마 카메라를 꺼내어 들 수 없었다. 궁핍한 그녀의 생활에 함께 동행했던 은행원들조차 말을 잃을 정도였다. 우리는 눈가에 눈물이 맺혔지만, 애써 참았다. 그녀가 겪어내고 있는 삶 앞에서 우는 것조차 미안해졌기 때문이었다. 그녀가 사는 모습을 찍었다면 좋은 기록이 될 수 있었겠지만, 카메라를 드는 것 자체가 죄를 짓는 것 같았다.

소액융자는 많은 사람들의 삶을 바꿨지만 빈곤은 여전히 존재한다. 최소한의 자본도 가지지 못한 극빈층에게는 소액융자 또한 버거운 선택이다. 우리가 그들을 위해서 할 수 있는 것은 무엇일까. 그녀에게도 열심히 일해서 빈곤을 극복하라고 해야 할까. 항상 자긍심 가득한 표정으로 우리를 수행하던 직원들의 표정도 그 순간만큼은 무척이나 어두워보였다.

'마이크로 크레딧=빈곤퇴치'에 대한 의문

조비따 할머니를 만나고 온 저녁, 머릿속이 복잡해졌다. 마이크로 크레딧이 빈곤을 없애는 방법일까? 돈으로 사람의 인생을 구제할 수 있을까? 왜 우리 사회는 돈이 없으면 인간의 가치마저 없어지는 지경에 이르렀을까? 이 할머니가 뭘 잘못했기에 이렇게 사는 걸까? 마이크로 크레딧보다 더 중요한 건 조비따 할머니를 만든 사회구조를 바꾸는 것이 아닐까? 자본주의에 소외될 수밖에 없는 사람들을 영세사업자로 만드는 것보다 이슬람 경제가 가지고 있는 공동체적인 사회(마을) 연결망을 회복시킬 수는 없을까?

그라민은행이나 소액융자가 상식을 뒤집는 놀라운 접근이긴 하지만 언론이나 책으로 전해진 것처럼 장밋빛 결과만 탄생시킨 것은 아닐 거라고 생각은 하고 있었다. 여행을 준비하며 한 대학에서 강의를 하고 있는 방글라데시 출신의 교수를 만나 방글라데시에서 마이크로 크레딧을 하는 단체들이 극빈층에게 대출하는 비율이 낮을뿐더러 NGO 몇 곳은 눈에 보이는 성과를 위해 사업을 하는 경우가 많다며, 마이크로 크레딧에 환상을 갖지 말라는 이야기를 듣기도 했었다.

2004년 기준으로 방글라데시 전체 소액융자 가운데 그라민은행이 35%, NGO는 38%, 정부기관이 3%정도를 차지한다. 이 중 그라민은행이 노벨 평화상을 받으며 널리 알려졌는데, 잊지 말아야 할 것은 그렇다고 마이크로 크레딧이 빈곤퇴치의 만병통치약은 아니라는 점이다. 자본주의 사회에서 힘겹게 살고 있는 가난한 사람들에게 물질적인 담보 대신 빈곤에서 벗어나려는 의지를 담보로 한 대출은 상식을 뒤집는 놀라운 시도임은 분명하다. 더불어 생활 여건이 나아진 사람들의 사례도 꽤 많이 알려져 있다.

그 누구보다 당당한 대출자 아주머니들, 이전보다 나은 살림을 산다며 직원에게 고맙다는 인사를 하는 사람들, 의사가 되는 꿈을 꾸는 모쉬미를 만나면서 한국에서 마이크로 크레딧을 공부하고 유누스의 글을 읽으면서

가졌던 질문이나 의문은 뒤로 밀려나 있었다.

우리가 마이크로 크레딧과 그라민은행에 열을 올렸던 이유를 자세히 생각해보면 시장과 자본에 기반을 두고 '빈곤'이라는 풀지 못한 문제를 해결하고 있는 사례이기 때문이었을 것이다. 이윤 극대화라는 점에만 몰두하고 있는 자본주의는 절반의 성공이라며 '완벽한 자본주의'를 만들기 위해 사회적 기업을 추구한다는 유누스의 말을 우리는 의심해봐야 하지 않을까.

조비따 할머니는 우리가 가졌던 질문들을 다시금 떠올리게 했다. 정말 마이크로 크레딧이, 착한 자본이 빈곤을 없앨 수 있는 방법이냐고. 집도 없고 땅도 없이 외양간에 세 들어 살면서 사는 할머니와 결혼 지참금이 모자라 남편에게 쫓겨난 딸. 가난이 죄가 된다면 이들이 죄를 짓게 만든 긴 무엇일까. 대출이, 돈이 진정 이들을 해방시켜 줄 수 있을까.

희망과 고민을 안고 다시 길을 나서다

지점 지붕에 붙어 있는 그라민은행 로고는 마을 사람들을 맞이한다. 집 모양의 로고는 속도와 생명을 뜻하는 빨간색과 비전과 평화를 뜻하는 초록색으로 칠해져 있다. 지점을 드나들 때마다 이 로고를 보면서 마을의 평화를 기도했다.

이제 우린 이 곳을 떠날 시간이 되었다. 살랑가 지점에서의 마지막 날 아침. 여전히 지점 안팎은 사람들로 가득 차 있었다. 지점 안에는 대출을 하거나 상환하러 온 여자들, 지점 뒤에는 대출 받기 전 그룹 모임 및 그룹 교육을 받으러 온 여자들, 지점 밖 바로 앞에는 몰려든 사람들에게 사탕이나 과일 한 알이라도 팔아보려는 상인들까지 가득했다. 어수선함과 분주함 속에서 우리는 은행 직원들과 작별 인사를 나누고 특히 나연과는 깊은 포옹을 나누었다.

예전에는 그라민은행을 떠올리면 유누스의 얼굴이 떠올랐지만, 이제는 나연의 얼굴과 살랑가 지점의 모습, 마을 사람들의 표정으로 그라민은행을 기억할 것이다. 유누스라는 한 사람을 좇아 온 여행에서 우리는 이제 수많은 얼굴을 만나고 가난에 대한 더 깊은 질문을 품게 되었다. 책으로만 보던 현장을 직접 확인하는 작업은 어찌 보면 달콤한 환상을 깨뜨리는 일이기도 했다.

"그라민은행에서 우리 같은 사람에게도 돈을 빌려줘서 이렇게라도 살게 되었어요." 여러 대출자들이 한 이 말. 대출자들이 이 말을 하기까지 그라민은행은 30년이 걸렸다. 비록 자본주의라는 거대한 체제를 넘어서지는 못해도 사람들의 잠재력을 믿어준 그라민은행에 박수를 보내며 우리는 풀지 못한 숙제를 해결하기 위해 다음 여행지로 발걸음을 옮겼다.

나도 그라민은행 인턴이 되어볼까?

그라민은행 본사는 방글라데시 수도 다카의 미르뿌르 로드Mirpur road에 위치해 있다. 미르뿌르 국립 스타디움 또는 미르뿌르 우체국/경찰서 근처에 있는 흰 색의 가장 높은 빌딩이 그라민은행 본사다.

주소 : Mirpur 02, Dhaka 1216

근무시간 : 일요일~목요일 오전 9시부터 오후 5시까지 (라마단 기간 때에는 2~3시 경에 업무를 종료한다. 또 종교 행사 및 휴일도 체크해야 한다.)

그라민은행을 방문하는 몇 가지 방법

그라민은행을 방문하기 위해서는 얼마 동안 머물 것인지, 어떤 부분을 보고 싶은 지, 예산은 적절한지 살펴보아야 한다. 그라민은행은 방문자들을 위해 여러 가지 프로그램을 마련해 놓았다. 무작정 다카에 있는 그라민은행을 찾아가면 사무실만 구경하고 오는 불상사가 생기기 때문에 방문하기 전에 반드시 담당자와 충분한 협의를 거치는 것이 좋다.

• 방문 전 준비

1. 간단한 이력서(이름, 국가, 성별, 직업, 소속 등)를 작성한다.
2. 원하는 프로그램, 방문 희망 날짜, 방문 기간, 그라민에서 보고 싶은 사항들을 적는다.
3. 1번과 2번을 작성한 메일을 담당자에게 보낸다.

* 영어나 방글라데시어로 의사소통이 가능해야 프로그램에 참여할 수 있다.

• 시간은 많지만 돈이 충분치 않은 분에게 추천합니다. 그라민은행 인턴십!

그라민은행에서는 최소 1개월부터 자신이 원하는 날짜까지 그라민은행 본사와 지점, 자회사 등을 경험할 수 있는 인턴십 프로그램을 제공한다. 기본적으로 인턴십 과정은 6주로 진행되지만 참여자가 담당 코디네이터와 상의해서 일정을 조정할 수 있다.
단, 그라민은행에서는 인턴에게 특별한 일을 시키지는 않는다. 인턴의 의사소통 문제 및 업무 미숙으로 문제가 발생할 수 있기 때문에 그라민은행의 시스템을 알려주는 방식으로 인턴십이 제공된다. 또한 인턴십 과정이 끝난 뒤 경험한 내용을 분석한 보고서를 영문으로 작성해야 한다.
비용 : 한 달 동안 인턴십을 할 경우 30달러이며 한 달 이상 할 경우에는 50달러만 내면 된다. (숙소, 음식, 교통비, 통역비 미포함, 통역의 경우 방글라-영어로 하루에 20달러)

• 내가 원하는 것만, 원하는 날짜에 그라민을 둘러보고 싶다면? 방문프로그램!
비용 : 1인 기준 하루에 20달러 (교통비 및 통역비 미포함)

• 2주간 그라민을 샅샅이 벗겨보겠다면, 그라민 국제 다이얼로그 프로그램!
13일 동안 그라민은행 농촌 지점과 본사를 방문하여 어떻게 소액융자가 이뤄지는지, 어떤 의사소통 구조로 작업이 진행되는지도 체계적으로 알 수 있는 프로그램이다.
비용 : 1인 기준 1,500달러 (숙박, 음식, 현지 교통비 등 포함)

그라민은행

전화 880-2-8011138
이메일 grameenbank@grameen.net
홈페이지 www.grameen-info.org

* 자세한 사항은 홈페이지의 Training을 참조하세요.

빈곤은 가난한 사람들에 의해 만들어지지 않았습니다.
그들을 가난하게 만든 것은 우리가 만든 사회경제적 구조이지요.
이것을 바꾸기만 한다면 가난한 이들은
그들 스스로 일어날 수 있는 능력이 있습니다.

– 무하마드 유누스

방글라데시

NGO Forum for Drinking Water Supply and Sanitation

깨끗한 물을 마시지 못하는 사람들

희망태그

비소 오염, 비소 정수기, 물 부족, 슬럼

세운

방글라데시의 농촌은 정말 아름답다.
개미지옥 같은 다카를 조금이라도 벗어나면
너무나 포근하고 목가적인 풍경이 펼쳐진다.
이토록 아름다운 풍경 뒤로 '인류 최대의 독살사건' 이라 불리는
비소 중독 문제가 일어나고 있다니 도저히 믿기지가 않았다.

빈곤과 물

'물은 무조건 사먹어야 한다!' 여행을 떠나기 전 귀에 못이 박히도록 들었던 말이다. 만약 우리가 유럽이나 미국으로 간다면 이런 조언을 하는 사람은 없었겠지. 물 조심하라는 말만큼 북반구와 남반구의 차이를 여실히 드러내주는 말도 또 없는 것 같다.

전 세계 약 11억 명의 사람들이 깨끗한 물을 공급받지 못하고 있다. 깨끗한 물을 공급받지 못한다는 건 무슨 뜻일까? 세계보건기구(WHO)의 기준은 '한 사람이 하루 20리터의 깨끗한 물을 1킬로미터 내 인근에서 구할 수 없는 것' 을 말한다. 개도국의 수많은 여성들이 가족에게 필요한 식수 한 통을 길어 나르기 위해 날마다 몇 시간을 걸어 다닌다.

하지만 이러한 수치가 우리에게는 어떤 의미가 있을까. 매일 400리터에 달하는 물을 사용하는 사람들에게, 물 몇 동이가 생존을 의미하는 이들의 사연은 딴 세상 이야기로 들릴 뿐이다. 살면서 물 때문에 고생해 본 적이 거의 없는 나도 마찬가지다. 깨끗한 물이란 수도꼭지를 틀면 콸콸 나오는 것

이 아닌가.

그런 내가 물에 크게 데인 적이 딱 두 번 있었다. 남반구의 두 나라, 캄보디아와 파키스탄에 갔을 때였다. 두 나라 각각 2주 정도 자원봉사를 갔었는데, 캄보디아의 시골 마을에서는 상수도가 없어 더러운 흙탕물을 써야 했고, 파키스탄의 난민촌에서도 샤워는커녕 역시 차가운 물 한 통으로 씻는 데 만족해야 했다. 음식이 입맛에 안 맞는 것, 잠자리가 불편한 것은 참아도 물이 부족한 것은 정말 괴로운 일이었다.

잊고 있었던 그 때의 기억이 이번 여행으로 되살아났다. 남아시아의 오지만을 찾아다니는 여행이니, 당연히 물이 문제였다. 여행의 첫 기착지 그라민은행에서부터 고생은 시작되었다. 우리가 머물었던 살랑가 지점의 숙소 화장실에서 물을 틀면, 녹슨 수도관을 타고 노란 물이 졸졸 흘러나왔다. 다행히도 한동안 틀어놓으면 물빛이 투명하게(눈으로 보기에는) 바뀌긴 했다. 그나마도, 아무리 활짝 틀어놓아도 졸졸 흘러나오는 수량 때문에 씻을 때마다 물이 끊길지 모른다는 불안에 떨어야 했지만 말이다.

깨끗한 물을 마음껏 쓸 수 없다는 사실만큼 빈곤을 절실히 체감하게 해주는 경험이 또 있을까. 씻을 물은 고사하고 마음껏 마실 수조차 없다면 말이다. 그만큼 깨끗한 물은 사람의 생존에 필수적이다.

공정여행 팁

물을 바라보는 여행자의 자세

그라민은행에서의 1주일을 보내고 다카로 돌아온 우리가 제일 먼저 한 일은? 바로 샤워였다. 낯선 환경, 낯선 사람들과의 만남은 힘들지 않아도 마음껏 씻을 수 없다는 점은 견디기 어려웠다. 그건 이후로도 마찬가지였다. 몸이 힘들 때보다 씻기 곤란할 때 우리는 더 예민해지곤 했다.

우리가 방문한 곳은 물이 부족한 지역이 많았다. 그런 지역에서도 여행자 숙소는 안전지대였다. 지역 주민들은 물 한 동이를 힘들게 이고 다녔지만, 여행자 숙소에는 꼭지만 틀면 깨끗한 물이 한 없이 흘러나왔다. 빈곤을 두 눈으로 확인하겠다고 떠나온 여행인지라 풍족한 식사를 할 때면 죄책감을 느끼곤 했지만, 물을 쓰는 데 대해 문제의식을 느낀 적은 없었다. 그만큼 우리는 물을 많이 사용하는 습관에 길들어져 있었던 것이다. 한국인들이 매일 사용하는 물의 양은 약 400리터. 미국과 더불어 세계 최고 수준이다. 일본 389리터, 영국 343리터, 프랑스 205리터, 독일 164리터보다도 확연히 많은 양이다. 그러나 개도국은 한 마을에서 500리터의 물을 사용한다. 이런 비대칭적인 물 사용이 관광 산업에도 그대로 이어진다.

특히 호텔, 리조트, 골프장 등 고급 관광 시설의 경우는 문제가 심각하다. 고급 호텔에서 여행자들이 하루에 소비하는 물은 평균 1,800리터다. 인도 고아에 있는 한 5성급 호텔에서는 지역의 다섯 개 마을이 소비하는 것과 똑같은 양의 물을 소비한다고 한다. 골프장의 인공적인 잔디밭을 만드는 데도 엄청난 양의 물과 농약이 들어간다. 골프장에 뿌려진 제초제는 지하수로 흘러들어가 주민들이 음용할 물을 오염시킨다. 평균 크기의 18홀 골프장을 관리하는 데 사용되는 물의 양은 매일 525,000갤런(약1,987톤), 이는 100명의 말레이시아 농부들이 농사를 짓는 데 사용하는 물 양과 같다.

내 돈 내고 물 쓰는데 무슨 상관이냐고 되물을 수도 있다. 하지만 우리의 즐거움과 편안함이 지역 주민들의 생존을 위협한다면 다시 생각해 볼 필요가 있지 않을까?

관광산업을 감시하는 영국의 NGO 투어리즘 컨선은 인도, 탄자니아, 남부 아프리카, 중동, 카리브 해 지역 등을 관광산업에 의해 수자원이 고갈되고 있는 위험지역으로 보고하고 있다. 여행자가 조심해야 할 '물'은 오염된 식수뿐일까? 이제는 여행지에서의 쓰는 물에 대해서도 조금 예민해져 보자.

물 낭비를 줄이는 여행 스타일

- 숙박 시설에서 욕실 수건이나 침대 시트를 매일 교체해 준다면, 외출할 때 수건과 시트를 세탁할 필요가 없다는 메모를 남겨 보세요. 세탁물이 줄면 물 낭비와 오염도 줄게 되니까요.
- 자체 수영장, 커다란 정원 등을 관리하느라 물을 많이 사용하게 되는 대형 호텔이나 리조트보다, 상대적으로 물 사용이 적은 중소형 숙박시설을 이용합시다. 개인적으로 물을 아껴 쓰는 것만큼이나 도움이 되는 물 절약 방법이지요.
- 과도한 물과 농약을 사용하고 숲을 파괴하는 골프 여행은 삼갑시다. 특히 물 부족 국가에서는 더욱!! 골프 여행자들이 많을수록 더 많은 골프장이 현지에 건설됩니다.
- 여행도 여행이지만 평소에 집에서부터 물을 덜 쓰는 지구인이 되어 봅시다.

참고 투어리즘 컨선 www.tourismconcern.org.uk

Free from Arsenic

방글라데시에 도착한지 며칠 안 된 날이었다. 식당에서 음식을 주문하며 생수를 한 병 시켰다. 별 생각 없이 생수병을 만지다가 이상한 문구를 하나 발견했다.

'Free from Arsenic'

"애들아 봐봐. 물통에 이런 말이 적혀있어."

"Arsenic이면 비소 아냐?"

"비소로부터 안전하다라…. 방글라데시에 비소 오염 문제가 심각하긴 심각한가봐."

그 뒤로 생수병을 살 때마다 우리는 같은 문구를 계속 발견할 수 있었다. 치명적인 독성을 갖고 있는 중금속인 비소(As), 생수병에 그 '비소 없음'을 보증하는 문구를 써야 할 만큼 방글라데시 식수의 비소 오염은 심각한 문제였다.

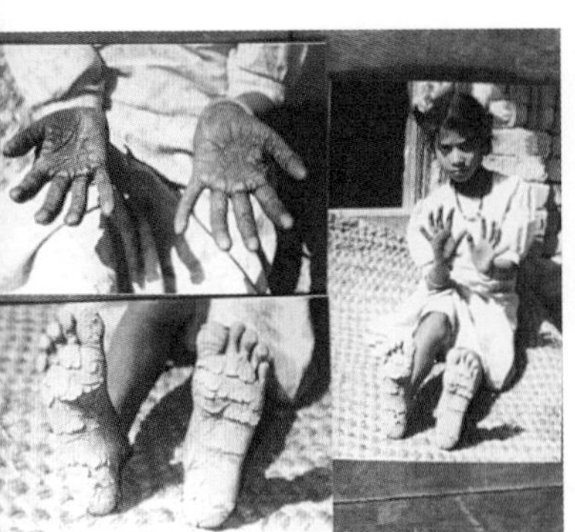
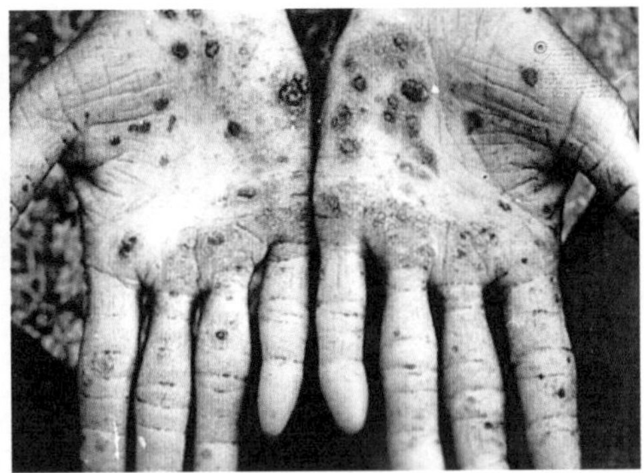

세계보건기구(WHO)에 의하면, 방글라데시의 전체 64개 지역 중 61개 지역 지하수에서 음용 기준을 초과하는 비소가 검출되었다. 비소에 오염된 지하수를 식수로 마시는 방글라데시 인구는 최소 2천 800만에서 최대 7천 700만 명으로 추정한다. 최대 추정치는 전체 인구의 절반에 가깝다. 벌써 250만 명 이상이 피부흑색증, 피부암 등 심각한 비소중독 증상을 보이고 있다.

비소는 아주 적은 양만 섭취해도 감각 상실, 충추 신경계 이상에 사망까지 이를 수 있는 위험한 중금속이다. 만성 중독의 경우에는 피부병에서부터 피부암, 폐암, 당뇨병과 심지어 생식 장애까지 유발한다고 한다.

인류 최대의 독살 사건

방글라데시 식수의 비소 오염 문제를 좀 더 알아보려면 아무래도 식수 문제에 전문적인 단체를 통해 알아보는 것이 가장 좋을 것 같았다. 우리가 '음용수 공급과 위생을 위한 NGO포럼' 에 연락한 이유였다. NGO포럼은 비소가 함유된 물의 심각성을 알리고, 이를 해결하기 위한 여러 활동을 하는 단체였다.

아침 7시, 수도 다카에서 NGO포럼의 프로젝트 매니저 마닉 사하Manik Saha를 만났다. 비소 오염의 심각성을 알아보기 위해 차로 2시간 정도 걸리는 산틴갈Santingar 마을을 방문하기로 했다. 산틴갈은 식수로 사용하던 마을 펌프 물에서 비소가 검출된 뒤로 NGO포럼이 도움을 주고 있는 마을이었다.

산틴갈 마을을 찾아가는 길은 지평선 사이로 구름, 햇살, 호수, 나무가 어우러진 한 폭의 그림 같았다. 2시간 내내 푸르른 들판과 잔잔한 늪지가 어우러져 빚어내는 이국적인 풍경이 펼쳐졌다. 냇가에는 발가벗은 아이들이 자맥질에 열중하고 있다. 지난 몇 주 동안 매번 느끼는 것이지만, 방글라데시의 농촌은 정말 아름답다. 개미지옥 같은 다카를 조금이라도 벗어나면 너무나 포근하고 목가적인 풍경이 펼쳐진다. 이토록 아름다운 풍경 뒤로 '인류 최대의 독살사건'이라 불리는 비소 중독 문제가 일어나고 있다니 도저히 믿기지가 않았다.

우리가 탄 차가 멈춰 서자, 사람들이 신기한 듯 모여들기 시작했다. 마을에 도착하자 마닉과 주민들이 우리를 마을 공용 펌프로 데려갔다. 윗부분이 빨갛게 칠해진 펌프였다. 비소가 기준치 이상으로 검출되어 위험 표시를 해 놓은 것이었다.

마을 식수위원으로 활동하고 있는 마수마아따의 도움을 받아 마을 펌프에서 얻은 물과 정수한 물의 비소 농도를 비교해 보았다. 그는 한 손에 든 파란 상자에서 유리병과 시험지를 꺼내어 익숙한 솜씨로 농도를 측정했다. 시험지에서 300~400라고 쓰여진 동그라미의 색깔이 변했다. WHO에서 정한 비소 농도 기준은 10PPB 이하이다. 이 물의 비소 농도는 무려 300~400PPB였던 것이다.

"현재 비소가 검출된 물은 식수를 제외한 용도로만 사용하고 있어요. 하지만 해가 갈수록 검출되는 비소의 농도가 높아지고 있어서 걱정이에요."

비소 문제에 관한한 마수마아따는 전문가였다. NGO포럼은 외부 전문가들을 파견하기보다는 이렇게 주민들이 직접 비소 문제에 대처할 수 있도록 훈련하고 지원한다.

희망의 증거 | 음용수 공급과 위생을 위한 NGO포럼
NGO Forum for Drinking Water Supply and Sanitation

깨끗하고 안전한 물을 위해

음용수 공급과 위생을 위한 NGO포럼은 방글라데시 빈민들의 안전한 식수와 위생 시설에 대한 욕구를 충족시켜주기 위해 1982년 설립된 NGO 연대기구이다. NGO포럼은 방글라데시 전역의 650개에 달하는 NGO들의 식수 및 위생 관련 활동을 조율하고, 그들의 목소리를 정부에 전달하는 역할을 한다. 또 연대 단체들의 역량 강화를 위해 식수 및 위생에 대한 전문적인 훈련 프로그램을 비롯해 여러 자원을 제공하고 있다.

식수와 위생 문제에 전문성을 갖춘 NGO포럼의 역량은 비소 오염 문제에 있어서도 빛을 발하고 있다. NGO포럼은 식수가 오염된 마을 주민들이 단지 비소 정수기를 설치하는 데 그치지 않고, 주민들이 마을위원회를 조직하여 문제를 마을 공동체 차원에서 함께 해결하도록 지원한다. 마을위원회는 자발적인 정보 교환, 정기적 수질검사, 위생교육 등을 통해 식수 문제 해결을 위한 장기적인 비전을 세울 수 있게 된다.

판잣집마다 설치된 정수기

비소는 무색무취이기 때문에 일반적인 방법으로는 식별이 불가능하다. 끓여도 사라지지 않고, 특수한 필터로만 제거할 수 있다. NGO포럼은 이 필터로 만든 정수기를 마을 주민들에게 보급하고 있다. 몇몇 집을 방문해서 실제 사용되고 있는 비소 정수기를 살펴보았다.

25살의 젊은 엄마 따슬리마는 6개월 전 정수기를 집에 설치했다. 마을 위원회가 마을 지하수의 비소 오염 사실을 알려주기 전까지 그녀와 그녀의 가족들은 펌프의 물을 마셔왔다.

"정수기를 설치하고 달라진 점이 있나요?"

"5살 난 아이가 설사를 자주 해서 늘 걱정이었죠. NGO포럼의 얘기를 듣고 필터를 설치하게 되었는데, 그러고 나니까 거짓말 같이 설사가 없어졌어요."

설사라고 가볍게 보아서는 안 된다. 매년 전 세계에서 150만 명의 어린이가 설사 때문에 죽어간다. 날마다 4천 명이 넘는 아이들이 설사로 죽는 것이다. 이는 매년 에이즈(AIDS)와 말라리아, 홍역으로 죽어가는 아이들을 합친 것보다 많은 수다. 특히, 5세 이하 어린이들에게 설사는 폐렴 다음으로 주된 사망 요인이다. 설사를 일으키는 주된 원인은 오염된 물과 음식 같은 기초적인 위생 조건에 있다.

비소 정수기는 여러 층의 플라스틱 통이 연결된 의외로 단순한 구조였다. 각 통에는 비소 및 각종 오염 물질 등을 거르는 특수 모래 여과제가 가득 차있다. 맨 위의 통에 오염된 물을 부으면 여러 층의 필터를 통과하며 여과되어 맨 아래 통에는 깨끗한 물이 고인다.

이 정수기의 초기 설치비용은 3천 다카, 우리 돈 4만 원이다. 가난한 가정은 유니세프의 후원을 받아 기존 가격의 20%인 6백 다카, 약 8천 원에 구입할 수 있다. 그러나 정수기 필터 교체비용이 만만치 않다. 1~2년에 한 번 정수기 필터를 교체하는 데에 천 5백 다카, 2만 원을 지불해야 한다.

"교체 비용은 감당할 만한가요?"

"집안 사정이 넉넉하지 않아 많이 부담스러워요. 그래서 하루에 2다카씩 은행에 저축하고 있어요."

한편 NGO포럼은 40가구(약 300명)가 함께 사용할 수 있는 공동 마을 정수기를 시범적으로 설치하고 있다. 현재 6개 마을에 설치되어 있으며 초기 비용인 30만 다카(4,350달러)는 유니세프에서 후원하고, 필터 교체비용 1만 다카(145달러)는 마을 사람들이 부담한다. 역시 교체비용이 높긴 하지만 모든 가정이 개별적으로 비소 정수기를 구매, 유지하는 비용보다는 저렴하다. 그러나 재원의 한계 때문에 다른 마을로 확대되지는 못하고 있는 프로젝트였다.

공동 정수기는 커다란 물탱크에 파이프가 여러 개 연결된 구조물이었다. 파이프에 달린 수도꼭지 중 하나를 틀어보니 맑은 물이 쏟아져 나왔다.

사실 비소 오염의 해결책은 간단하다고 할 수 있었다. 필터를 사용하면 비소를 거의 100%로 여과할 수 있기 때문이다. 그러나 문제는 이러한 재앙이 선진국이 아니라 개도국 방글라데시에서 일어났다는 데 있다. 우리와 동행한 NGO포럼의 매니저 마닉은 말수가 적은 편이었지만 비소 오염에 관해서만큼은 열정적으로 설명해 주었다.

"필터는 비소 오염의 근본적인 해결책이 아니에요. 방글라데시의 많은 빈민들이 평생 의존하기에 필터는 너무 비싸답니다. 보다 근본적인 해결책을 찾아야 하는데 비용문제와 연구의 불충분으로 아직까지 어려움이 많아요. 현재 필터를 사용하는 사람들도 교체비용 때문에 어려움을 느끼고 있죠."

한 마디로 지속 가능성이 부족하다는 지적이었다. 순한 그의 얼굴에서 절실함이 느껴졌다. 그의 말처럼, 인구의 대다수가 하루 2달러 미만으로 생활하는 방글라데시에서 높은 비용을 감당해야 하는 비소 정수기를 사용한다는 것은 실로 아이러니였다. 슬레이트 철판을 엮어서 만든, 가재도구도 몇 개 없는 따슬리마의 집에 커다란 비소 정수기가 놓여있는 모습은 얼마나 이질적인가.

부정부패해서 가난할까, 가난해서 부정부패한 걸까

산틴갈 지역에서 비소 오염이 공식적으로 확인된 것은 2001년이었다. 정부는 근본적인 문제 해결을 위해 어떤 노력을 하고 있는 것일까? 이에 대한 마닉의 의견은 부정적이다.

"정부의 부정부패가 심해서 자원이 효율적으로 쓰이지 못하고 있습니다. 방글라데시의 개발 예산 중 절반 이상이 해외 원조로 이루어지는데 원조 자금이 국민들의 생활수준을 향상시키는 단계까지 오지 못하고 중간에 사라져 버리죠."

부정부패는 개도국이 발전하지 못하는 이유로 늘상 언급되는 문제이다. 그러나 방글라데시 정부의 부정부패를 단지 방글라데시 인들의 성품 탓으로 넘겨짚곤 하는 외국인의 시선과 마닉의 생각은 분명 다를 것이다. 지금 방글라데시에는 부정부패 척결을 기치로 든 임시정부가 들어서 있다. 마닉은 임시정부에 희망을 품고 있다고 했다. 나도 마닉의 생각에 동조하고 싶었다. 우리도 100여 년 전에는 서양인들에 의해 게으르고 부패해서 도저히 발전하지 못할 민족이라는 딱지가 붙지 않았던가. 부정부패 때문에 가난한 것이 아니라 가난하기 때문에 부정부패한 것은 아닐까?

우리가 대화를 나누는 와중에도 마을 꼬맹이 몇 명이 오가며 물을 떠갔다. 마닉을 통해 그들에게 불편함은 없는지 물어보았는데 한결같이 매우 만족한다는 대답이었다.

비소 재앙의 숨은 이유

방글라데시의 지하수가 왜 비소에 오염됐는지는 아직 확실히 밝혀지지 않았다. 일부 과학자는 히말라야의 빙하에서 녹은 물이 방글라데시로 흘러들다가 자연 비소에 오염됐다는 분석을 내놓기도 했다. 하지만 불과 몇 십 년 전까지만 해도 방글라데시 사람들은 비소에 노출되는 위험에 처하지 않았다. 식수원을 지하수가 아닌 지표수, 즉 연못이나 저수지 등의 물을 사용해 왔기 때문이다.

방글라데시는 물이 많은 나라다. 방글라데시는 갠지스 강이 인도 대륙을 2천 킬로미터 가로질러 바다와 만나는 삼각지에 있다. 매년 찾아오는 수해로 큰 피해를 입기는 하지만 평상시에는 방글라데시의 풍부한 수자원이 땅을 비옥하게 하고, 사람들의 삶을 윤택하게 해준다. 그런 방글라데시가 물 때문에 고통 받게 된 데에는 역사적으로 기막힌 사정이 있다.

1970, 80년대에 유니세프와 세계은행 등 국제원조기구들은 방글라데시

에 수백만 개의 우물을 팠다. 오염된 식수로 전염되는 콜레라 같은 수인성 전염병을 줄이려는 목적이었다. 덕분에 매년 25만 명이 넘던 아동 사망자 수는 절반 가까이 줄어들었다.

하지만 30년이 흐른 후, 비극적이게도 이번엔 비소에 오염된 지하수로 인해 방글라데시 인구 절반이 비소중독에 노출되었다. 간단한 수질검사를 통해서 예방할 수 있었던 문제였지만, 국제기구의 전문가들은 당시 이 지역의 지하수에 비소 오염이 의심되지 않았기 때문에 검사의 필요성이 없었다고 주장한다. 자신들이 판 우물의 안전성을 검사하러 영국 국립지질조사기관의 과학자들이 방글라데시로 들어왔던 1992년 말까지도 비소 오염 검사는 없었다. 하지만 프로젝트에 관여했던 몇몇 전문가들은 비소 오염의 징후가 1980년대부터 보고되었으나 묵살되었다고 증언했다.

비소 오염이 공식적으로 확인된 1993년 이후에도 국제기구들은 미온적인 대처로 문제를 방치했다. 비소 오염 문제가 본격적으로 이슈화된 1990년대 내내 아주 작은 규모의 비소 오염 검사 프로젝트만이 진행되었다. 국제사회에 맨 처음 비소 오염 문제를 제기한 차크라보르티 박사Dr. Chakraborti는 방글라데시의 비소 문제가 "부주의(negligence)" 때문에 일어난 재앙이라고 강조한다.

미래를 선택할 권리

산틴갈 마을을 뒤로 하고 다카로 돌아오는 길, 여러 가지 상념이 교차했다. 국제기구와 정부의 오판으로 입은 방글라데시 사람들의 피해는 아무도 책임지지 않는다. 전문가들의 실수였다는 한 마디가 그들이 입은 고통을 보상해주지는 못한다.

이것은 가난한 사람들에게 필요한 건 돈뿐이라는 식의 오만이 부른 인재가 아닐까? 자신의 삶을 어떻게 개발할지, 미래에 대한 선택권이 그들에게는 제대로 주어지지 않았다.

지난 주말에 찾아간 다카 근교의 슬럼가가 떠올랐다. 한국 NGO 굿네이버스가 활동하고 있는 그곳에서 한국인 자원 활동가를 따라 몇몇 집을 방문했었다. 연못가에 위치한 빈민가는 도시와 시골을 반쯤 섞어 놓은 듯한 기묘한 분위기를 풍겼다. 다닥다닥 붙어 있는 판잣집과 폐기물 더미들 옆 연못가에서 아이들은 자맥질을 하며 놀고 있었다. 우리가 둘러본 집집마다, 아니 방방마다(대부분 단칸방 구조였다) 부모와 아이들을 합쳐 적어도 예닐곱 명씩은 함께 살고 있었다.

어느 판잣집에 들어섰을 때의 일이다. 일하다 사고로 시력을 잃은 늙은 사내와 그의 어린 딸이 함께 살고 있었다. 지팡이를 든 아버지를 부축하는 소녀의 눈망울에는 어떤 말로도 표현 못할 수심이 가득했다. 흙먼지가 가득한 잿빛의 어두운 방 안에서 그들은 불도 켜놓지 않고 생활했다. 우리를 위해 삐져나온 전깃줄 사이로 방의 불을 켜는 소녀의 모습은 너무나 어른스러웠고, 그래서 더 우리는 슬펐다.

"이 지역에 사는 대부분은 돈을 벌러 시골에서 도시로 올라온 사람들이에요. 하지만 판잣집이라도 월세는 결코 싸지 않아요. 지금도 사람들이 계속 몰려드니까 집값은 점점 더 오르고 있어요. 이 집도 앞으로 어떻게 될지…." 아무 말도 못하고 있는 우리에게 동행한 활동가가 덧붙인 설명이었다.

창밖으로 보이는 방글라데시의 교외는 이토록 아름답고 살기 좋아 보이는데, 사람들은 계속 도시로, 도시로만 몰려든다. 일자리가 도시에 있는 탓이라 한다. 하지만 우리가 목격한 도시의 삶도 그리 윤택해 보이진 않았다.

돈을 벌러 도시에 간다는 것이, 도시의 삶을 선택한다는 것이 무엇을 의미하는지 그들에게 제대로 알려주는 사람은 아무도 없다. 그들에게 진정한 선택의 자유가 있었을까. 그들을 농촌에서 도시로 몰아내는 것은 어떤 압력일까. 개발이란, 발전이란 농촌 사람들을 모두 도심으로 슬럼으로 옮기는 일일까. 방글라데시도 선진국의 조언을 따라서 수십 년만 참고 기다리면 그들처럼 발전할 수 있을까? 또 설사 발전한다고 해도 그 그늘에서 쓰러진 사람들의 삶은 과연 누가 보상해 줄 수 있을까.

한국에선 당연하게 여기던 것들이 이곳에 오니 무너지기 시작한다. 내가 생각한 빈곤이란, 발전이란 이런 게 아닌데…. 갈피를 잡지 못한 여러 생각이 어지러이 머릿속을 흐른다.

방글라데시의 맑은 미래

NGO 포럼은 식수공급과 위생 분야만을 다루는 전문적인 단체라 일반 여행자들이 참여할 수 있는 자원 활동의 기회나 방문 프로그램을 제공하지는 않는다. 하지만 관심이 있는 프로젝트에 대해 요청을 하면 탐방을 조율해주기도 한다. (경비 본인 부담) 메일로 연락해보자.

NGO Forum for Drinking Water Supply & Sanitation

주소 4/6 Black – E, Lalmatia, Dhaka–1207, Bangladesh.

전화 880–2–8154273, 880–2–8154274

이메일 ngof@bangla.net & ngofaic@bangla.net

홈페이지 www.ngof.org

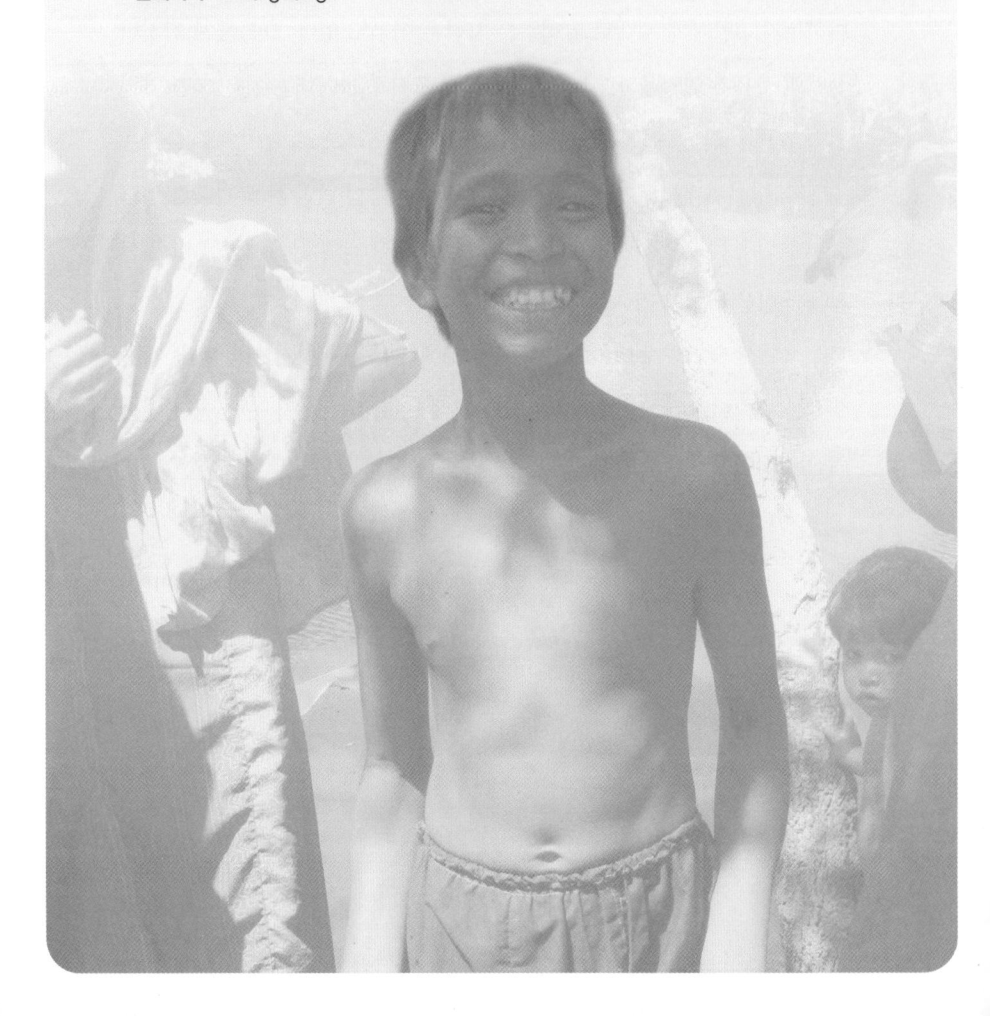

네팔

RUGMARK,
For no child labor in the carpet industry
아동노동이 없는 카펫, 러그마크

희망태그

아동노동, 러그마크, 공정무역 카펫, 굿위브

세운

카펫 공장을 다녀온 날 저녁
우리의 마음은 약간 가라앉아 있었다.
오늘 우리가 본 것은 희망일까, 아니면 아직도 존재하는 슬픔일까.
갈피를 잡지 못한 채 카트만두의 소란한 밤을
또 하루 보내고 있었다.

혹독한 네팔 신고식

비행기가 연착된 탓에 밤 10시가 넘어서야 네팔의 수도 카트만두 공항에 도착했다. 공항은 한산하다 못해 고요했다. 수많은 사람으로 북적이던 방글라데시의 혼잡함과는 사뭇 다른 분위기였다. 공항에서 으레 겪는 검색대에서의 기다림도 전혀 없었다. 우리는 몇 안 되는 승객들과 함께 썰물처럼 공항을 빠져나왔다. 택시 호객꾼들만이 적막한 심야의 공항을 지키고 있었다.

"타멜! 250루피! 손님, 이쪽으로 오세요!"

"타도 될까? 택시라고 쓰인 마크도 없는데."

"별일 없겠지?"

한밤중이라 택시 잡는 데도 신경이 곤두섰다. 우리 대신 궂은 일을 해주던 아자드 씨의 부재가 피부에 와 닿았다. 이제부터는 우리들의 힘만으로 다녀야 한다. 한국을 떠나 온지 벌써 한 달인데, 마치 처음 출발하는 것처럼 긴장되기 시작했다.

낯선 지프를 타고 나선 카트만두의 밤거리에는 불빛 한 점 없었다. 드문

드문 지나가는 자동차의 헤드라이터만이 적막한 밤길을 밝혀주었다. 택시 안에는 운전기사와 우리 말고, 호객꾼도 한 명 있었다. 싸고 좋은 숙소를 소개해 주겠다며 우리에게 계속 말을 걸었다. 초행길에 섣불리 따라갈 수 없어 사양했다. 한데 웬걸? 차가 점점 후미진 골목길로 들어가는 것 같다.

"어, 어, 이 차 어디로 가는 거지?"

긴장이 밀려들며 머릿속에 온갖 생각이 떠올랐다.

'설마… 가, 강도…'

'밤에 이동하는 게 아니었는데. 괜히 밤 비행기를 타고 왔어.'

'혹시 해코지라도 하면 어떡하지.'

'아… 이렇게 우리의 여행이 끝나고 마는 건가.'

별별 생각이 교차하던 찰나, 화려한 네온사인의 거리가 홀연히 우리 앞에 나타났다.

'방콕에 카오산 로드-아시아의 가장 대표적인 여행자 거리-가 있다면 네팔에는 타멜 거리가 있다' 는 가이드북의 말은 과연 허언이 아니었다. 늦은 밤인데도 거리에는 사람들이 넘쳐났다. 대부분은 금발의 서구인들이다. 거리에 늘어선 각종 상점과 식당, 술집들이 밝은 조명 아래서 대낮처럼 영업하고 있었다. 여행자의 해방감과 안도감이 동시에 찾아왔다. 해가 지면 밖으로 돌아다닐 엄두가 안 나던 방글라데시에서는 맛볼 수 없던 느낌이었다. 축 처졌던 몸에 에너지가 돌아오는 듯했다.

"짐 풀고 맥주나 한잔 할까?" 다들 나와 비슷한 생각을 했나보다.

열병

그러나 즐거운 마음도 잠시, 머리가 아파오기 시작했다. 긴장이 풀린 탓일까. 아까보다 몸이 더 성을 냈다. 비행기에서 한 숨 잔 후, 이젠 회복됐다고 생각했는데.

네팔 행 비행기를 타기 전날 밤, 몸에서 갑자기 열이 펄펄 끓기 시작했다. 구토와 설사도 함께였다. 처음엔 약간 심한 감기몸살이려니 했지만, 약을 먹어도 몸이 나아지는 것 같지 않았다. 그러나 우리에겐 이미 끊어놓은 네팔 행 비행기 표가 있었다.

"표 바꿀까? 병원부터 다녀오자."

"아냐, 그냥 몸살일 텐데… 내일이면 괜찮아질 거야. 우선 비행기 타고 네팔 가서, 거기서 병원 가자."

하룻밤 자고 나니 머리가 조금 띵하지만 움직일 만했다. 밤새 내 곁을 지키며, 수건으로 열을 식혀준 친구들 덕분이었다. 아자드와 마지막 인사를 나누고 네팔 행 비행기에 올라탔다. 기내에서 한기를 느꼈지만, 조금씩 기운을 차리고 있다고 생각했다. 한데 아니었나 보다.

숙소를 잡자마자 씻고 누웠다. 어제처럼 이마가 펄펄 끓고, 설사가 밤새 계속 됐다. 극심한 한기 때문에 온몸이 계속 떨려왔다. 친구들이 담요를 몇 겹이나 덮어줬지만 소용이 없었다. 이불 속에서도 계속 떨리는 몸. 처음으로 집에 돌아가고 싶다는 생각이 들었다. 여기가 따뜻한 온돌바닥이라면 얼마나 좋을까.

잠들고 싶었지만 그마저도 쉽지 않았다. 창밖에서 들려오는 커다란 음악소리 때문이었다. 숙소 근처에서 밴드 공연이 한창인 듯했다. 시끄러운 음악 소리와 함성이 신경에 거슬렸다. 도착할 때는 반가웠던 여행자 거리의 자유분방함이 몇 시간 만에 한없이 원망스러워졌다.

역시… 진단은 의사에게

이튿날, 우리가 갖고 있던 유일한 비상 연락처, 굿네이버스 네팔 지부로 급하게 전화를 걸었다. 한국 대사관에도 연락해 보았지만 아무도 전화를 받지 않았다. 주말이었는데도 굿네이버스 네팔 지부의 정도용 지부장이 바로 달려와 줬다. 네팔에 한국인 의사가 한 명 있지만 쉬는 날이라고 해, 우선은 현지 병원을 찾아갔다. 지부장의 차에 실려 도착한 곳은 카트만두 시내의 알카ALKA 병원이었다. 대기실에 앉아 기다리고 있으니 네팔사람들이 신기한 듯 힐끔힐끔 우리를 쳐다봤다. 네팔인 의사에게 손짓 발짓 다해가며 진찰을 받은 후 피검사와 대 · 소변 검사까지 받았다.

숙소로 돌아와 방에 힘없이 누워있으니 이경과 여정이가 한국 음식을 구해오겠단다. 얼마 후 돌아온 둘의 손에는 따뜻한 미역국에 김치, 한국식 쌀밥이 들려있었다. 빌려온 도자기 그릇에 담아 차려 놓으니 한국 병원에서 먹는 요양식 못지않게 번듯해 보였다. 함께 하는 친구들을 지켜주겠다고 생각했는데 정작 보호를 받고 있는 건 내 쪽이었다.

한국음식을 먹고 푹 쉬니 고열이 조금씩 가라앉는 것 같았다. 다음날 일어나니 몸이 한결 개운했다. 밥을 먹고 병원에서 검사 결과를 받아왔다. 물론 검사 결과는 한국어가 아닌 영어로 써 있다. 게다가 의학용어라 모르는 것 투성이다.

"블러드는 피고 유린은 소변이고, 그런데 이 스툴은 뭐지?"

"아 똥이잖아~ 으."

내 상태가 나아진 덕분인지 검사 결과를 볼 때는 여유가 있었다. 검사 결과를 꼼꼼히 해석하던 이경이 갑자기 웃음을 터트렸다.

"하하 이거 뭐야. 아메바가 검출됐다네. 회충 아냐? 회충."

순식간에 분위기가 코믹해졌다. 잘은 몰라도 몸속에 아메바가 있다는 말에 회충 비슷한 종류가 아닐까 단정 지은 것이다. 무식하면 용감하다고, 그 동안의 고열은 단순 몸살이라고 판정해버린 우리는 한바탕 웃고 안도의 한숨을 내쉬었다. 병원에 다시 오라던 의사의 말은 싹 잊어버리고 말이다.

결국 고열은 며칠 동안 더 계속 됐고, 힘들게 찾아간 한국인 의사는 영어 진단서를 보더니 단박에 '이질'이라는 진단을 내렸다. 검사받은 다음날 다시 의사를 찾아갔으면 간단히 약을 먹고 나았을지도 모를 일인데. 뒤늦은 후회를 해보지만 소용없는 일이다. 덕분에 약은 약대로 독한 걸로 처방받고, 기력은 쇠약해질 때로 쇠약해진 후였다.

여행의 기술

여행하다 아프면 어떡하지?

여행 중에 몸이 아프면 참 난감하다. 단순한 몸살인지 아니면 병원에 가야할 만큼 심각한 문젠지 판단이 쉽지 않을 뿐더러 의사소통의 어려움, 의료 경비에 대한 걱정 등도 병원 가기를 망설이게 하는 요인들이다. 병원 등의 의료 시설이 열악한 개도국 여행은 더 그렇다. 그러나 불편해도 병원을 가야만 하는 순간들이 있게 마련이다. 여행지에서는 안 아픈 것이 제일이겠지만 그게 어디 맘대로 되나? 여행 코스와 장비를 준비하는 만큼 여행지에서의 건강 관리법도 잘 숙지해두면 비상상황 시에 큰 도움이 된다. 무엇보다 몸이 내 맘대로 안 된다고 너무 속상해하지 마시길. 정말로 건강에 안 좋다.^ ^

기본적인 대처 요령

- 단체관광의 경우 보통 패키지에 여행자보험이 포함되어 있다. 하지만 개인 여행자라면 여행을 떠나기 전에 여행자보험에 꼭 가입하자. 자잘한 의료 행위도 진단서와 현지에서 지불한 의료비 영수증만 있으면 국내에서 의료비를 환급받을 수 있다.
- 병원에 가기 전에 대사관이나 한국인 식당 등에 문의를 해보자. 어느 병원이 괜찮은지 혹시 현지에 근무하고 있는 한국인 의사는 없는지 등의 정보를 얻을 수 있다.
- 유명 여행지의 경우 여행자들이 주로 찾는 병원이 정해져 있다. 그곳을 찾아가면 보다 편리하게 진료를 받을 수 있다.

※ 참고 사이트 : 해외여행 질병정보센터 travelinfo.cdc.go.kr

이럴 땐 이렇게!

- **설사** : 개도국을 방문하면 통과의례처럼 거치게 되는 것이 설사이다. 보통은 '물이 안 맞아서' 앓는 경우라 증세가 일주일 이상 지속되지는 않는다. 지사제를 복용하면 완화된다. 그러나 설사가 하루 4회 이상이고 열이 동반된다면 세균성 설사일 가능성이 높다. 병원을 찾는 것이 좋다.
- **감기** : 인도, 네팔 등 남아시아에서는 약국에서 치료제를 쉽게 구할 수 있다.
- **고열, 오한, 두통** : 만일 말라리아 유행지역을 여행 중이라면 말라리아일 가능성이 높다. 즉시 병원 치료가 필요하다.
- **베인 상처** : 소독제로 소독한 후 연고를 바른다.
- **동물에 물렸을 때** : 개에 물렸을 때는 아주 많은 양의 물로 물린 자리를 씻어낸다. 그리고 즉시 병원을 찾는 것이 좋다. 아직 많은 지역에서 광견병이 존재하고 있다. 남아시아 지역은 주인 없는 개들이 거리에 많으므로 조심하자.

네팔은 지금 혁명 중

타멜에 머문 지 3일째 되던 날, 떨어진 체력을 보충하기 위해 한국 식당을 찾았다. 창가에 자리를 잡았는데 갑자기 밖에서 웅성웅성 하는 소리가 들렸다. 창밖을 보니 빨간 머리띠를 두른 사람 수백 명이 갈고리 모양의 빨간 깃발을 앞세운 채 행진을 하고 있었다. 우리는 그들이 누군지 직감적으로 알 수 있었다. "저 사람들이 그 유명한 마오이스트들이구나." 말로만 들어온 그들을 처음 대면한 순간이었다.

이라크, 티베트 등에 가려져 아는 이들은 적지만 네팔도 엄연한 분쟁국이다. 벌써 10년이 넘게 치열한 내전이 계속되고 있다.

네팔은 지구상에 몇 안 남은, 왕이 다스리는 나라다. 20세기 중반, 식민지였던 제3세계의 여러 나라들이 독립과 함께 대의민주주의를 도입한 것과는 반대로 네팔에선 왕정이 지속됐다. 1951년부터 네팔을 다스린 샤 가문의 통치는 여느 독재자가 그렇듯 자의적이고 폭력적이었다. 누구든 영장과 재판 없이 18개월 간 구금될 수 있었고, 왕정에 적대적인 정치인, 운동가, 학생들을 상대로 한 납치, 고문, 살인이 빈번하게 일어났다. 절대 빈곤과 부정부패는 개선될 기미가 보이질 않았다.

민주주의라는 시대적 흐름을 요구하는 목소리가 네팔 내에서 커져 갔지만 왕은 몇 번 의회를 소집했다 해산하는 등 요

지부동이었다. 1996년 참다못한 일군의 공산주의자들이 왕정 타도와 토지 분배 등을 기치로 무장 투쟁을 시작했다. 그들은 중국 공산당 지도자였던 마오쩌둥의 이념을 따르기에 마오이스

트라 불렸다. 처음엔 소수로 시작했던 마오이스트들의 반란은 엄격한 카스트 제도와 극심한 빈곤에 신음하던 농촌에서 폭넓게 세력을 키웠다.

2005년 2월에는 서로 경쟁하던 마오이스트와 제도권 7개 야당까지 연합한, 왕정 폐지를 요구하는 대규모 집회와 가두 시위가 일어났다. 갸넨드라 왕은 비상계엄령을 선포하였지만 결국 왕궁까지 압박해 온 시위대의 요구를 받아들여 하야를 선언했다. 그러나 왕은 물러났어도 갸넨드라는 여전히 군대의 주도권과 막대한 자금을 가지고 있었다. 네팔 국회도 왕정 존립을 옹호하는 세력과 왕정 철폐를 요구하는 세력으로 나뉘어져 큰 긴장감을 조성하고 있었다. 다행히 우리가 한국에서 출발하기 며칠 전 네팔의 왕정 폐지와 총선 개최가 극적으로 합의되었다는 소식을 들었지만, 혼란은 계속되고 있었다. 카트만두에서는 매일 마오이스트들의 가두행진과 대규모 집회가 열렸다.

얼마 후 숙소 근처에서 공정무역 단체 칸첸중가 차 조합Kanchanjangha Tea Estate(KTE) 직원을 만났을 때 우리는 네팔의 불안한 정세를 더욱 여실히 체감할 수 있었다. KTE는 한국의 '아름다운 가게'에 차를 공

급하고 있는 공정무역 차 생산자 조합이다. 네팔 동부 피딤Phidim 지역에 있는 KTE의 농장 방문을 문의하기 위해 만난 직원은 우리에게 안 좋은 소식을 전해주었다. 갑자기 터진 폭력사태 때문에 차 농장으로 가는 길이 봉쇄되었다는 이야기였다. 2주 정도 지나야 통행이 재개될 것 같다는 그의 말에 우리는 방문 계획을 포기할 수밖에 없었다. 조금 위험을 무릅쓰고라도 갈 방법이 없겠냐는 우리의 물음에 그는 "지금 상황은 결코 안전을 보장할 수 없어요. 외국인은 특히나 위험해요."라며 만류했다.

네팔은 지금 혁명이라는 열병을 앓고 있는 듯했다. 네팔의 앞날은 어떻게 될까? 우리는 알 수 없었다. 우리가 만난 네팔 사람들 중에는 마오이스트에 찬성하는 사람도, 반감을 표하는 사람도 있었다. 사정을 잘 모르는 이방인의 입장에서 섣불리 판단할 순 없었다. 다만 아름다운 히말라야의 왕국 네팔에 민주주의가 평화롭게 정착했으면 하고 바랄 뿐이었다.

고사리 손으로 만드는 카펫

러그마크 재단을 찾아가기 위해 흙먼지가 날리는 카트만두의 골목길을 한 시간여 헤맸다. 재단의 위치가 그려진 지도를 인터넷에서 출력해놓았지만 막상 부근에 도착하니 도저히 알아볼 수가 없었다. 택시 기사가 직접 러그마크 직원과 몇 번을 통화하고 행인들에게 수 차례 길을 물어서야, 겨우 러그마크 안내판을 발견할 수 있었다. 빛바랜 표지판에는 교복에 학교 가방을 둘러맨 아이의 모습이 그려져 있었다.

러그마크 사무실에서 우리를 제일 먼저 반긴 건 벽에 걸려있는 커다란 카펫이었다. 카펫의 한 가운데에는 밝게 웃고 있는 양탄자를 형상화한 러그마크 심벌이 그려져 있었다. 웃고 있는 양탄자와 학교 가는 아이들의 모습.

이쯤 되면 러그마크가 어떤 일을 하는 단체인지 대충 감이 올 것이다. 러그마크 재단은 아동노동이 만연한 카펫 공장들을 감시하는 한편, 공장에서 구출된 아이들을 교육하는 단체이다.

아동노동은 거의 모든 나라에서 불법화되었음에도 불구하고 쉽게 사라지지 않는 문제다. 국제노동기구(ILO)는 2006년 기준으로 전 세계의 5~17세 아동 중 2억 천 8백만 명이 경제활동을 하는데, 이중 1억 2천 6백만 명은 위험한 – 아동의 신체와 정신에 해를 끼치는 – 일에 종사하고 있다고 보고했다. 그 중 절반 이상이 아시아의 아이들이다. 우리는 이러한 아동노동의 현실을 알아보기 위해 러그마크에 찾아왔다.

우리가 이메일로 먼저 연락했던 사무총장 아자이Ajay는 마침 급한 회의가 생겼다며 자리를 비우고 없었다. 대신 교육부서의 책임자인 간샴이 우리를 안내해줬다. 그를 따라 아동노동 현장에서 구출된 아이들이 사용하는 식당과 숙소, 놀이방을 구경했다. 중간에 이곳에서 아이들을 가르치는 선생님들도 만났다.

"이곳에서는 아이들에게 네팔어, 수학, 영어 등을 가르쳐요. 외국에서 가끔 자원봉사자들도 온답니다. 얼마 전까지 외국인 한 명이 이곳에서 1년 정도 생활하며 영어를 가르쳤어요."

둘러볼 시설을 다 구경했지만, 금세 온다던 사무총장은 소식이 없었다. 숙소로 돌아가야 하나 고민하고 있을 쯤 우리 앞에 가죽조끼에 선글라스를 낀 남자가 나타났다. 그는 자신을 러그마크의 아동노동 감시관 조띠 라즈Jyoti Raj라고 소개했다. 그는 2년 반 전부터 러그마크 감시관으로 활동하고 있으며, 하루에 보통 8~10개의 공장을 무작위로 방문한다고 했다. 흥분한 우리는 그를 따라서 아동노동의 은밀한 현장을 보고 싶다고 얘기했다.

"저희도 아동노동을 적발하는 현장에 동행할 수 있을까요?"

"공장에서 아동노동을 적발하는 것은 굉장히 위험한 일입니다. 카펫 공장주들에게 해를 당할 수도 있지요. 게다가 조용하고 은밀하게 움직여야 하는 일이라서 여러분을 데리고 다닐 순 없어요. 대신 러그마크 인증을 받은 공장을 소개해 줄게요. 불과 얼마 전까지 아동노동을 사용하던 곳들이죠. B급 공장과 C급 공장을 한 차례씩 둘러보면 카펫산업의 현실에 대해 조금은 알 수 있을 거예요."

아쉽지만 조띠의 말을 따르기로 했다. 피해를 주면서까지 현장을 볼 수는 없었다.

"단 사진촬영은 안돼요. 사진 찍히는 걸 알면 공장주들이 절대 허락해주지 않을 겁니다."

사진 촬영을 금지한다는 사실에 약간 겁이 났다. 인증 받은 공장임에도 촬영을 금지하는 이유는 무엇일까.

희망의 증거 | 러그마크 재단

공장의 아이들을 구하라

러그마크 재단은 카펫산업의 아동노동을 감시하기 위해 설립된 비영리조직이다. 남아시아의 대표적인 수출품인 카펫은 아동노동 착취상품으로 악명이 높다. 아동노동이 법적으로는 금지되어 있음에도 불구하고, 수많은 카펫 공장에서는 납치되거나 부모에 의해 팔려온 4~14살 사이의 아이들이 최고 18시간에 달하는 노동에 혹사되고 있다. 1980년대에 이 문제를 처음 제기한 남아시아 아동노동 반대연대 (the South Asian Coalition on Child Servitude)의 조사에 따르면 네팔에서만 15만 명 이상의 아이들이 카펫 공장에서 일하고 있다고 한다.

처음에는 활동가들이 직접 공장에 잠입하여 아이들을 구출했다. 하지만 공장주들은 금세 다른 아이들로 그 빈자리를 대체했다. 좀 더 효과적으로 아동노동을 근절시키는 방안이 필요했다. 1994년에 처음 설립된 러그마크 재단은 이런 배경에서 만들어졌다. 러그마크는 아동노동을 감시하는 동시에, 아동노동을 사용하지 않는 공장의 제품에 인증마크를 부여한다. 러그마크가 부착된 카펫은 14세 미만의 '아동노동으로 만들지 않았음(No Child Labor)'과 성인노동자에게는 공정한 임금을 지불했음을 보증한다. 러그마크 카펫 판매 수익금의 일부는 적립되어 공장에서 구출된 아이들을 교육하고 돌보는 데 쓰인다.

사진 촬영이 안 되는 이유

첫 번째 공장은 2년 전까지 아동노동을 사용했으나 러그마크의 감시와 유도로 아동노동 사용 금지 인증 공장이 된 곳이었다. 그러나 공장 환경 평가에서는 최하위인 C등급을 받은 곳이다. 주택가 사이에 들어선 공장 입구에는 러그마크 인증 공장임을 의미하는 철제 판넬이 붙여져 있었다. 공장 내부 촬영을 원치 않았기에 카메라는 놔두고 들어가야 했다.

붉은 벽돌로 지어진 건물 안으로 들어서자마자 매캐한 냄새가 코를 찔렀다. 페인트칠이 벗겨져 땟자국이 누렇게 뜬 내벽 사이로 엉켜있는 실타래들이 눈에 들어오고, 대낮인데도 어두침침한 내부는 조명을 찾아볼 수 없었다. 창 사이로 스며드는 햇살에 떠다니는 먼지가 한가득이다. 빼곡히 배열되어 있는 철제 블록 사이로 비좁게 붙어 앉아 카펫을 짜고 있는 여성들이 드문드문 눈에 띈다. 한 쪽 마당에서는 물을 가득 담은 큰 고무대야에 발을 담근 한 남자가 비누를 온 몸에 바르며 샤워를 하고 있다. 이러한 공장 내부를 뛰어다니며 재잘거리는 여공의 어린 아이들을 보며 왠지 모르게 가슴이 답답해졌다.

하루만 일해도 기관지에 문제가 생길 듯한 이 건물 안에서 40여 명의 사람들이 한데 모여 숙식을 해결하며 카펫을 생산한단다. 아침 7시부터 저녁 8시까지 하루

13시간씩 일하면 한 달에 6천 루피, 우리 돈으로 10만 원 정도를 받는다. 1년 전부터 여기서 일하고 있다는 17살의 풀마야는 우리의 질문에 대답을

하는 와중에도 일에서 손을 떼지 못했다. 많은 질문에도 돌아오는 대답은 "처음에는 몸이 힘들었지만 지금은 괜찮다"는 내용뿐이었다. 그러나 뒤편에서 무심한 척 우리 쪽을 지켜보고 있던 공장 매니저의 시선에, 그녀의 쓴 웃음을 이해할 수밖에 없었다.

공장 건물 옆에는 바로 노동자들의 숙소가 마련되어 있었는데 어둡고 지저분해 보이기는 마찬가지였다. 3평 정도의 조그만 방에 4~5인 가족이 생활하고 있었다. 공장을 둘러보는 내내 마음이 편치 않았다. 우리 중 누군가가 중얼거렸다.

"왜 카메라 촬영을 막는지 알 것 같아."

공장에서 걸어서 5분 정도 걸리는 가까운 곳에 러그마크 탁아소가 있었다. 탁아소는 페인트칠이 다 벗겨진(혹은 처음부터 하지 않았을 수도 있는) 낡은 3층 건물이었다. 전쟁이라도 겪은 것처럼 금세 무너질 듯 허름했다.

우리가 들어서자 수많은 꼬마 아이들이 두 손을 모아 이마에 갖다 대면서 "나마스떼"하고 밝게 인사를 건네주었다. 수업이 끝났는지 아이들이 책가방을 매고 우르르 몰려나왔다. 2층으로 올라가는데 비릿한 냄새가 났다.

냄새가 나는 계단 뒤쪽을 바라보니 오물로 범벅이 된 화장실이 보였다. 급한 마음에 이용하려다 멈칫하고 말았다. 운동화를 신은 나도 사용이 망설여지는 저 곳을 아이들은 맨발로 이용하겠지.

2층 사무실에서 이곳을 관리하는 코디네이터가 우리를 반겼다. 그가 따뜻한 짜이를 권했다.

"이곳은 2001년부터 러그마크와 주변 카펫 공장주들의 지원으로 운영되고 있어요. 탁아소가 없었을 때는 아이들이 공장 내에서 시간을 보낼 수밖에 없었어요. 공장 환경이 좋지 않아 쉽게 다치기도 하고, 감기, 알레르기, 설사 등의 증세를 일으키기도 하죠. 다행히 탁아소가 생긴 덕분에 지금은 부모들이 마음 놓고 일할 수 있게 되었고 아이들은 교육을 받을 수 있게 되었습니다."

이미 방글라데시의 시골에서 일주일 넘게 생활해보며 낮아진 우리의 눈높이에도, 이 탁아소의 시설 수준은 열악했다. 그러나 이러한 시설이라도 감사해야 하는 노동자들의 현실은 더 가슴이 아팠다. 그의 설명처럼, 우리가 목격한 카펫 공장에 비한다면 이곳이 몇 배는 더 낫다.

"모든 노동자들이 이런 혜택을 받을 수 있는 건가요?"

"아니요. 탁아소의 숫자가 매우 부족해요. 대부분의 다른 공장 아이들은 이러한 혜택을 받지 못하죠. 단지 35개의 공장 노동자들만이 근처에 위치한 세 곳의 탁아소에 아이들을 맡길 수 있어요."

전체 러그마크 인증 공장 수에 비해서도 매우 작은 비율이다. 아직도 대다수의 아이들은 차가운 철제 블록 사이를 배회하고 있을 것이다.

월급 1만 3천 원의 어린 노동자들

이어서 B급 공장까지 방문한 후 사무실로 돌아온 우리는 한 소년을 만났다. 수줍음을 잘 타는 13세의 '바부'는 한 달 전 감시관에 의해 구출되었다고 했다.

"삼촌을 따라 카펫 공장에서 1년 동안 일을 했어요. 새벽 6시부터 밤 10시까지 한 자리에 앉아서 카펫 짜는 일을 하고 한 달에 9백 루피(우리 돈으로 약 1만 3천 7백 원)를 받았어요. 처음에는 답답하고, 눈도 아프고, 어깨도 아팠는데 계속 하니깐 괜찮았어요. 그런데 어느 날 새벽에 어떤 아저씨가 공장에 들이 닥쳤어요. 아저씨가 저를 보더니 사장님한테 막 큰 소리를 치는 거예요. 저는 왜 그러는지 몰라 가만히 있었어요."

교복이 무척이나 잘 어울리는 13살의 소년이 불과 얼마 전까지만 해도 공장에서 하루 16시간이 넘게 일하는 노동자였다니, 도저히 상상이 가질 않았다.

바부와 함께 일하던 또래 친구 5명 중 2명은 그와 함께 구출됐단다. 나머지 2명은 소식이 끊겼다. 집으로 돌아갈 수도 있었지만, 바부는 네팔 러그마크재단에서 운영하는 재활센터에 남기로 결정했다. 공장에서 구출된 아이들은 여기서 먹고 자며 3년간 무료로 공부할 수 있다.

"어머니가 아파서 돌아가셨어요. 아픈 사람을 낫게 하는 의사가 되고 싶어요."

바부의 대답은 13살의 나이에 걸맞지 않게 어른스러웠다. 공장에서의 아픈 기억 때문일까. 앳된 아이의 얼굴에는 장난기가 없었다. 조심스럽게 공장으로 다시 돌아가서 돈을 벌고 싶은 생각은 없는지 물었다. 바부는 조심스럽지만 단호하게 고개를 저었다.

"절대 공장으로 돌아가고 싶지 않아요. 여기에 가족은 없지만 친구들과 함께 공부할 수 있다는 게 저한테는 꿈만 같아요. 지금도 가끔씩 그때 같이 구출되지 못한 친구들이 꿈에서 나타나요." 말을 흐리는 바부의 표정이 어두워졌다.

사실 아동노동에 대해 반대하는 목소리만 있는 것은 아니다. 가난한 살림살이에 힘을 보태기 위한 아이들의 노동을, 전적으로 금지할 수 없다는 주장도 있다. 러그마크에서도 학교를 보낸다는 전제 하에서 하루 1~2시간 정도의 아동노동은 허용하고 있다. 하지만 그 이상의 노동은 금지된다. 이는 아이들의 인권 차원에서도 문제이지만 경제적인 이유도 있다. 아이들이 저임금으로 일할수록 성인들의 임금 수준도 하락하게 되고, 부족한 부모의 임금을 채우기 위해 자식들이 다시 아동노동에 내몰리는 악순환이 벌어지기 때문이다. 반대로 말하면 성인노동자의 임금이 상승할수록 아동노동은 줄어들 수 있다. 러그마크가 아동노동을 금지할 뿐 아니라 성인노동자들의 공정한 임금도 보증하는 것은 그 때문이다.

희망과 슬픔 사이

사무실을 떠나기 전, 마침내 사무총장 아자이 씨를 만났다. 탐방이 어땠냐고 묻는 그에게 우리의 느낌을 솔직하게 얘기했다.

"생각했던 것보다 공장의 노동환경이 열악해서 깜짝 놀랐어요."

아자이 씨는 우리의 느낌을 이해할 수 있다고 했다.

"나도 10년 넘게 활동했지만 아직도 넘어야 할 산이 많아요. 러그마크의 1차적 목표는 아동노동 근절이었죠. 그러다 보니 공장 환경에 대해 많은 관심을 기울이지 못한 것이 사실이에요. 그래도 올해부터는 보고서에도 공장 위생환경을 평가하는 항목이 생겼어요. 앞으로는 네팔 카펫 산업의 전반적인 노동환경 개선에 대해서도 노력할 계획이에요."

현재까지 전체 네팔 카펫 공장의 65%인 580여 곳이 러그마크 인증을 받았으며, 구출된 아이들은 1,828명에 달한다. 지금까지 러그마크 인증을 받은 카펫은 미국, 유럽 등지로 약 110만 개가 수출되었다. 그러나 아동노동만이 문제의 전부는 아닌 듯했다. 카트만두에만 1,000여 개가 넘는 카펫 공장이 있다. 그리고 제3세계에는 이와 같은 공장이 또 얼마나 될까.

카펫 공장을 다녀온 날 저녁 우리의 마음은 약간 가라앉아 있었다. 오늘 우리가 본 것이 희망인지, 아니면 아직도 존재하는 슬픔인지 갈피를 잡지 못한 채 카트만두의 소란한 밤을 또 하루 보내고 있었다.

* **후기** – 2009년 7월 국제 러그마크는 새로운 인증마크를 발표했다. GoodWeave™ 라고 이름 붙여진 새로운 마크를 시작하는 이유로, 러그마크는 아동노동의 근절뿐만 아니라 환경적 · 사회적 책임의 영역으로 활동을 확대하기 위함이라고 밝혔다. 이러한 노력의 일환으로 국제 러그마크는 ISEAL(국제 사회 및 환경 인가, 인증 연맹 : International Social and Environmental Accreditation and Labeling Alliance)에 가입했다.

아동노동으로 만든 물건은 사지 말아요

아동노동의 진실

과연 모든 형태의 아동노동이 나쁜 것일까? 그렇지는 않다. 유년 시절을 농촌에서 보낸 많은 이들은 부모를 따라 농사일을 도운 경험을 때때로 힘들기도 했지만 그리운 추억으로 얘기한다. 적정한 노동은 아이들이 가계에 기여하면서 책임감과 자립심을 키울 수 있도록 도와준다.

전근대 사회에서는 일상적이던 아동노동이 아이들의 성장에 해를 끼치는 악의적인 의미로 된 것은 산업화 이후였다. 기계의 도입으로 생산에 필요한 노동형태가 장인의 숙련노동에서 단순노동자의 미숙련노동으로 변화하면서, 공장주들은 상대적인 저임금에 마음대로 다루기 쉬운 유년 노동자들을 선호하기 시작했다.

1990년대 벌어진 나이키의 아동노동 착취사건도 길게 보면 그러한 맥락에서 벌어진 일이었다. 1996년 〈라이프Life〉지는 나이키의 로고가 새겨진 축구공을 바느질하고 있는, 5~12살 아이들의 현실을 폭로했다. 아이들은 시급 300원에 하루 12시간씩 혹사당하고 있었다. 가죽을 꿰매는 손에는 셀 수 없는 상처들이 남았고 몇몇 아이들은 화학약품에 노출되어 시력까지 잃었다. 소비자들은 분노했고 대대적인 불매운동이 벌어졌다. 놀란 나이키는 뒤늦게 자사의 하청 생산 라인에도 윤리 규범을 적용하겠다고 발표했다. 그러나 나이키의 사례 이후에도 서아프리카의 카카오 농장, 베트남의 커피 농장, 인도의 화장품 펄 광산 등 아동노동 착취 사례들은 끊임없이 보고되고 있다. 노동착취에 시달리는 1억 명 이상의 아이들을 우리는 어떻게 도울 수 있을까?

무엇을 할 수 있을까?

1. 보이콧

아동노동 제품에 대한 보이콧 운동은 아동노동 근절을 위해 사용되는 대표적인 방법이다. 나이키와 같은 대기업들에 압력을 가하면 그들에게 물건을 납품하는 수많은 공장들의 아동노동 상황에 영향을 줄 수 있다. 하지만 원자재에서 완제품까지 옛날보다 한층 더 복잡하게 연결된 자유 무역 구조 속에서, 우리가 사용하는 제품들 중 얼마나 많은 수가 아동노동의 세례를 받았는지 완전히 규명하기는 쉽지 않다. 또 갑자기 일자리를 잃은 아이들이 생계를 위해 더 위험한 곳으로 몰릴 수 있다는 점도 고려해야 한다.

2. 아동노동이 없는 물건 선택하기

전면적으로 아동노동을 보이콧하기 어렵다면 아동노동을 사용하지 않는 대체재들을 구매하는 방법이 있다. 러그마크, 공정무역 등의 마크가 찍힌 제품들은 아동노동의 사용을 철저히 감시한다. 이들의 시장이 확장될수록 자본가들이 아동노동을 사용하는 유인이 사라진다.

3. 어린이 후원하기

인신매매로 어쩔 수 없이 노동에 시달리는 아이들도 있지만 대부분은 가난한 가정 형편 탓에 자발적으로 일하는 아이들이다. 아동구호단체를 통한 후원은 아이들의 학비를 제공하고, 또 그들의 부모들이 경제적으로 자립할 수 있도록 지원하여 아이들이 생계 전선에 몰리지 않고 학교를 다닐 수 있도록 돕는다.

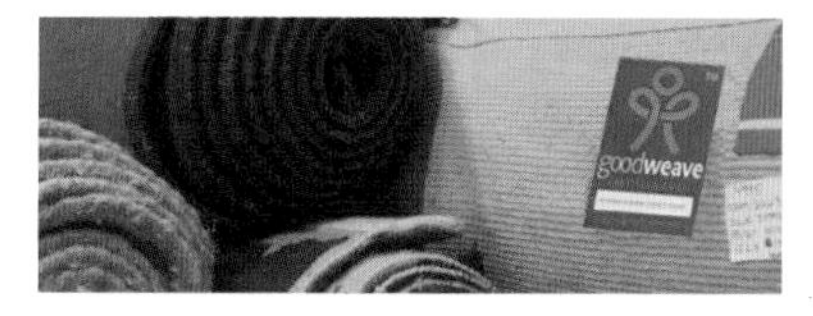

내 마음에도 러그마크를 깔자

러그마크 재단 찾아가기

카트만두 골목에 있는 사무실을 대중교통으로 찾아가기는 어렵다. 미리 메일로 연락을 취해서, 직원에게 도움을 청하는 방법이 가장 확실하다.

러그마크를 돕고 싶다면

1. 자원 활동

러그마크 네팔에서는 공장에서 구출된 아이들을 위해 재활 센터를 운영한다. 원하는 여행자는 이곳에서 아이들을 가르치는 자원 활동을 할 수 있다. 3개월 이상 장기 자원 활동 가능자를 필요로 한다. 머무는 데 소요되는 교통비나 숙식비는 본인 부담이다.

2. 러그마크 카펫 구매

대부분의 러그마크 카펫은 유럽이나 북미로 바로 수출된다. 그래서 네팔 국내소비자들을 위해 운영되는 러그마크 전용 상점은 따로 없다. 네팔 여행 중 러그마크 카펫을 구매하고 싶다면 재단으로 직접 연락을 취해 보자.

러그마크 재단

주소 Maiti Devi Marg, Kathmandu, Nepal

전화 977-1-4439002

이메일 nrf@enet.com.np

홈페이지 www.nepalrugmark.org

네팔

Craft with a Consience , Caraft with a Fair Trade

공정무역 현장을 가다, 마하구티

희망태그

공정무역, 윤리적 소비, 마하구티, 핸드 크레프트

© 이매진피스

세운

메라니아, 펠레나, 엘레나 셋이
자신들이 직접 디자인 한 옷을 입고 포즈를 취했다.
벽을 가린 흰 천과 바닥에 깔린 붉은 카펫과 잔잔한 조명,
예닐곱 대의 카메라에 플래시까지 번쩍거리니
진짜 패션쇼장에 와 있는 것 같았다.

며칠 동안 계속된 고열 때문에 알가 병원에서 검사를 받고 돌아가던 길이었다. 머리는 띵하고, 몸은 나른했다. 거의 실려 가다시피 택시에 반쯤 누워있는 상태였다. 빨리 숙소에 도착했으면 하는 생각으로 창밖만 바라보고 있었다.

"얘들아 저거 봐!"

나도 모르게 목소리가 커졌다. 어느 상점 간판 때문이었다. 아니, 좀 더 정확히 말하면 간판에 그려져 있는 흰색의 마크 때문이었다. WFTO라고 쓰여 진 그 동그란 마크는 공정무역 단체임을 뜻하는 표시였다. 나른했던 몸에 갑자기 에너지가 도는 듯했다. 가슴이 다시 두근거리기 시작했다.

'드디어 공정무역 생산자들을 만나게 되는구나.'

지난 1년간 공정무역은 나를 사로잡고 있던 주제였다. 공정무역은 제3세계의 가난한 생산자들에게 일시적인 기부가 아니라 공정한 무역을 통해서 지속적인 도움을 주려는 운동이다. 지속가능성과 자조를 추구하는 공정무역의 취지는 세계적인 빈곤문제에 관심은 있으나 기부나 공적원조(ODA)와

같은 기존의 해결 방안에는 한계를 느끼고 있던 내게 많은 영감을 주었다. 사실 우리 셋이 만나게 된 계기도 공정무역 덕분이 아니던가.

지금 생각해보면 이번 여행도 한국에서도 공정무역과 같은 새로운 방식의 국제 협력이 가능하다는 걸 증명하고픈 치기로 시작되었는지 모른다. 도대체 공정무역의 어떤 매력이 우리를 사로잡았던 걸까.

윤리적인 소비로 세상을 움직이다

공정무역은 착취와 빈곤에 시달려온 제3세계의 노동자와 농부들에게 정당한 대가를 지불하는 거래방식이다. 그 동안 나이키 축구공이나 초콜릿의 사례를 통해 우리가 사용하는 상품들의 상당 부분이 제3세계 사람들에 대한 노동착취를 통해 생산된다는 이야기는 익히 들어왔었다. 하지만 때로는 다국적 기업들의 거대한 힘 앞에서 일개 시민으로서 무엇을 할 수 있겠는가? 라는 자괴감이 들기도 했다.

그러나 생산자들을 존중하고, 노동에 대한 정당한 대가를 지불하고, 지역사회를 지원하는 공정무역은 생산자와 소비자의 새로운 관계 맺기가 가능하다는 것을 보여준다. 더욱이 생활의 작은 선택이 모여 세상을 바꿀 수 있다는 점이 너무나 매력적으로 다가왔다.

공정무역 운동이 처음 시작된 곳은 유럽과 미국이다. 이는 어찌 보면 당연한 일이다. 과거 식민지 시대에 제3세계를 정복하고 착취한 것도, 대량소비사회를 창조한 것도 그들이니까 말이다. 그렇다고 제3세계에서 생산된 제품을 유럽과 미국의 소비자들만 쓰고 있을까? 이미 우리가 쓰는 제품의 상당수도 남반구로부터 오고 있다. 우리의 삶이 아프리카의 커피 농부와, 브라질의 사탕수수밭 노동자들과, 인도네시아 차밭의 소녀와, 방글라데시 신발공장의 어린이와 무관하지 않은 것이다.

이번 여행을 준비하며 '한국공정무역연합' 이라는 단체의 창립을 거들기도 하고, 한국에서 공정무역을 알리기 위한 여러 활동에 참여하기도 했다. 우리보다 앞서 공정무역 운동이 시작된 일본에 다녀올 기회도 있었는데, 그곳에서 일본 대학생들, 일본의 공정무역 운동에 참여하는 사람들을 만나며 공정무역에 대한 생각을 다시 정리할 수 있었다.

이런 경험들은 자연스레 현지 생산자들을 만나고 싶다는 열망을 안겨 주었다. 한국에서 들어오는 공정무역 상품 가운데는 네팔 산이 많다. '아름다운 가게' 의 공정무역커피 '히말라야의 선물' 과 ㈜페어트레이드코리아' 에서 판매하는 의류의 원산지가 네팔이다. 우리는 궁금했다. 우리가 한국에서 구입하는 공정무역 제품들이 네팔 사람들의 삶을 어떻게 변화시키고 있을까?

그런 궁금증을 품은 지 1년, 마침내 우리는 네팔에까지 오게 되었다. 그러니 길에서 우연히 만난 공정무역의 마크가 그토록 반가울 수밖에. 그때 발견한 간판은 네팔의 대표적 공정무역 생산자 단체인 '마하구티 Mahaguthi' 의 것이었다.

생산자들을 만나고 싶어요

간판을 발견하고는 한걸음에 달려가고 싶은 마하구티였지만, 나의 몸 상태 때문에 며칠을 더 참고서야 사무실을 찾아갈 수 있었다. 건물 안으로 들어서자마자 우리를 반긴 건 마하구티의 설립자 툴시 메하르와 그의 스승 간디의 사진이었다. 그 밑 게시판에 걸린 네팔 지도가 눈길을 끌었다. 지도 곳곳에는 점으로 생산자 마을의 위치가 표시되어 그 옆에 나열된 사진들과 연결

희망의 증거 | 마하구티 Mahaguthi

기술을 익혀 일하는 자유인의 공동체

© 이매진피스

마하구티는 의류와 수공예품 등을 생산, 수출하는 네팔의 대표적인 공정무역 생산자 단체다. 마하구티는 네팔의 사회적 경제적 혜택을 받지 못하는 사람들에게 안정적인 고용의 기회를 제공하고 생산자들의 마을 공동체를 지원하고 있다.

마하구티의 시작은 1926년 마하트마 간디의 제자 툴시 메하르 세르스타Tulshi Mehar Shrestha가 세운 자급자족의 공동체, 아쉬람(통칭 툴시 메하르 아쉬람Tulshi Mehar Ashram)으로 거슬러 올라간다. 아쉬람은 '기술을 익혀 일을 하는 것이 타인의 지배를 벗어나 자립하는 길' 이라는 간디의 사상을 따라 가난한 여성들에게 직조 · 봉제 기술을 교육했다.

마하구티는 1984년 아쉬람의 여성들이 만든 수공예품을 판매하기 위해 설립됐다. 처음엔 국내 시장에 주력했지만 공정무역 운동과의 만남을 통해 판로가 해외로 확장되었다. 현재는 마하구티 생산품의 95% 이상이 유럽, 미국, 일본 등에 수출되고 있다.

© 이매진피스

초기 아쉬람에서 자체 생산한 수공예품만을 취급하던 마하구티는 규모가 점차 커짐에 따라 네팔 전역에서 공정무역 생산자들을 발굴하여 해외 공정무역 수입업자들과 연결시켜주고 있다. 네팔 16개 지방에 150개 이상의 생산자들이 마하구티를 통해 공정무역 제품을 수출하고 있다. 마하구티 연 수익의 40%는 아쉬람의 운영자금으로 사용되며, 10%는 생산자와 직원들의 성과급으로 분배된다.

되어 있었다. 밝게 웃고 있는 생산자들의 모습. 네팔 전역에서 공정무역을 통해 새로운 삶을 찾아가는 사람들이다.

사무실을 돌아보며 안내해 줄 사람을 찾다가 반가운 얼굴과 마주했다. 몇 달 전 서울에서 만난 소날리sonali였다. 신촌에서 열렸던 세계 공정무역의 날(World Fairtrade Day) 행사에서 마하구티의 마케팅 매니저 소날리를 만난 건 순전히 우연이었다. 무턱대고 네팔의 공정무역 생산자들을 방문하고 싶다던 우리를 내치지 않고 친절하게 정보를 알려주던 그녀였다.

네팔에 나타난 우리를 보고 소날리는 무척 놀라워했다. 기자들이나 공정무역 관련 종사자들이야 많이 찾아오겠지만, 우리 같은 청년들의 방문은 흔한 일이 아니라고 한다. 우리는 그녀와 감격의 재회를 갖고 서울에서 했던 부탁을 다시 했다.

"공정무역 생산자들을 만나고 싶어서 진짜 왔어요. 생산자들을 만나서 공정무역이 그들의 삶을 어떻게 바꾸고 있는지, 직접 물어보고 싶어요."

"정말 네팔까지 오다니 대단한 친구들이네요! 그럼 우리가 생산자들을 위해 운영하는 툴시 메하르 아쉬람에 한번 가보는 건 어때요? 우선 오늘은 시간이 늦었으니 언제 방문할지 일정을 잡아봐요. 마침 사무총장님이 잠깐 나가셨는데, 바쁘지 않으시면 기다렸다 뵙고 가실래요?"

공정무역 생산지

를 방문하기 위해 머나먼 네팔까지 왔는데, 사양할 이유가 없었다. 마하구티에서 생산하는 공정무역 의류들을 구경하며 기다렸다. 얼마 지나지 않아 소날리가 우리를 데리러 왔다. 그녀를 따라 옆방으로 들어가니 깔끔한 정장차림의 남성이 앉아있었다.

"안녕하세요. 여러분과 메일로 인사했던 마하구티 사무총장 수닐입니다. 마하구티에 온 걸 환영해요. 요즘 한국에서도 공정무역이 많이 알려지고 있나 봐요. 얼마 전에도 공정무역 다큐멘터리를 찍으러 한국 사람들이 오셨었죠."

"저희가 바로 그 분 소개로 왔어요. 그 분이 다큐멘터리를 찍으신 후 공정무역 운동을 본격적으로 시작하셨는데, 저희도 돕고 있답니다."

"하하 놀랍군요. 세상이 참 좁네요. 그래서인지 요즘 한국 분들이 많이 찾아와요. 하지만 대학생들은 처음인 것 같아요."

몇 가지 질문을 나누다 동남아에서 생산된 값싼 공예품들이 범람하고 있는 와중에 이들과 공정무역 수공예품을 어떻게 차별화할 수 있을 지는 걱정이 되어 물었다.

"공정무역에 많은 어려움이 있는 것은 사실이에요. 하지만 상황이 개선되고 있다는 것도 분명합니다."

그가 책상에서 작은 소책자를 하나 보여주었다. 유엔에서 나온 보고서였다. 그는 이번 유엔 회의에서 공정무역에 대한 토론이 있었다며, 이제 세계가 공정무역을 주목하고 있다고 했다.

"어떤 경제학 책에서도 무엇이 공정한 무역인가에 대해 정리해 놓은 이론은 없습니다. 공정무역 단체들은 그러한 어려움 속에서도 문제점을 해결하려고 노력하고 있습니다. 선진국에서 취재 온 사람들은 공정무역 작업현장이 열악하다고 느끼지만 과거와 비교한다면 지금은 훨씬 개선된 상황입니다."

그의 바람 중 하나는 10년 뒤 대학 경제학 교재에서 공정무역을 만날 수 있도록 하는 것이다. 우리에게 공정무역이 한 때의 운동으로 그치지 않고 지속성을 지닌 학문으로까지 발전할 수 있다고 말하는 그의 어조에서 공정무역에 대한 확신이 가득 묻어 나왔다.

완벽해! 아주 좋아!

다음 날 오전, 다시 찾아간 마하구티 사무실은 한껏 축제 분위기였다. 한 상 가득 네팔 전통 음식들이 차려져 있고, 사무실 한켠에는 작은 무대가 설치되고 있었다. 멀리 스페인에서 온 세 친구 메라니아, 펠레나, 엘레나를 위해 작지만 특별한 패션쇼가 열릴 예정이었다. 이 세 친구들은 의류디자인을 전공한 스페인의 대학생들인데 지난 한 달 동안 마하구티에 머무르며 공정무역 의류를 디자인하는 자원활동을 했다고 한다. 마침 오늘은 한 달의 활동을 마무리하며 그동안 디자인한 옷으로 패션쇼를 개최하는 날이었다.

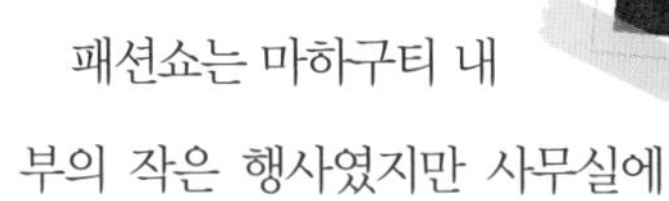

패션쇼는 마하구티 내부의 작은 행사였지만 사무실에서 일하는 모든 직원들이 모여 그들을 위한 축제를 준비하고 있었다. 그 덕에 우리도 배부르게 네팔 음식을 얻어먹으며, 패션쇼를 관람하는 호사를 누렸다.

누구보다 제일 흥이 오른 사람은 사무국장 수닐이었다.

"찰칵찰칵. 완벽해(Perfect)! 아주 좋아(Very Good)!"

그는 카메라를 든 채 연신 환호와 감탄을 터트렸다. 8평 남짓한 좁은 공간에 메라니아, 펠레나, 엘레나 셋이 자신들이 직접 디자인한 옷을 입고 포즈를 취했다. 벽을 가린 흰 천과 바닥에 깔린 붉은 카펫과 잔잔한 조명, 게다가 예닐곱 대의 카메라 셔터 소리에 플래시까지 번쩍거리니 진짜 패션쇼장에 와 있는 것 같았다. 우리의 사진작가 이경도 패션잡지 기자라도 된 양 열심히 카메라 셔터를 눌렀다.

희망을 만드는 사람들 | 자원봉사 디자이너 스페인의 미녀 삼총사

이렇게 즐거운 디자인!

메라니아와 펠레나, 그리고 엘레나는 의류디자인을 공부하는 스페인 대학생들이다. 멀리 스페인에서 네팔까지 온 그녀들의 임무는 유럽에 수출하는 마하구티의 공정무역 의류를 서구 소비자들의 취향에 맞게 디자인하는 것. 디자인 자원 활동가, 멋진 그녀들을 만나보자.

여기 있는 옷들은 우리가 평소에 보던 공정무역 옷들보다 세련된 것 같아. 뭔가 유럽스타일 같기도 하고 색깔도 화사하고. 다 직접 디자인한 거야?

펠레나 : 응, 우리가 만든 거야. 예쁘다니까 신나는데. 우리는 스페인에서 온 대학생들이야. 나는 펠레나고, 이쪽은 함께 활동하는 친구들인 메라니아와 엘레나야. 우리는 스페인 폴리테크니카Politecnica 대학교의 디자인과에 다니고 있는 학생인데, 한 달 동안 이곳에 머물면서 유럽에 수출할 의류를 디자인하는 자원 활동을 했어.

세 명이 같이 오다니 멋진걸! 마하구티에는 어떻게 오게 된 거야?

펠레나 : 학교에서 연결해주는 자원봉사 프로그램을 통해서 왔어. 15년 전에 우리 학교 학생이었던 알릭시아라는 사람이 아시아 지역을 여행하고 돌아와서 학교에 제안을 했대. 그걸 계기로 2003년부터 공식적인 자원봉사 프로그램이 시작된 거지. 자원봉사를 원하는 학생들은 학교와 연결된 5개 공정무역 단체 중에 하나를 택해서 한 달 동안 활동을 할 수 있어. 공정무역 단체들은 네팔의 '마하구티'와 인도의 '크리에이티브 핸디크래프트Creative Handicraft'를 비롯해 캄보디아, 기니 등 다섯 개 나라에 있어.

와! 학교에서 공정무역 단체들과 협약을 맺었다니 부러운데. 네팔엔 언제 왔어?

펠레나 : 우리가 여기 도착한 날이 9월 2일이니까, 벌써 한 달이 지났네. 한 달간 네팔 옷감으로 유럽 소비자들이 좋아할 취향의 옷들을 만들었어. 특히 여기 엘레나는 이번 활동이 처음이 아니야. 작년에 '크리에티브 핸디크래프트'에서 활동을 했는데 너무 즐거웠대.

엘레나 : 처음 인도에서 활동했을 때는 낯설고 불편한 환경, 의사소통 때문에 힘들었어. 하지만 스페인에서 일할 땐 느끼지 못했던 성취감을 느낄 수 있었어. 그래서 친구들과 함께 이번엔 네팔로 왔지.

정말 힘들었을 것 같은데 다시 오다니 대단해.

엘레나 : 아니야. 내가 배운 디자인 기술로 다른 나라 사람들을 도울 수 있어서 정말 기뻤어. 패션으로 세상을 바꿔 나가는 데 뭔가 보탬이 될 수 있다는 것도 그렇고.

펠레나와 메라니아는? 여기서 활동한 소감이 어때?

펠레나 : 난 원래 조금만 불편해도 못 견뎌하는 성미였어. 그런데 여기서 작은 것에 만족하는 사람들을 보면서 많은 걸 느끼게 되었어.

메라니아 : 나도 그래. 내가 준 것보다 더 많은 것을 마음에 채워가는 것 같아.

그들이 디자인한 20벌의 옷은 내년 여름부터 유럽 공정무역 상점에서 판매될 예정이다.

"아직 스페인에서 공정무역 운동은 인지도가 아직 낮은 편이야. 소비자들에게 좀 더 세련된 취향의 옷을 제공해 스페인의 공정무역을 발전시키는 데도 기여할 수 있으면 좋겠어."

다른 친구들은 네팔에서 바로 스페인으로 돌아가지만 엘레나는 인도의 공정무역 단체에서 자원봉사를 하고 있는 학과 친구들을 만나러 갈 예정이란다.
요즘 우리 주위의 많은 대학생들도 자원봉사 여행을 간다. 그러나 대부분 영어교사나 사무보조 같은 일을 할 뿐 자신의 전공이나 적성을 살리면서 활동할 기회는 매우 드물다. 돌아가서 자신이 만든 공정무역 상품을 볼 수 있을 우리 또래의 예비 디자이너들을 보면서 정말이지 너무 부러웠다.

탁아소가 있는 일터

우리가 처음 방문한 공정무역 생산 현장은 마하구티 사무실 근처에 있는 공장이었다. 마하구티에서 소개받은, 키가 훤칠한 네팔 청년 '산니' 가 우리의 길을 안내해주었다.

마하구티에서 10분 정도 걸었을까, 주택가 사이에 3층짜리 건물이 나타났다. 그곳에서는 아이들을 위한 캐릭터 가방을 생산하고 있었다. 1층에서는 옷감을 재단하고, 2층에서는 디자인과 컷팅 작업이 한창이었다. 3층은 만들어진 완제품을 보관하는 창고였다. 맞은편에 건물에서는 '드르르륵 드르르륵' 수십 명의 여성들이 재봉틀 돌리는 소리로 요란했다.

작업장 바로 옆이 탁아소였는데, 여자 직원들이 작업 중 잠깐 나와 아기들과 다정한 시간을 보내고 있었다. 엄마 품에서 재롱

도 부리고 응석도 부리는 아기를 보며 엄마도 잠깐 숨을 돌리는 시간. 늦은 오후의 햇살 때문인지, 그 모습을 보는 우리의 마음도 느긋해졌다.

탁아소가 있는 일터라니, 우리나라에서도 쉽게 보기 힘든 광경이다. 우리나라의 많은 직장여성들이 육아문제 때문에 임신과 함께 회사를 그만둔다. 일과 육아를 병행하기 힘든 사회적 여건은 출산율을 떨어뜨린다. 우리나라의 정부와 기업들도 돈 몇 푼으로 출산을 장려하기 이전에 직원들의 육아문제를 배려하는 공정무역의 철학부터 배우면 좋을텐데.

짧은 방문이었지만, 확실히 며칠 전 방문한 카펫공장의 음침함과는 달리 밝고 화사한 분위기가 느껴졌다. 그래서인지 마하구티 사무실로 돌아가는 발걸음이 한결 여유로웠다. 그새 죽이 잘 맞았는지 산니와 여정이가 멀찌감치 앞서 걸어간다.

"저 둘 왠지 잘 어울리는 걸."

가난한 여성들을 위한 아쉬람

툴시 메하르 아쉬람은 마하구티에서 차로 30분 정도 떨어진 카트만두 근교에 있었다. 차에서 내리자 매연이 심한 카트만두와는 달리 상큼한 공기에 아늑한 초원으로 둘러싸인 부지가 나타났다. 정문에 들어서니 마하구티 설립자 툴시 메하르의 동상과 큰 초록 나무들 뒤로 붉은 벽돌로 지어진 2층 작업장이 눈에 들어왔다.

툴시 메하르 아쉬람은 네팔의 빈곤여성들을 위한 기술교육 시설이자 생활 공동체다. 아쉬람은 작업장, 호스텔에 학교와 병원도 갖추고 있는데 마하구티의 공정무역 수익금으로 운영된다. 아쉬람은 시골의 가난한 여성들을 뽑아 2년 동안 무료 기술교육과 훈련을 제공한다. 교육을 마치고 고향으로 돌아가면 마하구티의 생산자가 되어 안정적인 소득을 기대할 수 있게 된다. 자녀가 있는 기혼 여성의 경우는 자녀를 데려올 수 있는데, 아이들의 숙식과 교육도 모두 무료다. 현재 150명의 여성과 20명의 아이들이 이 아쉬람에 있다.

아쉬람에서 만드는 의류는 철저하게 수공업에 의존한다. 전통적인 직조 방식을 지키고 환경을 생태적으로 보존하기 위함이다. 아쉬람에 온 여성들은 2년 동안 옷을 만드는 모든 과정을 배운다. 천연 재료를 사용하여 직접 물레를 돌려 실을 잣고 천연염료로 염색을 하고 다시 손수 옷감의 본을 뜨고 재봉하는 전 과정을 배움으로써, 여성들은 기계적인 노동자가 아니라 한 명의 장인으로 태어난다.

ⓒ 이매진피스

여기서 만난 럭스미는 25살의 여성 가장이었다. 그녀는 누하곳이라는 시골 마을에서 왔다. 내전으로 남편을 잃어 경제적으로 힘들었던 그녀는 마을 사람들에게 아쉬람의 이야기를 듣고 오게 되었다고 한다. 여기서 2년 동안 지내면서 옷감 짜는 것을 배우고 시골로 돌아갈 예정이다.

"아쉬람의 규정상 아이를 한 명만 데리고 와야 했기 때문에 큰 딸은 시골에 있어요. 고향으로 돌아가 배운 기술로 돈을 벌고 아이를 학교에 보낼 거예요."

럭스미의 어린 딸이 천진난만한 웃음을 지으며 우리를 이끌었다. 아이를 따라 여성들이 머물고 있는 호스텔의 곳곳을 둘러보았다. 우리가 들어가는 방마다 여성들과 아이들이 온화한 표정으로 반겨주었다.

우리가 놓치고 있던 것들

아쉬람에서 숙소로 돌아오는 길, 교통체증에 지친 기분도 전환할 겸 산니에게 여러 질문을 던졌다.

"산니, 대학에선 무슨 공부해요?"

"제 전공은 경영이에요."

"이 아르바이트는 어떻게 하게 된 거예요?"

"제 어머니도 마하구티 공장에서 일을 하거든요. 그래서 가이드 겸 통역을 하게 됐어요."

"그랬구나. 그럼 산니는 공정무역에 대해 어떻게 생각해요?"

"솔직히 공정무역으로 어떤 변화가 있었다고 구체적으로 말할 수는 없어요. 하지만 제가 공부할 수 있는 힘이 된 건 사실이에요."

일정을 마치고 숙소로 돌아오는 길에 여러 가지 생각이 들었다. 이경과 여정도 비슷한 생각이었나 보다.

"무슨 생각해?"

"그 동안 너무 외모에 혹해 중요한 부분을 자각하지 못했던 것 같아."

"외모?"

"우리가 그토록 공정무역에 빠졌던 건 어쩌면 옥스팜이나 피플 트리 같은 선진국 공정무역 단체들이 펼치는 멋진 문구의 캠페인, 그 화려한 컬러에 열광 한 걸지도 몰라."

막상 네팔의 공정무역 생산자를 찾아가, 바느질을 하고 재봉틀을 돌리는 노동자들을 만나니 환상이 깨지는 듯했다. 여느 제3세계 노동자들과 다르지 않은 그들의 작업 모습, 자신이 만든 물건이 어디로 어떻게 팔려나가는지도 모르는 노동자들. 멋진 공정무역 포스터가 들어갈 자리가 그곳에는 없었다. 공정무역의 현장은 화려하지도 아기자기하지도 않았다. 노동자들의 지난한 하루하루가 우리를 눌러 왔다.

하지만 사랑은 실망을 통해 더욱 성숙해지는 걸까. 공정무역에 대한 확신은 더 깊어졌다. 열악해 보이는 공장이지만, 공정무역이 일자리가 없었던 그들에게 일자리를 주고, 작지만 퇴직금과 보험도 쥐어주는 것이 사실이었다. 우리 눈에는 작은 혜택이지만 그들에게는 소중한 차이이다.

물론 아직 가야 할 길이 멀고 허점은 크다. 그러나 지난 일주일간 둘러본 공장들. 끔찍했던 카펫공장, 무미건조한 봉재 공장들, 그곳에서 일하는 수

많은 노동자들이 존재하는 한 공정무역이 꼭 가야만 할 길이라는 확신은 더 깊어졌다.

공정여행 팁

공정무역 제품 이용하기

공정무역하면 어떤 제품이 연상되는지? 아마 열에 아홉은 커피와 초콜릿, 설탕 등이 머릿속에 떠오를 것 같다. 만약 공정무역에 좀 더 관심이 있다면 의류나 차, 축구공 정도를 추가할 수 있을 것이다.

여행을 떠나기 전 우리의 생각도 그와 크게 다르지 않았다. 그래서 처음 네팔에 있는 공정무역 전문상점을 방문했을 때, 우리는 깜짝 놀랐었다. 상상치 못할 정도로 다양한 공정무역 제품들이 진열되어 있었기 때문이었다. 베개 · 이불 등의 침구류에서부터, 접시 · 컵 등의 자기류, 커리 · 후추 등의 식품류, 포장박스 · 엽서 등의 종이 공예품류, 불상 등의 목공예품류, 악기류, 각종 액세서리와 장난감까지 온갖 종류의 물품들이 우리의 시선을 끌었다.

더구나 공정무역 상점에서 만난 제품들에는 우리가 늘 상 보아오던 저렴한 공예품들과는 분명히 구분되는 고급스러움이 묻어나왔다. 나중에는 굳이 공정무역 제품을 구매하기 위해서가 아니라, 질 좋은 기념품을 사기 위해서 공정무역 상점을 찾기도 했다.

ⓒ 이매진피스

네팔 여행 중에 방문해 볼만한 공정무역 상점들이 꽤 있다. 마하구티 사무실이 위치한 파탄Patan의 코푼돌 거리Kopundole Street에는 마하구티의 숍을 비롯해 네팔 공정무역 그룹의 회원 단체인 수공예품 생산자연합의 브랜드 숍 두쿠티Dhukuti와 사나 하스타칼라Sana Hastakala의 직영점이 모여 있다. 인근의 쿰베시와 기술학교(Kumbeshwar Technical

School)나 자와라켈 수공예센터(Jawalakhel Handicraft Centre)에서는 품질 좋은 니트와 카펫 등을 판매한다. 타멜에서 비교적 가까운 라짐팟Lazimpat 지역에도 마하구티와 제3세계 수공예품 네팔(Third World Craft Nepal), 포크네팔Folk Nepal 등의 공정무역 상점을 찾을 수 있다.

물론 네팔뿐만 아니라 인도나 방글라데시 등 아시아의 여러 나라들에서도 공정무역 상점을 볼 수 있으니, 여행 전 조금만 찾아보기를!

주요 공정무역 상점

카트만두 파탄 지역

두쿠티 www.acp.org.np
사나 하스타칼라 sanahastakala.com
Fibre Weave Nepal www.fiberweave.com.np
쿰베시와 기술학교 www.kumbeshwar.com
자와라켈 수공예센터 www.jhcnepal.com

카트만두 라짐팟 지역

포크 네팔 www.folknepal.org
제3세계 수공예품 네팔 www.thirdworldcraft.com

포카라 지역

여성 기술개발 프로젝트(Women's Skills Development project)
www.wsdp.org.np

참고 www.fairtradegroupnepal.org

네팔 공정무역 상품을 세계로 전하는 남자

"제 꿈은 세계여행을 하는 것입니다."
한 소년이 자신의 꿈을 이야기 했을 때 친구들은 불가능한 꿈은 꾸지도 말라며 크게 웃었다. 이 소년은 학비를 낼 돈이 없어 교장선생님께 수업을 구걸하며 학교를 다니고 있었다. 20여 년이 지난 지금 이 소년은 무역회사 2개를 경영하는 사업가가 되어 세계인을 친구 삼아 유럽, 미국, 아시아 곳곳을 다니고 있다.
카트만두 여행자 거리인 타멜에 자리잡은 그의 사무실에서 딜리를 만났다. 공정무역과 관련하여 최근에 한국 사람들을 자주 만난다는 딜리는 특유의 웃음으로 우리를 맞이해 주었다.

가난한 사람을 돕는 가난한 사람

그는 9남매 중 넷째로 태어났다. 그의 아버지는 하루 벌어 하루 먹고 사는 전기수리공이었다. 아버지는 아이들을 학교에 보낼 돈이 없어 방문을 걸어 잠가 아예 학교를 못 가게 했다. 그는 배우고 싶었고, 가난이 싫었다. 창문을 넘어 밖으로 뛰쳐나온 그는 학교로 달려가 교장선생님께 수업을 받게 해달라고 애원했다. 그렇게 딜리는 어려운 환경에서 악착같이 공부해 대학까지 나왔다.
"대학에서 경영학을 전공한 뒤 무역회사에 취직했어요. 우연한 기회에 사나 하스타칼라라는 공정무역 단체에서 제품의 생산과정과 의미에 대해 접한 뒤 감동을 받았죠. 특히 '생산자들에게 아이들을 교육받을 수 있을 만큼 정당한 가격을 보장해 준다.' 는 철학에 마음이 움직여 공정무역 단체에서 자원봉사 활동을 시작하게 되었어요."
그 후 그는 매주 토요일마다 집 근처 공정무역 커피 농장에서 자원봉사를 했다.

그러다 수요자가 없어 커피나무를 베고 있는 모습을 보고는 생산을 지속 지킬 수 있는 방안을 찾기 시작했다. 마침 사나 하스타칼라에서 일본 공정무역 단체인 네팔리 바자로Nepali Bazaro를 소개시켜 주었고, 지금까지 그 인연이 이어져 커피 생산 농가의 수출입을 전담하고 있다.

인생의 터닝 포인트, 공정무역

공정무역은 그의 인생에 터닝 포인트를 마련해 주었다.

"일본 네팔리 바자로와 공정무역 커피 수출을 돕는 자원봉사를 하면서 회사 사장에게 경고를 받았어요. 자신이 고용한 직원이 회사에만 전념하는 것이 아니라 다른 일에도 집중하고 있는 모습이 마음에 안 들었던 거죠.

결국 1994년에 해고당했어요. 갑작스런 해고라 무엇을 할 지 막막해 하고 있었는데, 다행히 친구들의 도움으로 1995년 6월 타멜에 방 두 칸을 빌려 직원 한 명과 무역회사를 시작하게 되었어요. 그 때부터 본격적으로 공정무역 상품을 취급했죠. 이제 회사의 주인은 제가 되었으니 눈치 볼 것이 없었어요."

처음에는 물건이 목적지가 아닌 다른 곳에 가기도 하고 어려움이 많았지만 고객 한 명에게 하나에서 백까지 배운다는 생각으로 일에 전념한 딜리는 7년 뒤인 2002년에는 전 세계를 고객으로 만들었다. 그의 회사는 유럽 연합으로부터 1999년 최고 모직 수출 회사로, 2002년에는 최고 직물 수출회사로 선정되었다. 또한 WFTO(세계공정무역기구World Fair Trade Organization)과 공정무역 그룹 네팔 (FTG 네팔)에서 감사패를 받기도 했다.

최소한의 거래비용과 신용

"12년 전 공정무역 단체들은 수출과 관련된 경험이 없었기 때문에 수출 장부조차 써 본적이 없었어요. 저는 그들에게 수출하는 과정과 계약서 작성 방법을 알려주었어요. 상품이 거래 될 때 중간 상인을 거치게 되면 네팔에서 100루피인 제품이 해외에서 500루피로 거래 될 수도 있어요. 저는 공정무역의 경우 중간 거래의 거품을 줄이고 최소한의 비용으로 거래 될 수 있게 차이를 두고 있어요. 현재 일반 상품 30%, 공정무역 상품 70%가 차지하고 있는데 일반 상품의 커미션은 7%지만 공정무역 상품에는 5%의 커미션만 받고 있어요."

현재 그의 회사는 카트만두에 있는 공정무역 단체의 모든 제품을 취급하며 일본, 한국, 이탈리아, 미국의 수출을 전담하고 있다. 10여 년 전 공정무역에 대한 인식이 낮았을 때에는 일반 상품을 더 많이 취급했지만 최근에는 비싸기만 한 일반 상품보다 질 좋고 가난한 사람을 도울 수 있는 공정무역 상품에 대한 수요가 70% 이상 증가하고 있는 상태라고 한다.

사람이 사회를 바꾼다

WFTO 멤버 가입 요청을 했지만 공정무역의 범위에 포함되지 않는다는 이유로 받아들여지지 않았다. 하지만 딜리는 여전히 공정무역을 열렬히 지지하고 있었다.

"WFTO 멤버 요청 거부에 대해서는 저도 충분히 이해해요. 공정무역 체제 어느 곳에도 포함되지 못하지만 저는 공정무역이 세상에 퍼지기를 바라는 사람이에요. 멤버가 되지 못한다고 해서 멈추지 않고 제가 할 수 있는 일을 찾아보았어요. 저는 돈을 버는 경영자이기 때문에 자본을 사회에 유용하게 쓰는 방법을 발견했어요. WFTO 컨퍼런스는 2년에 한번 개최되는데 그 때마다 네팔 공정무역 단체 한 곳에 비행기표를 후원해요. 네팔을 벗어나 세계의 흐름을 파악하고 많은 정보를 접하는 것 자체가 교육이라고 생각해요. 행사에 참여한 한 사람이 네팔 공정무역에 많은 도움이 될 것이라는 것을 확신합니다."

그는 공정무역 심포지엄, 포럼 등이 개최될 때 스폰서가 되는 방식으로 네팔과 전 세계에 공정무역이 확산될 수 있도록 도움을 주고 있었다. 네팔의 경제는 네팔 사람들만이 살릴 수 있다는 이야기를 힘주어 말하던 딜리. 가난을 극복하고 '생각있는' 사업가가 된 딜리 같은 사람이 네팔 곳곳에 있다면, 네팔의 경제상황도, 공정무역도 큰 힘을 얻게 되지 않을까.

들여다 보기

공정무역의 희망과 그늘

불공정한 세계에 맞서다

© 이매진피스

공정무역은 왜곡된 무역구조로 인해 생산 원가도 받지 못하고 위기에 몰린 제3세계 생산자들을 돕는 운동이다. 대표적 공정무역 품목들인 커피, 초콜릿, 바나나, 차 등은 제3세계의 영세 농민들에 의해 생산된다. 하지만 이들이 생산한 제품을 소비자와 연결시켜 주는 것은 몇 안되는 거대 다국적 기업들이다. 전 세계 커피 생산량의 40%를 네 곳의 다국적 기업이 구매한다. 바나나 시장은 다섯 개의 기업이 지배하고 있다. 코코아, 차 등 다른 농산물들의 사정도 대부분 비슷하다. 소규모의 영세 생산자들과 거대 다국적 기업들의 거래는 애초부터 불공정한 게임이 될 수밖에 없다.

선진국 소비자가 커피 한 잔을 마시면 소매가의 0.5%만이 커피 농가에 돌아가는 현실에는 이런 배경이 있다. 공급 과잉으로 커피 가격이 폭락하면 전 세계 2,500만 커피 농민들은 생계 유지가 불가능할 정도로 타격을 받지만, 다국적기업들은 이를 통해 시장 지배력을 강화하고 막대한 이익을 누린다.

공정무역은 이렇게 왜곡된 무역 구조를 바꾸기 위해 탄생한 소비자 운동이다. 공정무역의 10가지 원칙 중 대표적인 것이 생산 원가를 고려한 최저 가격을 보장하고 수익의 일부를 생산자에게 다시 환원한다는 것이다. 최저 가격의 보장은 생산자들이 안정적인 삶을 보장받고 아이들을 학교에 보낼 수 있도록 돕는다. 환원된 이익은 농민들이 소속된 협동조합에 모아져 생산자 마을이 필요한 인프라 – 학교, 도로, 전기, 의료 시설 등을 지을 수 있도록 한다.

공정무역의 눈부신 성장

공정무역은 1950년대 서구의 교회나 자선단체에서 제3세계 빈민들이 만든 수공예품 등을 비정기적으로 팔아주면서 시작되었다. 그러다 1989년 멕시코의 커피 농부들의 '우리에게 필요한 것은 자선이 아니라, 공정한 가격으로 우리의 커피를 사주는 것이다.' 라는 요구로,

© 이매진피스

네덜란드에서 최초의 공정무역 브랜드 커피가 개발되었다. 네덜란드의 식민지배에 항거하는 소설 속 인물 '막스 하벌라르'의 이름을 딴 공정무역 커피 상표는 출시된 지 1년 만에 커피 시장의 점유율을 3%까지 차지하는 성공을 거뒀다. 이후 유럽전역에서 다양한 종류의 공정무역 마크가 만들어졌다. 인증 마크의 도입과 더불어 슈퍼마켓과 같은 일반 유통시장에 공정무역 제품이 진출하면서 공정무역은 빠르게 성장하기 시작했다.

현재 전 세계 125,000곳의 슈퍼마켓에서 공정무역 제품을 취급하고 있다. 스위스에서 판매되는 바나나의 47%와 꽃의 28%, 설탕의 7%가 공정무역 제품이다. 스위스보다 시장 규모가 훨씬 큰 영국에서는 차의 5%, 바나나의 5.5%, 원두커피의 20%가 공정무역 제품이다. 전 세계 무역 거래에서 공정무역이 차지하는 규모는 아직 0.01% 정도이지만 매년 50%씩 빠르게 성장하고 있다.

공정무역을 둘러싼 논란들

공정무역은 지난 수십 년간 가장 성공한 운동의 하나이지만 몇 가지 중요한 비판도 존재한다. 첫 번째 논란은 공정무역 인증제도에 관한 것이다. 개별 제품의 생산이 공정한지를 감시하는 국제 공정무역 상표기구Fairtrade Labelling Organizations International(FLO)의 인증제도는 많은 기존의 기업들을 끌어들이면서 공정무역의 성장에 기여했다. 하지만 인증 비용을 생산자조합이 부담함으로서 진정 영세한 생산조합은 상대적인 불이익을 당하고, 다국적 기업들이 소량의 공정무역 제품으로 윤리 마케팅을 하도록 허용한다는 목소리가 있다. 그래서 일부 공정무역 조직은 FLO의 공정무역 인증을 거부하기도 한다.

대안적인 방식으로 공정무역 단체를 상대로 하는 세계 공정무역 기구World Fair Trade Organization(WFTO)의 인증제도도 있으나 아직 시장에서의 영향력은 적은 편이다. 한국의 경우 최근에 공정무역 운동이 시작된 편이라 인증제도에 관련된 논란은 아직 적으나 해외의 전례는 참조해볼 만하다.

두 번째 논란은 공정무역이 기존의 불균등한 지구적 경제구조를 영속화시키는 데 일조한다는 것이다. 공정무역에 비판적인 이들은 공정무역이 일시적으로는 약간의 웃돈을 주면서 생산자들의 삶을 개선시킬지 몰라도 장기적으로는 식민지 시절 정착된 현행 산업 구조, 제3세계 개도국들은 1차 산업 생산품을 담당하고 선진국들은 2,3차 산업의 고부가가치 생산품을 담당하는 구조를 재생산하는 데 기여할 것이라고 지적한다.

그러나 지난 50년 간의 공정무역 역사에는 자선이나 기부와는 구별되는 협동의 정신도 깃들어있다. FLO의 공정무역 생산자조합으로 인증받기 위해선 조합이 조합원들에 의해 민주적으로 운영됨을 입증해야 한다. 플랜테이션(기업형 농장)의 경우에는 농장 노동자들이 사측의 의사결정 과정에 참여할 수 있도록 노사협의체가 구성되어야 한다. 또한 최근에 설립된 선진국의 몇몇 공정무역 기업들은 기업의 소유권을 제3세계의 생산자들에게 배분하고 있다. 미국 커피 체인점 프로그레소는 소유권의 50%를 온두라스의 라센트랄 커피 생산자 조합과 생산자들을 지원하는 신용기금이 가지고 있다. 영국의 초콜릿 제조회사 데이 초콜릿 컴퍼니의 지분 47%는 가나의 코코아 생산자 협동조합 쿠아파 코쿠가 소유한다.

따뜻한 거래, 공정한 거래

공정무역은 생산자와 소비자가 공생할 수 있는 대안적인 경제 모델을 창조하고 있다. 소비자들의 주체적 선택이 무절제한 자본주의 시상의 움식임을 규제할 수 있는 중요한 방법이라는 믿음에서다.

공정무역이 꿈꾸는 미래는 이러한 희망의 움직임을 1차 농산물뿐만 아니라 공산품 등 다양한 품목으로 확대하는 것이다. 이전의 소비자들이 단지 싸고 질 좋은 제품만을 요구했다면, 공정무역 소비자는 더 나아가 기업에 고용된 노동자들의 노동조건과 생활까지 고려하는 만큼, 공정무역의 확대는 제3세계 노동자들의 삶을 지원하는 효과를 가져올 것이다.

주류 경제학은 전적으로 구분되는 소비자와 생산자를 가정하고, 그들의 공급·수요 조절에 의해 합리적인 가격이 결정된다고 말한다. 하지만 과연 전적으로 소비자이고 또 전적으로 생산자인 사람이 있을까. 우리는 모두 소비자이면서 동시에 (누군가에겐) 생산자이다. 서로 싼 제품만 원하다 보니 일부 자본가들을 제외한 대부분의 소비자(노동자)들 자신의 고용 현실마저 위태로워진 현 상황에서, 공정무역은 대안적인 경제 질서의 모델을 제시한다.

공정한 물건, 공정한 소비를 찾아서

마하구티는 카트만두 중심의 코푼돌 거리Kopundole Street의 대로변에 있다. 건물 1층에는 간판에 커다랗게 마하구티Mahaguthi라고 쓰여 있는 공정무역 숍이 있기 때문에 찾기 쉽다. 건물 2층은 직원들이 일하는 사무실이다. 관심이 있다면 미리 연락을 하고 사무실을 한번 방문해 보라. 복도에 걸린 공정무역 지도나 생산자나 소비자들에게서 온 엽서와 카드를 들여다 보는 것만으로도 마하구티의 분위기를 느낄 수 있을 것이다.

마하구티 숍 이용하기

마하구티는 카트만두에서 두 군데의 직영 숍을 운영한다. 가방, 옷, 장신구, 침구류, 악기, 그릇, 장난감에 이르기까지 물건의 종류와 양도 다양하고 많다. 네팔의 전통 색감과 문양을 현대적 감각으로 디자인하고 섬세하게 만든 아름다운 수공예품들에 눈이 휘둥그레질 정도. 기념품이나, 선물을 준비해야 한다면 들러보면 좋겠다. 마하구티와 나란히 공정무역 가게들이 줄지어 있으니 둘러보는 즐거움도 적지 않을 것이다. '페어트레이드코리아(www.fairtradegru.com)'에서 마하구티의 공정무역 제품을 수입해서 판매하고 있기도 하다.

마하구티

주소 Kopundole, Lalitpur, Kathmandu, Nepal
전화 977-1-5533197/5532981
이메일 mguthi@mos.com.np
홈페이지 www.mahaguthi.org

원조 관계의 문제는 인간이 원조의 대상이 된다는 점입니다.
나는 오로지 돈에만 관련된 해결책에 대해서는 반대합니다.
어떤 경우라도 인간을 주체로 대해야 합니다.

– 프란스 판 데어 호프

네팔

Three Sisters Adventure Trekking Company

여성 트레킹 가이드를 훈련시키는 사회적 기업, 쓰리시스터즈

희망태그

사회적 기업, 쓰리 시스터즈, 안나푸르나 트레킹, 포터

이경

디키가 들려주는 이야기는
마치 한 편의 영화를 보는 것 같았다.
특히 CNN 등 외신 기자들은 자기의 일하는 모습,
낮잠 자는 모습까지 모두 찍으려고 해서 몹시 귀찮았다고 하며
익살맞은 표정을 지을 때는 우리 셋 모두 웃음을 터뜨렸다.

포카라에 무서운 세 여자가 떴다!

네팔이라는 나라를 생각하면 두 가지가 떠오른다. 인도 옆에 위치한 조그마한 나라라는 것과 세계에서 가장 높은 산 에베레스트이다. 네팔을 방문한 사람들은 대부분 짧게는 5일, 길게는 한 달 동안 히말라야 트레킹 코스를 여행 목록에 챙겨 넣어 온다. 그리고 트레킹을 준비하면서 짐을 들어 줄 포터와 가이드를 여행사를 통해 소개받아 동행한다. 우리는 하루에 1만 원도 안 되는 일당을 받으며 무거운 짐을 들고 히말라야 산맥을 누비는 네팔의 포터와 가이드들의 이야기를 듣기 위해 포카라로 발걸음을 옮겼다.

여행을 준비하던 중 사회적 기업을 후원하는 미국 아쇼카 재단의 홈페이지에서 '쓰리 시스터즈(3 Sisters Adventure Trekking)' 라는 여행사를 알게 되었다. 쓰리 시스터즈는 자체적으로 운영하는 엔지오 EWN(Empowering the Women of Nepal)을 통해 가난한 여성들에게 가이드와 포터 트레이닝을 무료로 제공해준다. EWN에서 교육받은 여성들은 쓰리 시스터즈 여행사에서 가이드와 포터로 일자리를 얻을 수 있다. 우리는 무엇보

ⓒ 이매진피스

다 쓰리 시스터즈를 운영하는 세 자매(정말 세 자매가 운영한다!)가 네팔 여성들을 위해 사회적인 사업을 하면서, 동시에 여성 여행자들이 안전한 여행을 할 수 있도록 돕는다는 아이디어가 마음에 들었다.

포카라에 도착하여 잠시 머문 숙소의 주인 라젠드라 씨는 "쓰리 시스터즈를 사회적 기업이라고 칭하지만 그들이 하는 것은 비즈니스일 뿐이다."라고 하며 우리에게 너무 큰 기대를 갖지 말라고 했다. 예상 외의 반응이었다. 우리는 그의 이야기를 반신반의하며, 일단 쓰리 시스터즈 게스트 하우스로 향했다.

시끄러운 포카라 시내를 벗어나니 탁 트인 들판과 마치 바다 같은 호수가 보였다. 호수를 따라 흰 눈이 덮인 히말라야 산맥이 보였다. 한창 경치에 취해 있을 때 택시는 한적한 산 아래, 쓰리 시스터즈 게스트 하우스 앞에 멈춰 섰다. 쓰리 시스터즈의 둘째 디키는 게스트 하우스 난간에서 두 팔을 흔들며 우리를 맞이해주었다.

히말라야가 만든 사회적 기업

얼굴에 장난기가 가득한 디키의 명함에는 두 가지 특별한 점이 있다. 하나는 로고에 적힌 '여성이 운영하는 기업(woman owned company)' 이라는 글귀, 그리고 또 하나는 명함의 뒷면에 적힌 EWN(Empowering the Women of Nepal-네팔 여성들의 자립증진)이라는 NGO단체의 이름이다. 너무 많은 언론매체에서 취재를 와 이제는 귀찮을 정도라는 그녀의 솔직함에 놀라면서도 한편으로는 궁금증이 생겼다. 어떤 특별함이 있기에 선진국 방송국에서 앞 다투어 취재를 왔을까?

"1993년에 언니 럭키, 동생 니키와 함께 포카라로 건너와 레스토랑을 시작했어요. 포카라는 안나푸르나 트레킹으로 유명해 해외에서 많은 여행자들이 오지요. 그 중에는 여성 여행자들도 많은데 남성 가이드나 포터들 밖에 없기 때문에 트레킹 도중에 곤란을 겪는 사례가 많았어요. 여자라고 쉽게 대하거나 심지어 성희롱을 당하는 경우도 있었어요. 한 홍콩 여성 여행

자가 남자 가이드와 트레킹을 하던 중 중국인 아내를 갖고 싶다며 소 열 마리를 줄 테니 네 번째 부인으로 시집와 달라며 프러포즈 하는 경우도 있었어요."

쓰리 시스터즈에 머물던 여행객들이 남자 가이드와 문제가 생겨 울며 돌아오는 일이 잦아지자 럭키, 디키, 니키는 여성을 위한 여성 가이드를 제공하는 사업을 구상했다. 그러나 여성 가이드를 쉽게 찾을 수가 없었다. 트레킹 가이드는 대부분 남자만 할 수 있는 일이라고 인식되고 있었다. 그래서 세 자매는 직접 여자 가이드를 키우는 계획을 세우고 사람들을 모집하기 시작했다.

세 자매는 농촌지역 여성들을 무상으로 교육하기 위해 1999년 비영리기구 EWN을 설립했다. 훈련은 매년 상반기와 하반기에 한 달씩 두 차례 진행되는데, 기본적인 트레킹 정보뿐 아니라 역사와 문화 소양, 리더십 훈련, 영어회화 수업까지 받을 수 있어 인기가 많다. 또한 트레킹 가이드가 되기 위해서는 1개월 교육과정과 시험을 거쳐 정부 인증 자격증을 받아야 하는데, EWN은 유사한 프로그램을 제공해 주고 있어 여성들이 많은 돈을 절약할 수 있다.

교육이 끝난 뒤에도 실습을 위해 6개월간은 EWN에서 숙식을 무료로 제공해 주어 그 후 생활을 대비할 수 있도록 한다. 지난 9월 진행된 코스의 정원은 48명이었는데, 500명이 넘는 신청자가 몰렸다고 해 그 인기를 실감할 수 있었다.

"우리는 이 아이디어가 특별하다고 생각지 않았지만 사람들은 트레킹을 통해 여성들의 자립을 돕는다는 점에 관심을 보였어요. 1999년에는 CNN이 취재를 와서 미국, 유럽, 아프리카까지 우리들 이야기가 알려졌지요. 그 후 영국 BBC, 일본 NHK 등 수많은 언론매체에서 취재를 왔어요. 이렇게 알려진 뒤부터 해마다 가이드 교육 신청자가 늘어나고 있어요. 여성과 빈곤, 관광에 대한 주제로 UN회의에서 우리 얘기가 나오기도 했다는 이야기도 들었어요."

디키가 들려주는 이야기는 마치 한 편의 영화를 보는 것 같았다. 특히 CNN 등 외신 기자들은 자기의 일하는 모습, 낮잠 자는 모습까지 모두 찍으려고 해서 몹시 귀찮았다고 하며 익살맞은 표정을 지을 때는 우리 셋 모두 웃음을 터뜨렸다.

희망의 증거 | 쓰리 시스터즈

세상을 향해 도전한 세 자매

'쓰리시스터즈 게스트 하우스'는 이름그대로 세 자매가 운영하는 곳이다. 럭키, 디키, 니키 자매는 포카라에 둥지를 틀고 네팔 트레킹 역사를 새롭게 썼다. 1990년대 전까지 네팔에서는 여자들이 트레킹 가이드로 나선다는 건 상상도 할 수 없는 일이었다. 네팔 사회는 정통 힌두교를 기반으로 한 사회적 규율이 강해 여성들은 카스트의 제약 외에도 2등 시민(the second class citizens)으로 여겨지고 있었다. 여성들에게 부여된 역할은 성실한 부인, 사랑스러운 어머니, 순응적인 며느리일 뿐이었다. 이런 분위기에서 쓰리 시스터즈는 새로운 도전을 시작했다.

1993년, 포카라에 식당과 게스트하우스를 열어 전 세계에서 오는 여성 여행자들의 보금자리를 마련하였다. 그들은 여성 여행자들을 통해 여성들을 위한 트레킹 가이드와 포터가 절실하다는 걸 느끼고 1년 뒤, 여행사 쓰리 시스터즈 어드벤처를 만들었다. 세 자매가 직접 가이드로 히말라야에 올랐고, 여성 여행자들의 든든한 동행자가 되었다.

세 자매는 네팔 서부에 있는 농촌지역을 방문한 뒤 여성들을 위해 자신들이 할 수 있는 일을 고민했고, 트레킹과 교육 그리고 자립을 결합하였다. 그들은 EWN(Empowering the Women of Nepal)을 만들어 농촌지역에 사는 여성들에게 트레킹 가이드와 포터를 할 수 있는 교육(전문 가이드 훈련, 긴급 구호, 암벽 등반, 영어 등)을 제공하기 시작했다. EWN에서 교육을 받은 수많은 여성들이 가이드와 포터로 활동하고 있다.

여자가 여자를 키운다

네팔은 뿌리 깊은 남성 중심 사회이기 때문에 사업을 시작할 때 많은 어려움이 있었다고 한다. 남자들이 여자와 거래하는 것을 꺼려해서 오빠들 명의로 건물이나 땅을 계약하기도 했고, 이들의 성공을 시기한 동종 업계 남자들이 사무실로 찾아와 트러블을 일으키기도 했다.

막내 니키는 사업 초기를 회상하며 잠시 곤란한 표정을 짓더니 젊은 여성들을 불러 모아 교육을 한다는 사실 때문에 지역 공무원에게 성(性)사업(sexual business)을 하고 있는 것이 아닌지 추궁을 당하기도 했다며 그 때의 난감한 상황을 이야기해 주었다.

"게스트 하우스 건물을 만들 때에도 여자가 사업을 한다는 이유로 공사를 방해하거나 현장에서 소란을 피우는 일이 많아 완공하기까지 꽤 오랜 시

© 3sisters

간이 걸렸어요. 심지어 근처 호스텔 업자들이 우리 게스트 하우스에서 자다가 사람이 죽었다는 유언비어를 퍼뜨리기도 했어요."

조목조목 사업 초기의 어려움을 이야기하는 니키는 이제는 많이 나아졌지만 그래도 여전히 적지 않은 어려움이 있다고 귀띔을 해주었다.

우리가 만난 가이드와 포터의 나이는 보통 18살에서 26살 사이였다. 트레킹 가이드와 포터는 몸을 쓰는 직업이다. 그리고 오프 시즌인 6월~8월, 1월~2월에는 수입이 없기 때문에 여성들에게 어려움이 있지 않은지 궁금했다.

"물론 트레킹 가이드는 시즌에만 수입이 생기기 때문에 고정 수입을 보장할 수는 없어요. 하지만 네팔의 다른 직업보다 2배 이상 수입을 올릴 수 있어요. 처음에는 포터로 하루에 400루피(약 6천원)로 시작하지만 경험을 쌓고 가이드 자격증을 갖추면 하루에 600루피(약 1만원)를 받아요. 트레킹은 가을, 봄 시즌으로 나뉘는데 보통 반년 동안 8,000루피(약 133만원)를 벌 수 있어요. 또 외국에서 온 여성 여행자들과 만나고 교류하면서 다양한 문화적 경험도 쌓고 영어도 익히게 되죠. 무엇보다 다른 어떤 직업보다 자신의 삶을 바꾸고 계발시킬 수 있는 기회가 열려있는 직업이 트레킹 가이드예요."

지리교사, 한국 대사관 직원 등 다양한 경험이 있는 맏언니 럭키는 그 모든 일을 접고 여성을 위한 사업을 시작하게 된 오랜 꿈을 들려 주었다.

"젊은 시절 프로젝트 수행을 위해 네팔 서부지역 농촌을 방문했어요. 그때 열악한 환경 속에서 남성들에게 차별 받으며 사는 농촌 여성들의 비참한 삶을 보고 충격을 받았죠. 저는 아버지로부터 어렸을 때부터 모든 사람은 평등하다는 교육을 받았어요. 하지만 현실은 너무 달랐기 때문에 여성의 권리를 위해 무언가 기여하고 싶다는 꿈을 품었지요. 마침내 기회가 찾아 왔던 거죠."

럭키는 EWN은 포카라 지역 여성만을 위한 곳이 아니라 트레킹을 통해 삶을 바꾸고 싶어 하는 모든 여성들의 것이라고 강조했다.

"네팔 여성들은 자신감을 가지는 것이 중요해요. 모든 사람들은 자신만의 숨겨진 능력을 가지고 있어요. 우리가 하는 일은 그들의 숨겨진 능력을 발견하고 깨닫게 해주는 거예요."

럭키 46세, 디키 42세, 니키 40세. 어느덧 자매는 중년의 나이가 되었지만 뜻밖에도 모두 미혼이었다. 그런데 이 미혼의 여성들 주위에는 아이들이 북적였다. 이 아이들은 세 자매가 만들어가는 새로운 꿈이다. 2006년 4월부터 히말라야에서 아동 노동으로 힘들게 살아가는 아이들을 구출해 교육시키는 활동을 시작한 것이다. 현재 'EWN 어린이 보호 센터' 에서는 약 30명의 아이들이 네팔의 기본 교육인 10학년을 마칠 수 있도록 교

ⓒ 3sisters

육받고 있었다.

세 자매는 2005년부터 네팔 서부 지역의 코르날리에 공동체 개발을 위한 사업도 진행하고 있다. 2004년 아쇼카 재단으로부터 사회적기업가로 선정되기도 한 러키는 우리의 여행 일정을 듣고 격려의 말을 들려 주었다.

"저도 젊었을 때 가난한 지역을 다니며 봉사활동을 한 적이 있어요. 그때 빈곤은 단순히 돈을 준다고 해서 해결되는 게 아니라는 걸 알게 되었어요. 어떻게 문제를 해결할 수 있는지를 고민해야 돼요. 그런 점에서 여러분들의 여행은 진정한 공부가 될 거라고 생각해요."

세 자매와 긴 대화를 마친 늦은 밤, 우리는 숙소로 돌아와 짐을 꾸렸다. 쓰리 시스터즈의 여싱 가이드와 함께하는 트레킹이 예정되어 있기 때문이었다.

희망을 만드는 사람들 | 사회활동가가 된 트레킹 가이드, 비쉬누

네팔에서 네팔인을 위해 살 거예요

6년 동안 트레킹 포터, 가이드로 일하다 지금은 대학원에 다니고 있는 비쉬누를 쓰리 시스터즈 게스트 하우스에서 만났다. 2층 식당에 도착하니 외국인과 네팔인이 한 데 모여 저녁식사를 하고 있었다. 우리는 그 속에서 유쾌하게 웃으며 좌중을 리드하고 있는 다부진 여성이 비쉬누라는 걸 단번에 알아차렸다.

쓰지만 달콤했던 트레킹 가이드

네팔 트리뷰반TRIBHUVAN 대학에서 인류학 석사 과정에 재학 중인 비쉬누는 지금 미국-네팔 문화교환 프로그램에 참여 중이라고 했다. 우리와 마찬가지로 내일 미국 친구들과 트레킹을 떠난다면서 지난 6년간의 이야기를 들려주었다.
"저는 육남매 중 넷째로 태어났어요. 15살 때 아버지가 돌아가셔서 어머니께서

생활을 책임지셨지만 학비와 생활비는 스스로 해결해야만 했어요. 히말라야 트레킹이 유명하다고 하지만 저는 고향이 포카라에서 멀리 떨어져 있어서 들어본 적이 없었어요."

운이 좋았던 것일까. 그녀는 고등학교 때 미국에서 온 평화봉사단원의 소개로 쓰리시스터즈를 알게 되었다. 처음에는 고향을 떠나 외국인들과 함께 일한다는 매력 때문에 포카라 행을 결심했다. 부모님은 산을 오르며 가이드를 하는 일도, 외국인들을 상대한다는 일도 모두 반대했지만 결국 딸의 선택을 믿어보기로 했다.

"2001년부터 3년 동안 포터로 일하면서 포카라의 프리티비 대학교(PNC : Prithivi Narayan Campus)를 간신히 졸업했어요. 일과 학업을 병행한다는 것이 정말 어렵더라구요. 트레킹을 가서도 손에서 책을 놓을 수가 없었어요."

네팔에서는 국립대학교와 사립대학교의 운영방식이 조금 다르다. 사립대학교의 경우 학기마다 높은 학비를 지불해야 하며 정규수업을 받아야 한다. 반면 정부가 운영하는 칼리지에서는 학생이 시험 날짜를 선택할 수 있다. 그래서 그녀는 트레킹이 없는 오프 시즌에(6월~8월, 1월~2월) 시험을 쳐서 졸업을 했다고 한다.

그녀와 이야기를 나눌 때는 트레킹 전이어서 학업과 포터 일을 병행하는 것이 얼마나 어려운 일인지 상상 할 수 없었다. 단순히 산에 올라가서 책을 읽는 정도로 생각하고 대수롭지 않게 생각했다. 하지만 하루에 8시간 이상 걷고, 영하의 온도에서 잠을 자기도 하면서 10일간의 트레킹을 끝내고 나니, 히말라야 산맥에서 책을 꺼낸다는 것 자체가 대단하다는 생각이 들었다. 10일간의 강행군 동안 먹고, 자고, 걷는 것 외에는 우리 몸이 허락하지 않았기 때문이다.

대화가 시작된지 10분도 채 되지 않아 우리는 밝고 쾌활한 그녀의 매력에 빠졌고 끝없이 이어진 대화는 친한 선후배간의 수다처럼 이어졌다.

"누구인지 아직까지 알지 못하지만 제가 가이드를 맡았던 여행객 중 한 분이 저를 후원해 주었어요. 덕분에 3개월간 싱가폴, 말레이시아, 태국 여행을 다녀오는 행운을 누리게 되었죠. 그 때 처음으로 네팔을 벗어나 봤어요. 당시에 접했던 여러 나라와 다양한 사람들과 문화적 충격은 제가 가이드 하는 데에도, 지금 공부하고 있는 인류학에도 많은 도움을 주고 있어요."

트레킹 소녀에서 사회 활동가로

성실하며 똑똑했던 트레킹 소녀는 이제 카트만두에서 학교를 다니는 동시에 사회활동가의 삶을 시작했다.

"7개월 전부터 지금 다니고 있는 대학에서 만난 친구와 함께 약물에 중독된 어린이를 돕는 비정부기구 'Social Awareness and Development forum'을 만들고 있어요. 2년 전 트레킹 가이드를 하면서 무스탕 지역에서 어린이 노동자를 구출했던 경험이 저를 이끈 것 같아요."

이런 활동까지 하면서 생활비와 학비, 이 부담스러운 짐을 그녀는 어떻게 짊어지고 걸어가고 있을까?

"장학금을 받아 공부하고 있어요. 그리고 지금도 가끔씩 포카라에 와서 트레킹 가이드를 해요. 처음에는 하루에 270루피 (4천 5백 원)를 받았는데 요즘은 600루피(1만 원)를 받아요. 그걸로 용돈을 마련해요. 불안정한 네팔의 정치 환경 때문에 일자리를 구하기 어렵지만 공부를 계속해서 비정부기구에서 일을 하거나 교수가 되고 싶어요. 어떤 일을 하게 되든 전 네팔에서 네팔인을 위해 살 거예요."

비쉬누가 살아온 삶과 미래계획을 들으며 러키, 디키, 니키 세 자매의 모습이 오버랩 되는 것을 느꼈다. 학업과 일을 함께하면서 NGO를 만들어 소외된 사람들을 위해 운동을 하겠다는 그녀의 모습에서 '여자가 키운 여자'의 진면목을 확인할 수 있었다.

쓰리 시스터즈와 함께 특별한 트레킹을!

쓰리 시스터즈 게스트 하우스는 포카라 댐사이드의 번화가를 지나 마을 끝 한적한 산 어귀에 자리잡고 있다. 쓰리 시스터즈에서는 일반적인 트레킹 코스 외에 문화와 환경 및 지역을 고려한 트레킹 프로그램을 만날 수 있다.
네팔에서 가장 인기있는 트레킹 코스 중 하나로 포카라에서 시작해 묵티나트muktinath의 길을 따라 걷는 코스이다. 이 길을 걸을 때에는 네팔의 다양한 문화적 모습을 만날 수 있으며 구룽, 타칼리, 마가르 등 소수 민족의 마을도 둘러볼 수 있다.

시클 트레킹 (Sikles Trek, 평균 7일 코스) – 환경
Ghalekharka–Sikles 지역은 안나푸르나 보존 프로젝트(ACAP)에서 관리하고 있는 곳이다. 시클 트레킹은 '생태적 트레킹'으로 불리고 있을 만큼 현지 문화와 환경이 어느 지역보다 잘 관리되고 있는 곳으로의 여행이다.

루랄 트레킹 (Rural Treks, 4일~12일 코스) – 지역
네팔 히말라야 산맥을 지붕 삼아 사는 현지 주민을 만날 수 있는 트레킹으로 여러 코스가 준비되어 있다. 현지 주민의 집에서 자고, 음식도 함께 먹을 수 있다.

3Sisters Adventure Treckking Company
주소 P.O. Box 284, Lakeside, Khahare, Pokhara–6, Nepal
전화 977–61–462066
이메일 trek@3sistersadventure.com
홈페이지 www.3sistersadventure.com

돕는다는 것은 우산을 들어주는 것이 아니라
함께 비를 맞는 것입니다.
함께 비를 맞지 않는 위로는 따뜻하지 않습니다.
위로는 위로를 받는 사람으로 하여금
자신이 위로의 대상이라는 사실을
다시 한 번 확인시켜주기 때문입니다.

– 신영복

Never Ending Peace and Love

안나푸르나의 공정여행자들

희망태그

안나푸르나, 트레킹, 안나푸르나 보존구역 프로젝트 ACAP, 포터 인권

세운

"우와! 하늘을 봐!"
누가 먼저 소리쳤을까. 고개를 들어 올린 우리는 말을 잃었다.
금방이라도 손에 닿을 듯, 수많은 별들이 가까이 다가와 있었다.
잠깐의 침묵이 영원의 시간처럼 느껴졌다.
내 생애 가장 아름다운 화장실 가는 길.
ACAP과 네팔 사람들이 무엇을 지켜왔는지 이제 알 것 같다.

1일차 안나푸르나 베이스 캠프를 향해 지르다

10월 16일 포카라에서 간드룩까지

마음을 흔드는 눈부신 설산

아침부터 보슬비가 내렸다. 졸린 눈을 비비며 짐을 챙겼다. 오늘부터 우리는 안나푸르나로 트레킹을 떠난다. 안나푸르나 베이스 캠프(ABC)를 다녀오는 10박 11일의 코스다.

프로 산악인들에게 베이스 캠프는 본격적인 등반을 위한 출발점이다. 하지만 우리처럼 단지 히말라야를 느껴보고 싶은 여행객들에게는 목적지가 된다. 그렇더라도 ABC 트레킹이 우리에게 쉬운 도전은 아니다. 그동안의 등산 경험이라고 해봤자 하루 이틀 코스가 전부인데다 4,400미터가 넘는다는 안나푸르나 베이스 캠프의 해발 고도 또한 우리가 경험하지 못한 높이였다.

인터넷에서 검색한 어느 홈페이지에선 트레킹을 소풍에 비유했었지만

© 이매진피스

소풍이라 하기엔 준비해야 할 물품이 적지 않았다. 열흘 정도를 온전히 산에서 보내는 만큼 가벼운 마음만으로 갈 순 없는 일이다. 우선 큰 일교차를 대비해 방한복과 방한 양말, 자외선을 피하기 위한 모자와 선크림, 선글라스, 짓궂은 산악 날씨에 대비한 윈드자켓과 비옷, 빨리 어두워지는 산속에선 헤드랜턴도 필수다. 거기다 여벌 옷과 침낭 등을 챙기니 배낭이 꽤 묵직했다.

보통 여행객들은 짐을 대신 들어줄 포터(짐꾼)를 고용한다. 그러나 나의 짐을 남에게 지운다는 것이 우리에게는 왠지 어색했다. 그래서 초행길이니 가이드만 구하기로 했다. 우리가 묵었던 숙소인 '쓰리시스터즈 어드벤처'에서 여성 가이드를 한 명 소개해 주었다. 그녀의 이름은 니르말라. 정식 가이드 자격증은 없지만 몇 년을 활동한 베테랑이라고 한다.

여행의 기술

안나푸르나 트레킹 준비하기

어디로, 며칠 동안 걸어 볼까?

트레킹은 자연을 만끽하는 도보 여행이다. 정상 정복을 목적으로 하는 등반이나 위험한 오지를 체험하는 어드벤처 등과는 달리 트레킹은 자연 속에 이미 나 있는 길을 걸으며 자연 풍광과 그 속에서 스치는 사람들과의 만남을 즐긴다. 한국에서도 최근 제주도에 도보 여행 코스인 올레길이 생기는 등 트레킹에 대한 관심이 부쩍 늘고 있다.

네팔에서 유명한 트레킹 지역은 크게 세 곳이다. 세계 최고봉 에베레스트가 있는 히말라야, 가장 대중적인 안나푸르나, 카트만두에서 가까운 랑탕이다. 이 중 안나푸르나는 경치가 아름답고, 산장 등 각종 편의시설이 잘 갖춰져 있는 덕분에 가장 많은 사람들이 찾는 트레킹 지역이다.

대표적인 트레킹 코스

푼힐 트레킹 Poon Hill Trek 짧게라도 안나푸르나를 즐기기 원한다면 아름다운 일출을 볼 수 있는 푼힐 전망대까지 다녀오는 일정도 충분히 아름답다. 최고 높이는 3,210m이고 2박 3일 정도 소요된다.

안나푸르나 센츄어리 트레킹 Annapurna Sanctuary Trek 안나푸르나의 중심부인 안나푸르나 베이스캠프(ABC)를 다녀오는 코스다. 센츄어리는 성지 혹은 중심부라는 뜻이다. 최고 높이는 4,095m로 보통 9–10일 정도의 일정을 잡는다. 안나푸르나를 제대로 느낄 수 있다.

안나푸르나 일주 트레킹 Around Annapurna Trek 가장 고난이도의 코스다. 최고 높이가 5,416m에 달하는 만큼 고산증을 피할 수 없다. 하지만 고생한 만큼 평생 잊지 못할 풍경들을 만나게 될 것이다. 보통 20일 정도 걸린다.

입장료를 준비하자

네팔의 트레킹 지역은 대부분 국립공원으로 지정되어 있어서 허가증을 발급 받아야 한다. 신청만 하면 바로 발급되므로 이름은 허가증(Permit, 퍼밋)이라 해도 입장료 개념에 가깝다. 랑탕과 에베레스트 지역 방문에는 1000Rs(네팔 루피), 안나푸르나에는 2000Rs

의 비용이 든다.

안나푸르나 지역 퍼밋은 카트만두와 포카라에 있는 안나푸르나 보존기구 ACAP의 사무실에 방문하여 발급받아야 한다. 여행사를 통해서 받을 수도 있다. 증명사진 4장이 필요하다. 랑탕과 에베레스트는 따로 사무실을 방문할 필요 없이 트레킹 중 들르는 체크 포인트에서 입장료를 내면 된다.

날렵한 배낭 꾸리기

- 산악 날씨는 언제나 예측 불허, 윈드자켓과 침낭, 비옷은 필수!
- ABC까지 올라간다면 여름이라도 방한용 양말, 모자, 장갑 등을 준비한다.
- 고도가 높아질수록 자외선이 강해지므로 선크림과 모자, 선글라스도 챙기자.
- 밤에 숙소에서 떨어진 화장실을 찾아갈 때나 정전을 대비해 헤드랜턴도 준비하면 요긴하다.
- 물통도 일인당 하나씩 꼭 챙겨 가자. 안나푸르나에서는 환경보호를 위해 일정 고도 이상부터 일회용 생수병 반입이 금지된다.
- 감기약과 간단한 구급약품, 고산증에 요긴한 고산증용 이뇨제도 챙겨가자. 네팔 약국에서 쉽게 구할 수 있다.
- 등반 장비는 필요하지 않지만 무릎이 염려된다면 스틱 정도는 챙기면 좋다.
- 이 모든 장비를 사는 것이 부담된다면 대여도 가능하다. 카트만두나 포카라의 많은 등산 용품점에서 저렴한 금액으로 장비를 빌려준다.

※ 배낭 꾸리기 최고의 원칙은 최대한 가볍게!!! 생존에 꼭 필요한 것이 아니라면 어금니 꽉 깨물고 빼시도록.^ ^

그래, 가는 거야

부슬부슬 내리는 가을비를 맞으며 택시를 타고 포카라 시내를 벗어났다. 트레킹의 출발지인 나야풀까지는 포카라에서 차로 한 시간을 더 들어가야 한단다. 중간 중간 양떼들이 목동을 따라 찻길을 가득 메운다. 차창 옆으로 지

나가는 양들의 환송을 받으며 설레어 하다 보니 어느새 등산로에 도착해 있었다.

사실 방글라데시에서부터 일정이 계속 늦춰지고 있던 터라 앞으로 남은 날들을 생각하면 트레킹은 아예 포기하는 것이 이성적인 선택이었다. 그러나 막상 네팔에 오니 여기까지 와서 히말라야 끄트머리도 밟아보지 않는 건 너무하지 않느냐 하면서 2~3일 정도만 트레킹을 하기로 하고 포카라로 향한 것이다. 그런데 또 막상 결정의 순간에는 3일짜리도, 5일짜리도 아닌, 무려 10일 코스를 덜컥 선택하는 오기를 부리고 말았다.

안나푸르나에서 10일을 보내면 그 시간만큼 가고 싶었던 다른 곳들을 포기해야 할지 모른다. 그런데도 우리는 왜 이런 오기를 부렸는가? 그건 카트만두에서, 포카라에서 만난 여러 여행자들 때문이었다. 네팔에 오기 전엔 몰랐다. 얼마나 많은 여행자들이 히말라야라는 꿈을 품고 네팔에 오는지. 누구는 안나푸르나 트레킹이 너무 좋아 벌써 몇 번째 네팔을 찾고 있는 중이라고 했고, 또 누구는 네팔에 와서 트레킹을 안 한다면 나중에 평생 후회할 것이라 했다. 결정적인 건 포카라의 한 한국식당에 사람들이 남긴 방명록이었다. 첫 장부터 마지막까지, 수많은 사람들이 남긴 안나푸르나 이야기가 우리의 마음을 움직였다.

거기다 안나푸르나에는 ACAP(Annapurna Conservation Area Project : 안나푸르나 보존구역 프로젝트)이 있었다. ACAP은 안나푸르나의 지속가능한 관광을 위해 일하는 네팔 NGO다. ACAP의 이름을 처음 들은 건 책을 통해서였다. 관광에서 얻은 수익으로 환경을 보호하고 낙후된 지역을 개발한다는 ACAP의 활동이, 여행을 좋아하고 제3세계 빈곤 문제에도 관심이 많았던 내게 인상적으로 다가왔다. 그리고 잊혀졌던 ACAP의 이름을, 네팔에서 만난 어느 NGO 관계자에게서 다시 듣게 되었다. 네팔에서 가볼만한 환경단체를 추천해 달라는 우리에게 그는 ACAP을 제일 먼저 소개해줬다. 트레킹을 하면서 ACAP의 활동도 살펴볼 수 있다고 생각하니 약간의 망설임마저 사라졌다. 이제 우리에게 남은 일은 안나푸르나를 충실히 즐기는 것뿐!

배낭의 무게

니르말라는 바로 출발하지 않고, 우리를 입구의 작은 매점으로 이끌었다. 아무래도 계속 내리는 비가 걱정스러운 모양이다. 그녀는 커다란 비닐봉지를 몇 개 사더니 비닐봉지의 한 쪽을 칼로 터 우리 몸에 덮어 씌웠다. 즉석으로 만든 네팔 현지식 비옷이다. 트레킹 계획을 미리 하지 않았던 우리는 비옷도 없었던 것. 아무튼 비닐봉지를 뒤집어쓰고 있는 우리의 몰골이 어찌나 우스꽝스러운지 낄낄대며 트레킹은 시작되었다.

완만하게 이어진 자갈길 주위로 온통 푸르

른 들판이 펼쳐졌다. 물기를 머금은 땅의 질감이 우리의 발걸음을 부드럽게 감싸 안는다.

"트레킹은 소풍이라더니 진짜네?"

우리는 한껏 여유롭고 자신만만했다. 중무장한 서양 여행자들과 가볍게 산보 나온 듯한 네팔 여행자들 사이를 앞서거니 뒤서거니 하며 걸었다. 작은 가방을 들쳐 메고 엄마 아빠 뒤를 따르는 꼬마아이들의 모습은 어찌나 귀여운지.

네팔 여행자와 서구 여행자들의 모습이 참 대조적이었다. 서구 여행자들은 윈드자켓에, 철제 스틱에, 배낭은 또 왜 그리 무지막지하게 거대한지. 그에 비하면 네팔 여행자들은 동네 마실 나온 듯한 모습이다. 보지기 하나를 둘러메고 나무 지팡이 하나에 의지한 모습은 영락없는 김삿갓이다. 혹시 하고 물어봐도 이곳 동네 주민은 아니다. 그들도 멀리 카트만두에서, 혹은 다른 지방에서 안나푸르나 트레킹을 하러 온 엄연한 여행자들이었다. GDP가 높을수록 어깨에 메야 하는 짐의 무게 또한 늘어나는 걸까. 물론 우리의 배낭도 서구 여행자들에 못지않다. 행색은 어설픈 서구식 여행자인데 체력은 야윈 네팔 사람들에 비해 한참 부족하니, 이는 곧 현실의 고통으로 찾아왔다.

출발한지 얼마 안 됐는데 등허리에 무리가 온다. 묵직한 배낭의 무게가 서서히 내리 누르는 것이다. 짐을 적게 챙긴다고 챙겼는데도 배낭은 무겁기만 하다. 이제 와서 포터를 다시 구할 수도, 짐을 어디다 맡겨 둘 수도 없는 일이 건만, 큰소리치던 호기는 사라지고 포터 생각이 간절해진다.

"헉, 헉, 점심은 어디서 먹지요?"

작은 배낭을 메고 가벼운 발걸음으로 우리를 재촉하던 니르말라에게 점심 얘기를 꺼내본다. 말투는 몰라도 표정은 애원조에 가까웠을 것이다. 얼마 안 가 식당이 눈에 들어왔고, 우리는 서둘러 짐을 풀었다.

짜이 한 잔이 젖은 몸에 금세 생기를 불어넣어 주었다. 발코니에 앉아 주위를 둘러보니 어느새 풍경이 달라졌다. 푸른 들판 대신에 무성한 나무들이 보인다. 티베트 불교를 상징하는 오색 깃발이 나부끼는 등산로 사이로, 등산객과 포터들이 스쳐 지나간다. 그리고 멀리 안개구름 너머로 끝없이 늘어진 산봉우리들….

니르말라가 작은 다리를 하나 건너면 바로 출입국 사무소이니 입산 허가증을 준비해 두란다. 응? 안나푸르나 입구라니? 알고 보니 우리는 이제야 안나푸르나 지역에 들어서는 거였다. 네팔 돈으로 2000루피(3만원 남짓)나 되는 거금을 내고 포카라에서 받아 온 허가증을 제출하고 영수증을 받았다. 그리고 출발 기념으로 입구사무소 앞에서 단체사진도 찍었다. 그러나 이미 떨어지기 시작한 체력이 출발 사진을 찍는다고 충전되진 않았다.

우리를 시험하지 말아 주세요

푸른 마을길은 어느새 벌거숭이 능선으로 이어졌다. 아까 내린 비로 물기를 한가득 머금은 길이다. 잠시 멈췄던 빗줄기가 다시 내리기 시작한다. 갑자기 앞에서 거센 물소리가 들렸다. 아니나 다를까, 바위 사이로 졸졸 흘렀을

물줄기가 빗줄기 덕에 무섭게 불어나 있다. 원래 있던 다리는 떠내려갔는지 주위에 의지할 만한 물체가 보이지 않는다. 바로 옆은 가파른 낭떠러지다. 혹시라도 발을 잘못 디뎠다가는 뼈도 못 추릴 것 같다.

둘러갈 길은 없을까 망설이는데, 니르말라가 운동화와 양말을 벗어들더니 앞장서 냇물을 건너기 시작한다. 에라 모르겠다. 나도 니르말라가 내민 손을 따라 조심스럽게 물살로 뛰어들었다. 하지만 뒤에 오던 여정이가 물살 앞에서 머뭇머뭇 거린다.

"이쪽에서 잡아 줄게. 건너와."

내가 말을 그렇게 하면서도 선뜻 나서지 못하고 있는데, 니르말라가 물살을 헤치고 되돌아긴다.

"걱정하지 말고 내 손을 잡아요."

아슬아슬한 장면이었지만 니르말라는 여정을 능숙하게 이끌었다. 물길을 건넌 후 바위에 쪼그려 앉았다. 흙탕물에 흠뻑 젖은 발을 대충 닦고 양말을 다시 신었다. 이미 신발도 비에 젖은 지 오래라 닦아내는 의미도 별반 없었지만 말이다. 지쳐버린 몸과 마음을 추슬러 몇 발자국을 다시 내딛는데, 멀리 능선 너머로 안개 속에 쌓여있는 설산이 보인다. 한 줄기 서광처럼 경건하게 비추는 설산의 모습이 마음의 피로를 위로해 주는 듯하다.

7시간 이상의 산행을 마치고 첫 날의 목적지 간드룩 마을에 도착했을 때는 어느새 비도 그치고 날도 개었다. 다른 여행자들은 이미 오래 전에 도착한 듯, 샤워에 빨래까지 끝내고 상쾌한 모습으로 마당에 앉아 저물어가는 햇살을 즐기고 있다. 방에 짐을 풀자마자 허기와 피로가 한꺼번에 몰려온다. 근육들이 갑작스런 업무량 증가에 놀랐나 보다. 온몸이 아우성이다. 특히 엉덩이 쪽이 너무 아려와 의자에 앉아있는 것조차 고역이다. 그래도 목구멍이 포도청이라 벌 받는 자세처럼 의자에 엉덩이를 살짝 대고 엉거주춤 서서도 열심히 음식을 먹어 치웠다.

배가 차고 나니 이번엔 온몸의 땀 냄새가 확 다가온다. 끈적끈적한 몸을 씻어내려고 샤워기의 온수 꼭지를 튼다. 그런데 흘러나온 것은 얼음처럼 차가운 물! 당황한 우리가 종업원에게 물었더니 종업원이 미안한 얼굴로 말한다.

"오늘은 날씨가 흐려서 따뜻한 물이 금세 동이 났어요."

태양열로 물을 데우기 때문에 햇빛의 양에 민감하다는 말을 덧붙인다. 우리는 모두 경악했다. 설상가상으로 늦게 도착한 탓에 가장 추운 방을 배정받았다. 끈적끈적 찝찝한 몸에 뼈속을 시리게 하는 한기가 스며든다. 아… 오만 가지 생각이 다 든다. 우리의 여행은 언제나 시련의 연속이었지만 이 날이 여행의 가장 암담한 순간 중 하나였다면, 이때 받은 정신적 충격이 전달될까. 고대하던 트레킹의 첫날밤은 기도로 끝이 났다.

"제발 우리를 시험하지 말아 주세요."

안나푸르나를 지키는 ACAP

10월 17일 간드룩에서 촘롱까지

샴 아저씨에게 듣는 ACAP 이야기

안나푸르나에서의 첫 아침을 맞이했다. 어제의 흐린 날씨가 거짓말처럼 개어있었다. 산장의 맑은 공기가 한 가득 가슴을 채운다. 오늘은 샴 아저씨를 만나는 날이다. 아침을 먹고 ACAP 사무소를 찾았다. 안나푸르나로 오기 전에 들른 포카라의 ACAP 본부에서 간드룩 사무소에 가면 샴 구룽 씨를 만나 보라고 추천해 주었다.

우리를 맞이해 준 샴 구룽 씨는 대다수가 도시 출신인 ACAP 직원들 중에서는 드물게 이 지역 출신이다. 구룽은 우리와 생김새가 비슷한 몽골계 티베트족 사람들의 성이다. 그래서인지 우리네 시골 아저씨를 만난 듯 푸근했다.

안나푸르나는 네팔 최대의 관광지이다. 해발 7,000~8,000미터가 넘는 웅장한 설산들이 매년 십만에 육박하는 여행자들을 끌어들인다. 특히나 1인당 연간 GDP가 300달러가 안 되는 최빈국 네팔에서는 여행객들이 쓰는 돈이 매우 중요하다. 이들이 쓰는 외화는 지역 경제에 큰 힘이 된다. 그러나 좋은 점만 있는 것은 아니다. 수많은 여행객들이 찾아오는 관광지에는 필연

적으로 환경파괴가 뒤따른다.

"가장 큰 문제는 벌목이었습니다. 방문자들을 위한 취사와 난방에 수많은 숲이 사라졌습니다. 그리고 관광산업이 발달하면서 안나푸르나에 거주하는 인구도 늘어났습니다. 그래서 농지부족, 수질오염, 불결한 위생, 쓰레기 등의 문제가 한꺼번에 심각해졌지요. ACAP이 설립된 것도 그 때문입니다. 여러분들이 내는 입장료는 모두 안나푸르나 지역의 환경보호와 지역주민들의 삶의 질 개선을 위해 사용됩니다. 매년 마을위원회에서 자체적으로 사업을 제안하면 ACAP이 심사를 거쳐 지원하지요."

외국인이 보존구역에 진들어갈 때마다 내는 입장료는 2,000루피, 우리 돈 3만 원 정도다. 네팔의 물가에 견주면 상당히 큰 돈이다. 이 돈으로 ACAP은 각종 자원의 보존과 낙후된 지역 개발 등을 위한 프로그램을 실시한다.

"산 속의 주민들은 전통적으로 나무를 땔감으로 사용해 왔습니다. 소수의 주민이 살았던 옛날에는 별 문제가 없었지만 수많은 관광객들이 안나푸르나를 찾아오는 지금은 지속가능하지 않은 방법입니다. 그래서 저희는 친환경적이고 대안적인 기술들 – 태양열 보일러나, 수력 발전기 등을 보급하고 있습니다. 그것이 사람들의 욕구와 아름다운 자연이 공존할 수 있는 유

일한 방법이라 생각합니다."

비록 어제 밤에는 샤워를 할 수 없다는 사실 하나만으로 패닉 상태였지만, 샴 아저씨의 설명을 듣고 보니 태양열 난방도 안나푸르나의 아름다운 자연을 위해서라면 꼭 필요한 프로그램이라는 생각이 든다.

"아 참, 그리고 다음 촘룽 마을에서부터는 일회용 플라스틱 병의 반입도 금지됩니다. 네팔에서 재활용할 수 없는 재질이기 때문이죠. 그래도 등산객의 물병에 정수기로 정화한 물을 채워주니 걱정하진 마세요."

공교롭게도 지금은 네팔의 명절이라 이 모두를 알아보기가 쉽지는 않을 것 같았다. 샴 아저씨도 오후에는 고향 마을로 내려간다고 해서, 우선은 트레킹의 다음 기착지인 촘룽 마을에서 산장경영위원회를 운영하는 사람들을 소개받았다.

공정여행을 만드는 안나푸르나의 비기들

샴 아저씨의 설명을 들은 후 트레킹을 나서니 지금까지 눈에 띄지 않았던 것들이 들어오기 시작한다. 길을 가다 발견한 외딴 건물. 문도 잠겨있고, 아무런 인기척도 들리지 않았다. 어떤 곳일까 하고 창문 틈으로 들여다보는데, 아니! 건물 안에 시내가 흐르는 것이 아닌가. 그 가운데 작은 모터 같은 기계가 보인다.

"저게 수력 발전기인가봐. 진짜 작다."

정말 작은 수력 발전소였다. 다들 그냥 스쳐 지나가는 작은 집 앞에서 우리끼리 호들갑이다.

짜이 한 잔하러 들어간 식당에선 샴 아저씨가 말한 정수기를 발견했다. 커다란 은색 철통에 꼭지가 달려있다. 일회용 생수병을 파는 대신 물통에 깨끗한 물을 채워주는 안나푸르나의 시스템. 우리나라도 한 번 따라 해보면 어떨까? 하는 생각도 든다.

"우리도 이제 저 물 먹자."

10루피를 내니 물통에 한 가득 채워준다. 문득 좋은 자료사진이 되지 않을까 하는 생각이 들었다.

"담고 있는 모습 한 장만 찍어줘."

장인정신이 발동한 사진가 이경.

"조금 손을 더 들어봐. 정수기가 잘 보이게 조금 옆으로 서봐."

"응. 이렇게?"

"오케이. 좋아."

찰칵! 그리곤 이경이 내게 카메라를 내민다.

"자, 그럼 나도 한 장 찍어줘."

이미 생각해둔 듯한 포즈를 취하는 이경.

"너무 어색해~. 조금 자연스럽게."

"앗. 그럼 나도."

결국 셋이서 한 명씩 돌아가며 포즈를 취했다. 그 모습이 재밌는지 산장에 있던 사람들이 모두 우리를 쳐다본다.

마지막으로 오늘의 목적지 촘룽에 도착했을 때 발견한 사실.

"여기 메뉴판이 아까 물 뜬 간드룩 마을이랑 똑같아."

트레킹 첫날에는 정신이 없어 몰랐는데, 오늘 보니 지금까지 들른 식당의 메뉴판이 다 똑같이 생겼다. 메뉴의 종류는 물론이고 가격도 균일하다. 단 고도가 올라가니 가격은 조금씩 비싸진다. 어디나 똑같이 생긴 메뉴판의 앞장에는 다음과 같이 써있다.

"위 메뉴판은 ㅇㅇ마을 산장경영위원회에서 개발되었음. 2006/2007년 버전."

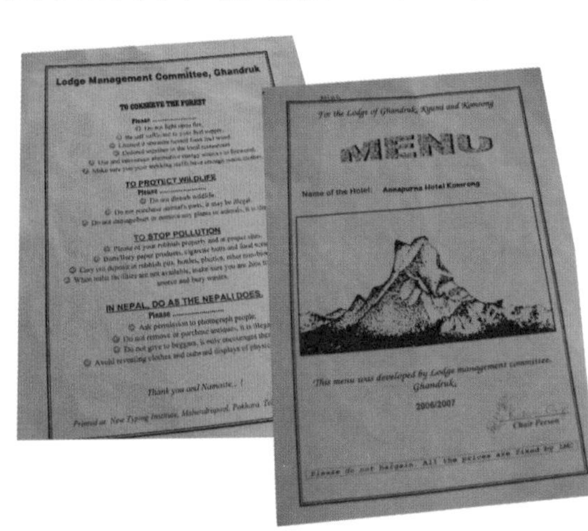

밑에는 이런 말도 있다.

"가격을 깎지 마세요. 모든 가격은 산장경영위원회에 의해 고정돼 있습니다."

산장주인들로 구성된 산장경영위원회가 음식의 종

류와 가격까지 관리하는 것이다. 다른 유명 관광지에선 상상도 할 수 없는 모습이었다. 처음엔 너무 획일적이라는 생각도 들었지만, 좀 더 생각해 보니 그렇게만 볼 수도 없을 것 같다.

자원이 희귀한 이곳에서, 산장들이 좀 더 많은 손님들을 끌기 위해 무차별적으로 경쟁하면 어떤 일이 일어날까. 다양한 메뉴를 제공하기 위해선 필요한 연료도 많아지고 이곳에서 나지 않는 재료까지 수입해 와야 한다. 쓰레기도 더 많이 생길 테지. 대부분의 제3세계 유명 관광지가 무분별한 개발로 환경이 파괴되고, 해외 혹은 도시에서 온 대자본에게 경제적인 주도권을 빼앗기는 현실에서, 이런 정책이야말로 지역민들의 권리를 지키는 유용한 방법이 아닐까.

그리고 메뉴판을 자세히 보니 메뉴가 아주 똑같은 것은 아니다. 산장 마다 스페셜 메뉴도 한두 가지 씩 있다. 물론 이름이 스페셜이라고 맛도 스페셜인 건 아니었지만.^^

희망의 증거 | 안나푸르나 보존구역 프로젝트 ACAP
Annapurna Conservation Area Project

산골 마을 사람들의 힘으로 지키는 안나푸르나

네팔 북서쪽에 위치한 안나푸르나 보존구역은 네팔에서 최초로 지정된 국립공원이다. 총 면적은 7,629㎢, 네팔 국토의 5%에 달하는 규모이다. 10만 명의 사람들이 보존구역 내에 살고 있는데, 모두 96개의 소수 부족으로 구성되어 있다. 1,226종의 식물류, 478종의 조류, 39종의 파충류, 22종의 양서류가 사는 생태계의 보고다.

안나푸르나에 처음 트레커의 발길이 닿은 것은 1957년. 그 후 이곳의 아름다운 자연과 지역문화는 안나푸르나라는 이름을 네팔에서 가장 유명한 관광지로 만들어주었다. 매년 해외에서만 십만 명에 이르는 사람들이 안나푸르나를 찾는다. ACAP은 급격히 성장한 안나푸르나 관광 산업의 부작용을 최소화하고 지속가능한 생태관광을 위해 1986년 설립된 NGO다.

ACAP이 역점을 두는 분야는 크게 네 가지다. 종 다양성을 보존하고 불법 채취를 감시하며, 대안에너지 기술을 보급하는 등의 '천연자원 보존' 프로그램과 환경보전의 필요성에 대한 자각을 높이는 '환경교육' 프로그램, 주민들의 사회적 · 경제적 여건을 증진시키기 위한 '마을 개발' 프로그램과 관광업계의 품질을 개선하고 편의시설을 확충하는 '관광 경영' 프로그램 등이 그것이다. 그 외에도 관광산업의 직접적인 혜택을 받지 못하는 주민들을 위한 '농업 개발' 프로그램과 마을 부녀회를 대상으로 한 '여성 개발' 프로그램 등 다양한 활동들을 펼치고 있다.

그 과정에서 ACAP이 중요시하는 원칙이 있다. 주민들의 참여와 지속가능성이다. ACAP은 보존구역 관리에 주민들의 이익을 최우선적으로 고려하고, 프로그램의 계획부터, 결정, 실행까지 매 과정마다 주민들을 주체적으로 참여시킨다. ACAP의 여러 활동들은 주민들에 의해 선발되고 임명된 다양한 위원회들—숲 관리위원회, 산장경영위원회, 등유보급 관리위원회, 보건센터 관리위원회 등을 통해 진행된다. 마을 개발 사업은 주민들이 자체적으로 50%이상의 비용과 노동력을 부담한다. 프로젝트의 관리 또한 극소수의 ACAP 직원들을 제외하고는 대부분 주민들 손으로 이루어진다.

두 번째 원칙은 지속가능성이다. 많은 개발도상국들의 개

발 및 보존사업들이 해외원조에 의존한다. 그렇기에 후원기관이 철수하면 사업은 금세 중단되곤 한다. ACAP도 처음엔 WWF-USA(미국 야생동물보호기금)와 여타 원조기금들에 의존했다. 그러나

기금이 바닥나면서 자립이 절실해졌다. 네팔 정부는 ACAP이 외국인에게 입장료를 독자적으로 징수하고 사용할 수 있도록 했다. 재정독립은 ACAP의 안정적인 운영으로 이어졌다. 비슷한 접근법이 마을 개발에도 사용된다.

최근 간드룩 마을의 보건센터 건립에 소요된 30만 루피를 보면 그 가운데 10만 루피는 ACAP 기금이지만 나머지 20만 루피는 주민들의 기부로 충당되었다.

안나푸르나 지역을 보존하고 개발한 ACAP의 접근은 네팔 내는 물론 외국에서도 인정받고 있다. 1991년의 J. Paul Getty 보존 리더십 상(J.Paul Getty Award for Conservation Leadership)을 비롯해 수상한 상도 여럿이다. ACAP을 주제로 하여 쓰여진 연구논문만 수십 편이나 된다.

ACAP의 본부는 안나푸르나 인근 도시인 포카라에 있으며, 수도 카트만두에도 사무실이 있다. 안나푸르나 보존구역 내에는 총 7곳의 지역 사무실이 있다. 안나푸르나 지역에서 자원 활동을 원한다면 ACAP에 연락을 취해볼 수 있다.

카트만두 사무실

National Trust for Nature Conservation
P.O. Box 3712, Jawalakhel, Lalitpur, Nepal
Tel 977-1-5526571, 5526573
이메일 info@ntnc.org.np

포카라 사무실

Annapurna Conservation Area Project,
P.O. Box 183, Pokhara, Kaski, Nepal
Tel 977-61-21102, 28202
이메일 acap@kmtnc.org.np

"Mmm ....
Dal Bhaat !"

Use your head. Don't hike too high too fast. And don't trek alone (women or men). Register your name with KEEP or your embassy / consulate.

Cooking dal bhaat takes less fuel. Order the same meals at the same time as other trekkers.

Be respectful when photographing people. Always ask first, try to establish a friendly rapport, and please don't pay money.

Bring adequate warm clothes so as not to depend on fires for warmth. See that staff and porters are properly outfitted.

Burn all toilet paper, and be careful to avoid sacred places when relieving yourself.

Please don't give to begging children. Pay fair prices for food, lodging and services. Buying local products benefits hill economies, but buying antiques and artifacts robs Nepal of its culture.

No nudity when bathing please. Women should wear a loongi (sarrong) covering them from chest to knees. Don't put soaps (even bio-degradable) in streams. Throw soapy water away from streams. Take hot showers only when the water is heated by non-wood or fuel-saving stoves.

Carry a plastic bag for litter. Pack out all non-biodegradables and burn papers discreetly.

Don't buy bottled water on trek. Instead, use a canteen or water bottle and add iodine to treat drinking water.

For women a mid-calf length skirt or loose pants, and for men pants or knee-length shorts (long pants in monasteries) are respectful of local customs.

Stick to main trails to prevent erosion.

©KEEP

공정여행 팁

공정 트레킹, 알고 보면 참~ 쉬워요

아름다운 자연 환경과 문화를 오래도록 보존하려는 지역 주민들과 ACAP의 노력들을 보면서, 여행자로서 그들의 노력에 도움이 되지는 못할망정 해를 끼쳐서는 안 되겠다는 생각이 들었다. 그러나 과연 어떻게 해야 책임 있는 여행자, 트레커가 될 수 있을까? 여기 여행자들이 쉽게 실천할 수 있도록 카트만두 환경교육 프로젝트(KEEP)에서 제안하는 몇 가지 팁들을 소개한다.

1. 산장 식당에선 가능하면 네팔의 전통 주식인 달밧Dal bhaat을 시켜먹어요. 다른 요리들도 물론 주문은 가능하지만 산 위에서 너무 화려한 음식들을 주문할 경우 그만큼 화석연료가 많이 소비된답니다.
2. 난방에 의지하지 않도록 따뜻한 옷을 준비해요. 난방에 사용되는 에너지를 절약할 수 있답니다.
3. 음식과 숙박 등에 정당한 요금을 지불해요. 물건을 살 때는 지역민들이 만든 상품을 구매해서 지역 경제에 보탬이 되도록 하고, 기념품은 네팔 전통 공예품을 위주로 골라보아요.
4. 따로 봉투를 준비해서 썩지 않는 쓰레기는 모아와요.
5. 지역 문화를 존중하며 짧은 바지나 치마 차림은 피해요.
6. 천천히 오르세요. 너무 빨리 오르는 산행은 위험해요.
7. 인물 사진을 찍을 때는 정중하게 상대방의 의사를 묻고 찍어요.
8. 따뜻한 물로 샤워하고 싶을 땐 연료 절약형 스토브로 데운 물만 사용해요.
9. 야외에서 샤워할 때 사용한 비눗물은 친환경 제품이라 해도 시냇물에 바로 흘러들어가지 않도록 멀리 버려주세요.
10. 자신의 물통을 들고 트레킹을 합니다. 일회용 생수병을 사는 대신 산장에서 물통에 깨끗한 물을 채워주니까요.
11. 땅을 해칠 수 있으니 정해진 길로만 트레킹 해요.

이정도면 공정 트레킹도 참 쉽죠잉?!

3일차

별들에게서 가장 가까운 땅

10월 18일 촘롱에서 뱀부까지

자신의 것을 지키는 사람의 자부심

트레킹 3일째, 숙소에서 산장경영위원회 사람들을 기다렸다. 어젯밤 숙소 주인에게 샴 아저씨의 소개장을 전해주니 흔쾌히 알아봐 주겠다고 했다. ACAP과 마을주민들 사이에는 벽이 없어 보였다.

우릴 찾아온 사람들은 촘룽 마을 산장경영위원회의 현 대표와 전 대표였다. 마을 산장경영위원회의 대표는 2년마다 주민들에 의해 새로 뽑히는 선출직이다. 그들은 25년 넘게 이 마을에서 산장을 운영해온 사람들이다. 25년의 세월이면, 자신들의 고향 안나푸르나가 세계적인 관광지로 변해온 모습을 처음부터 지켜봤을 시간이다.

"처음의 산장은 여행자들에게 차 한 잔 끓여주는 정도였습니다. 찾아오는 방문자들의 수가 점점 많아졌지만 어떤 서비스를 제공해야 할지도 몰랐지요. 제 각기 운영하다보니 환경문제도 심각했습니다. ACAP은 그런 우리에게 체계적인 경영 기법을 알려줬고, 왜 환경을 보존해야 하는지 자각하게 해줬습니다. 또 산장경영위원회를 결성해서 우리들이 스스로 물가를 적정선에서 관리할 수 있도록 도와줬습니다."

전 대표 니르제만 구룽의 목소리에서 ACAP에 대한 신뢰가 느껴졌다. 트레킹을 하면서 느낀 것이지만 안나푸르나의 산장 주인들은 참 당당하다. 주문한지 1시간이 넘은 음식을 재촉해도 기다리라는 말뿐 서두르는 법이 없다. 숙소 주인의 모습도 마찬가지다. 할인은 다반사에 손님들의 말 한 마디에 벌벌 떠는 여느 제3세계 관광지와는 다르다. 처음엔 산사람들의 특성인가 했는데 지금 보니 그것만은 아니 것 같다. 자신들의 힘으로 지역 환경을 지키며 관광업을 개척해 온 사람들, 그들이 가진 자부심의 발로가 아닐까. 물론 관광산업의 숙제는 여전히 남아있다.

"관광객들이 많이 찾아오니 환경오염이 발생하고 서구문화의 수입으로 전통 문화가 단절될 위험이 있었어요. 제 아이들도 서구문화를 너무 좋아해 걱정입니다. 그러나 히말라야의 삶은 척박합니다. 이곳은 다리가 무너지고 산사태가 나도 정부의 지원을 기대하기 힘든 소외 지역이에요. 관광 덕분에 우리의 삶이 진보한 것은 명백한 사실이에요."

그러면서 그는 창밖의 마을 풍경을 가리켰다. 아름답지만 살기에는 춥고 고립된 땅이라는 뜻일까.

ACAP의 활약을 접하면서도 우리에겐 한 가지 마음에 걸리는 것이 있었다. 트레킹을 하는 며칠 동안 우리가 스쳤던, 관광업에 종사하지 않는 지역 주민들의 모습이 그것이다. 여행객들을 상대하는 산장 주인과 그 구성원들은 대부분 깔끔한 차림새였다. 하지만 계단식 논에서 김을 매거나, 소를 몰고 가는 주민들의 모습은 여느 제3세계의 이미지처럼 남루해 보였다.

"빈부 격차가 있기는 합니다. 하지만 관광에 연계되지 않은 농민들도 상점이나 식당 등 추가적인 농산물의 판매처가 생겨 간접적인 소득을 올릴 수 있지요."

어쩌면 모두에게 똑같은 혜택이 돌아간다는 건 거의 불가능한 바람이겠지. 그래도 어떤 방법이 없을까 자꾸 묻게 된다.

세상에서 가장 높은 천문대

오늘의 기착지 뱀부에 도착했을 때는 이미 날이 거의 저물어 있었다. 저녁을 먹고 씻고 나니 피곤이 몰려왔지만 잠자리에 들기 전에 우리는 단체로 방을 나섰다. 화장실에 다녀오기 위해서.^^ 안나푸르나의 산장들은 우리네 옛집처럼 화장실이 집에서 멀리 떨어져있다. 불빛 한 점 없는 한밤중에 홀로 화장실을 다녀오기는 무서우니, 미리미리 예방(?)을 해두어야 한다.

"으~ 춥다."

산 위의 밤은 역시나 한기가 가득했다. 으슬으슬 떨리는 몸을 부여잡고 종종 걸음을 쳤다.

"우와! 하늘을 봐!"

누가 먼저 소리쳤을까. 고개를 들어 올린 우리는 말을 잃었다. 금방이라도 손에 닿을 듯, 수많은 별들이 가까이 다가와 있었다. '안나푸르나에 가면 자기 전에 꼭 물을 2컵 이상 마시' 라던 누군가의 말이 이해가 갔다. 그것은 트레킹의 피로 때문에 안나푸르나의 아름다운 밤을 놓칠지 모르는 친구들을 위해 전해주는 선물이었다. 나도 나중에 누군가가 안나푸르나로 간다면 꼭 이 말을 전해줘야지.

잠깐의 침묵이 영원의 시간처럼 느껴졌다. 내 생애 가장 아름다운 화장실 가는 길. ACAP과 네팔 사람들이 무엇을 지켜왔는지 이제 알 것 같다. 떨어지는 별똥별을 보며 기도했다. '저희, 여행 아프지 않고 잘 마칠 수 있도

록 해주세요. 아름다운 이 곳 안나푸르나도 계속 지켜주시고요.'

4일차 네팔 노처녀 중에서도 노처녀

10월 19일 뱀부에서 데우랄리까지

한참을 걷고 있는데 자꾸 여정이의 모습이 사라진다. 자주 일행에서 뒤처지는 여정이 니르말라도 신경이 쓰였나 보다. 자신의 가벼운 배낭을 여정에게 내밀고, 무거운 여정이의 배낭을 뺏어 든다. 나도 들어보니 여정이 배낭은 내 배낭보다도 무겁게 느껴졌다. 그래도 남자라고 가장 무거워 보이는 여정이 배낭은 내가 들고, 그 다음 무거운 내 배낭은 니르말라가 들기로 했다. 그나마도 걱정이 되는지 니르말라는 여정이에게 준 자신의 배낭에서 옷가지며 반찬 단지 같은 것들을 빼서 조금이라도 더 무게를 줄어주려고 한다. 그래도 니르말라의 발걸음은 우리 중에서 가장 빠르고 가벼웠다. 우리 셋보다도 작고 마른 체격인데, 역시 가이드는 가이드다. 그러면서도 틈틈이 힘들어하는 우리를 즐겁게 해주려고 애쓴다.

니르말라의 나이는 28살. 한국으로 치면 딱 결혼 적령기이다.

"니르말라, 결혼은 안 해요?"

"난 너무 나이 들어서 데리고 갈 사람이 없는 것 같아. 네팔에서는 20살만 넘으면 다 시집을 가는데 난 노처녀 중에서도 노처녀야. 결혼 못할 것 같기도 해."

"한국에서는 결혼 못하는 사람들 이어주는 기업도 있어요. 결혼정보회사라고, 돈을 내고 신상명세서랑 이상형 적어서 내면 커플 매니저라고 하는 사람이 적당한 사람을 골라줘요. 그래서 만나보고 괜찮으면 결혼하고. 네팔에는 이런 거 없죠? 신기한 기업이죠?"

너무 재미있다고 웃는 니르말라.

"나도 결혼 못하면 지금까지 번 돈 가지고 한국 갈래. 그 때 회사 소개시켜줘."

니르말라는 영어도 곧잘 한다.

"나도 처음에는 영어를 한 마디도 못했는데, 포터하고 가이드 하면서 외국인 관광객들에게 한 문장, 한 단어씩 배웠어."

그녀가 공책 한 권을 꺼내서 보여준다. 앞장에는 영어가 빼곡히 적혀있다. 영어 옆에는 네팔어로 발음이나 참고할만한 사항들을 적어두었나.

"요즘에는 독일인 관광객들이 참 많이 와. 그래서 독일어도 배우고 있어. 너희들이 이 곳을 왔다 간 얘기가 글로 쓰여지면 한국인들도 많이 오겠지? 한국어도 배워둬야겠어."

독일어 다음 장에는 한국어를 적기 시작한다. 안녕, 안녕하세요, 배고파? 밥 먹자… 등. 우리가 알려준 한국말 중에서 니르말라가 가장 좋아하고 즐겨 썼던 말은?

"출발!" "가자~." 였다. 우리가 늘 헉헉거리거나 쉬다가 짐을 다시 짊어지고 가려고 할 때, 지친 우리에게 "출발~ 가자~"하고 외쳤다. 덕분에 우린 웃으면서 다시 길을 나설 수 있었다.

니르말라는 쓰리 시스터즈에서 일한지 4년째 되었다. 고등학교를 졸업하고 카트만두에서 일을 찾다가 친구의 소개로 쓰리 시스터즈를 알게 되어 지원을 했다. 산골에서 태어나 자랐으니 산 타는 건 자신이 있었다.

물론, 가이드가 되는 길은 만만하지 않았다. 쓰리 시스터즈의 EWN에서 무료로 운영하는 가이드 교육을 받았지만 교육을 받는다고 바로 가이드가 될 수 있는 건 아니었으니까. 교육을 이수한 뒤에는 2년 정도 포터로 일하면서 경험을 쌓아야 했다.

"무거운 짐을 들고 산을 오르는 게 힘들었지만 가이드가 되는 훈련이니까 열심히 했어. 보통 포터가 받는 일당은 300루피 정도지만 쓰리 시스터즈에선 400루피를 주거든. 숙련된 가이드는 600루피까지 받을 수 있고. 난 아직 그 정도까진 못 받고 500루피 약간 넘게 받아."

이 정도 일당은 네팔 사람 평균에 비해 적은 편은 아니라고 한다. 하지만 일이 늘 있는 것이 아니어서 성수기에 열심히 일해야 비수기를 버틸 수 있다. 무리를 해서라도 돈을 모아야 한다. 게다가 일당에 숙식비까지 포함되어 있기 때문에 가이드와 포터들은 돈을 아끼기 위해 여행객들을 가능한 자신의 단골집에 데려간다. 니르말라는 여행객들이 자신들을 조금 이해해주면 좋겠다고 했다.

니르말라의 고향 마을은 이틀 동안 버스를 타고 가서, 또 5일 밤낮을 걸어가야 닿는 곳에 있다. 2년 동안 집에 가보지 못했다며 가족들을 그리던 니르말라.

"우리 고향도 안나푸르나처럼 유명 관광지라면 좋을 텐데…. 그러면 사람들이 많이 와서 개발도 되고, 나도 가족과 떨어지지 않고 함께 살 수 있잖아."

쓰러진 니르말라

10월 20일 데우랄리에서 MBC까지

최초! 한국인 포터 등장

촘룽을 출발하면서부터는 경사가 심해졌다. 계곡을 따라 끝없이 내려가기도 하고 또 끝없이 올라가기도 했다. 풍경도 달라졌다. 초목으로 빽빽한 정글이었던 등산로가 해발 3,000미터를 넘기면서는 벌판으로 변해갔다. 산 너머 보이던 안개가 이제는 발 아래 펼쳐져 있다. 가까워진 태양만큼이나 뜨거워진 햇볕 때문일까, 아니면 고산지대라 부족한 산소 탓일까, 한발 한발 내딛기가 그만큼 힘에 부친다. 걷다 쉬다 반복하는 주기가 점점 짧아진다.

"자, 잠깐만."

앞에서 열심히 걷고 있던 이경이 갑자기 주저앉는다. 발을 부여잡은 모양새가 심상치 않다.

"나 아무래도 인대가 늘어났나봐."

여정과 나, 니르말라가 교대로 이경의 다리를 마사지했다. 지나가던 네팔인 가이드 한 명이 파스 크림을 내밀었다. 자신은 파스가 많으니 하나 가지라며 아예 주고 간다. 뜻밖의 친절에 감사하며 파스를 이경의 다리에 열심히 문질렀다.

열심히 마사지를 하고 있는데 갑자기 누군가가 성큼 다가왔다.

"잠시만요, 제가 좀 볼게요."

한국말이다. 안나푸르나 능선 한가운데서 만난 한국인. 다리를 만져주는 모습이 전문가처럼 능숙하다. 이경의 표정을 보니 다행히 아까보다 많이 나아진 것 같다.

"어디서 오셨어요?"

"저는 여기 네팔에서 근무하는 코이카 장기 봉사단원이에요. 물리치료사로 병원에서 일하고 있어요. 여기 제 친구들도 네팔에 있는 코이카 단원들인데, 근무하는 지역은 달라요. 일부러 휴가를 맞춰 내서 함께 트레킹 하러 왔어요."

일행들과도 인사를 나눴다. 여자 둘에 남자 한 명이다. 나이는 우리 형, 누나뻘 정도 될까. 우리랑 멤버 구성도 같다.

"인대가 늘어난 건가요?"

"호호. 다리 인대가 늘어나면 아예 움직이지도 못해요. 그런 건 아니고, 그냥 근육이 놀란 것뿐이에요. 많이 문질러 주시고, 따뜻한 데에 있으면 곧 나을 거예요. 파스도 자주 발라 주시구요."

이경이 다시 일어섰다.

"아, 이제 괜찮아."

그러나 걸어가는 모양새는 아직 불안하다. 에라 모르겠다.

"가방 줘."

"왜? 됐어~."

"이리 줘봐."

거의 뺏다시피 해서 이경의 가방을 내 가방 위에 올렸다. 순간 헉 하고 숨이 막힐 것 같은 중량감이 어깨와 등을 타고 허리로 전해져온다. 그러나 어쩔 수 있나. 우리 중 몸이 성한(?) 사람은 그나마 나뿐 아닌가. 가방의 무게도 무게지만, 이경의 다리가 더 문제다.

지금 상황에서 다리가 더 악화되기라도 한다면 정말 대책이 없다. 안나푸르나의 깊은 산 중에서 믿을 건 오로지 자신의 두 다리뿐이니. 여정이도 니르말라에게 받았던 나무 지팡이를 내밀었다. 제발 다음 마을까지만 올라가자. 트레킹 첫째 날부터 땀을 뻘뻘 흘리던 여정, 다리를 다친 이경, 배낭 두 개를 메고 젖 먹던 힘까지 짜내는 나까지. 정말 소풍하러 왔다가 이 무슨 고생이란 말인가.

니르말라 쓰러지다

"앗! 안녕하세요. 여기 계셨네요."

힘겹게 올라온 마차푸차레 베이스 캠프(MBC)에서 반가운 얼굴을 다시 만났다. 아까 등산로에서 만난 한국인 코이카 단원들이었다. 이경이 주저앉아있을 때 기꺼이 다가와 마사지를 해주었던 고마운 사람들. 여자 둘은 보건의료와 물리치료, 남자는 정보통신 전공으로 네팔에 왔단다. 트레킹 중 한국 사람을 많이 만나긴 했지만 대부분 우리와 나이 차이가 큰 어른들이었다. 한데 이들은 우리와 비슷한 연령대라 반가움이 더 했다.

그런데 이들은 오전에 만났을 때보다 왠지 힘이 없어 보였다. 무슨 일이 있었던 건가.

"저희 포터가 저희를 버리고 내려갔어요."

이게 무슨 일이람!

"트레킹을 하는데 포터가 자꾸 자기가 아는 곳에서 자자는 거예요. 그런데 며칠 전에 저희가 그 포터가 안내한 숙소 말고 다른 곳에서 잠을 자자고 했어요. 결국 다른 곳에서 밥도 먹고 잠도 잤죠. 그런데 이게 문제가 되었던 거예요.

원래 포터들이 단골집에 손님을 데리고 가면 돈을 안 내고 밥을 먹을 수도 있고 잠도 잘 수도 있는데 저희 때문에 포터가 예상치 못한 지출이 있었나 봐요. 그래서 저희한테 돈을 더 달라고 하지 않겠어요. 그래서 저희는 그럴 수 없다고 했죠. 그러니깐 우리를 위협을 하려고 했어요. 다행히 저지는 했지만, 포터는 짐을 버리고 도망을 가버렸어요. 저희가 가져온 비상식량이 꽤 많은데 그걸 이제 짊어지고 올라가고 내려갈 생각을 하니 앞이 깜깜하네요."

니르말라를 통해 가이드 · 포터들의 이야기를 조금 들어서일까. 이제 각종 과일과 라면이 든 짐까지 짊어져야 하는 이들의 사정이 안타깝기는 했지만 도망친 포터의 마음도 이해가 갔다. 우리에겐 몇 푼 안 되는 식사 값이 그에게는 등에 짊어진 짐처럼 무거웠던 걸까.

한참 대화에 집중하다 니르말라를 돌아봤는데 그녀의 안색이 심상치 않아 보였다. 활기찬 평소와는 달리 오늘은 산장에 도착하자마자 구석에 주저앉아있다. 그러고는 몇 번이나 화장실을 오가는데, 다녀올 때마다 안색이 급격히 나빠졌다.

불길한 예감이 들기 시작한다. 보다 못한 한 백인 아저씨가 자신이 지니고 있던 설사약을 하나 내민다. 앞서 우리가 건네준 한국 설사약들도 효능이 떨어지는 편은 아닌데 영 말을 듣지 않는 걸 보면, 그녀의 증세가 단순 설사는 아닌 듯했다.

산장 주인이 우선은 그녀를 침대에 눕히는 것이 좋겠다고 했다. 마침 빈 방이 없어 매점 한쪽에 있는 침대에 눕히고 이불을 여러 겹 덮어주었다. 그래도 니르말라는 춥다고 몸을 떤다. 우리가 해줄 수 있는 거라곤 물통에 뜨거운 물을 채워 그녀의 손과 발을 데워주는 것뿐이다. 산장 주인과 네팔인 가이드, 포터들도 마음을 쓰며 가능한 모든 도움을 주려 했지만 한계가 있었다.

다행히 마침 함께 묵은

여행자 중에 치과의사가 있어서, 전공분야는 아니지만 진찰해보겠다고 나섰다. 그 사이 니르말라의 얼굴이 많이 창백해져 있었다. 힘겹게 몸을 일으킨 니르말라가 트레킹 중 먹은 음식이 잘못된 것 같다고 한다.

"저, 화장실 좀…."

이경이 그녀를 부축했다. 그런데 화장실에 도착하기도 전에 니르말라가 갑자기 몸을 부들부들 떨더니 선 채로 구토를 했다. 결국 계속되는 설사와 구토를 지켜보던 의사가 내린 처방은 좌약이었다. 증상이 식중독으로 의심되는데 입으로 약을 먹어도 계속 토해내니 그 수밖에 없다고 한다.

그러나 이 또한 간단치 않은 방법이었다. 위생적인 의료도구가 없는 게 문제였다. 고민하고 있는데, 함께 머물고 있던 한국인 산악팀에서 위생도구를 가져다 줬다. 예전에 환자에게 좌약을 넣어본 경험이 있다는 코이카 단원이 도와주겠다고 한다. 민감한 방법이기에 두 사람만 남기고 나머지 사람들은 모두 식당으로 가서 기다렸다. 몇 분쯤 지났을까. 그 단원이 고개를 흔들며 나왔다.

"끝까지 하지 않으려고 하네요. 강제로 할 수는 없어서…."

니르말라가 완강히 거부하며 본인이 직접 하겠다고 했다는 것이다. 하긴 우리도 내키지 않는 방법인데, 전혀 경험이 없는 20대의 숙녀가 선뜻 받아들이기에는 거부감이 들만도 했다. 얼마 후 니르말라를 찾아가니 스스로 처리했다고 한다. 그러나 얼굴빛과 말투를 보아하니 아무래도 약을 다른 곳에 버린 것 같다. 마음이 아팠지만, 우리가 해 줄 수 있는 게 아무 것도 없었다. 따뜻한 물을 가득 데워주고 우리가 쓰던 담요도 내민 후에, 우리는 니르말라가 잠이라도 편히 잘 수 있게 자리를 비켜주었다.

차가운 MBC산장의 밤

다시 돌아간 식당에는 산장에 묵고 있는 여행객들이 모두 모여 있었다. MBC는 최종 목적지인 안나푸르나 베이스캠프(ABC)로 가기 위한 최종 관문이다. 이곳의 해발 고도는 3,700미터. 높은 고도 탓에 낮에도 안개가 잔뜩 껴 햇빛 구경이 쉽지 않고 산바람도 매섭다. 트레킹 첫날부터 매일 밤 추위와 전쟁이었지만, MBC에서는 낮에도 너무 추웠다. 이러니 밤에는 더 할 말이 없었다. 해가 지자 산장에서 유일하게 난방이 되는 식당으로 모든 사람들이 모여들었다. 난방이라고 해봐야 테이블 아래에 있는 가스스토브 하나가 고작이지만, 사람들이 모이니 온기가 두 배가 된다.

마침 산장엔 우리를 빼고도 많은 한국 사람들이 모여 있었다. 아까 만난 코이카 단원은 물론이고, 네팔에 살고 있는 선교사 가족과 한국에서 온 대학교 산악팀까지 있었다.

한국에서 온 대학교 산악팀은 히말라야의 한 봉우리에, 새로운 루트를 개척하러 왔다고 한다. 도전을 시작한지 벌써 17년 째인데 이제야 성공 가능성이 보인다고 기대에 가득 차 있었다. 그런데 산악팀의 분위기가 그리 밝지는 않다. 동행한 포터가 동상에

걸려 급하게 하산한 탓이었다. 두 손과 두 발 모두에 두꺼운 장갑과 붕대를 동여맨 젊은 포터는 고통을 참기 힘겨운지 계속 독한 보드카를 주문한다. 산악인이야 좋아서 산에 간다지만, 포터는 무엇 때문에 저런 아픔을 겪어야 할까.

한쪽에 누워 있는 가이드. 다른 쪽엔 고통에 안절부절 못하는 포터. MBC 산장의 어두운 밤은 무겁게 가라앉았다. 우리도 지쳐있었다. 며칠 간 계속된 강행군에 니르말라까지 쓰러지자 신경이 곤두섰다. 사람들이 고산병에 좋다며 권해준 마늘 수프를 나눠 마시다가 심란해진 내가 니르말라에게 무거운 짐을 지게 했다고 여정이에게 한 소리 하고 말았다. 그러다 쌓여있던 우리 사이의 감정이 폭발했다. 화가 난 여정이는 방으로 돌아가 버리고, 이경이 여정을 위로하기 위해 따라 나갔다. 나는 홀로 남아 수프를 마저 마셨다. 감정의 바닥이 드러났다. 여행을 떠나 온지 딱 40일 째 되던 날이었다.

포터와 함께 잠들다

10월 21일 MBC-ABC-MBC-데우랄리

금빛 아침

눈을 뜨니 새벽 4시다. 밖에서 선교사 아저씨네 가족이 부산스레 산행을 준비하는 소리가 들렸다. 이들은 ABC에서 일출을 보기 위해선 지금 출발해야 한다며 우리를 깨웠다. 힘겹게 침낭에서 몸을 일으켰다. 아직 밖은 칠흑처럼 아무것도 보이지 않는다. 오로지 우리가 비추는 랜턴 불빛에만 의지해 앞사람을 표지삼아 한 줄로 걸었다. 뒷사람의 헤드랜턴 빛이 앞사람의 발걸음을 밝혔다.

비몽사몽간에 뒤처지지 않는 데 급급하며 길을 걸은 지 2시간 쯤, 산 위에선 서서히 일출이 시작된다. 어느 샌가 밝아진 시야 너머로, 마치 영화 조명이 갑자기 켜진 듯 아주 선명한 햇빛 광선이 산자락을 비춘다. 새하얀 설봉에 금빛이 어려 황금으로 빚은 산처럼 눈이 부시다. 햇빛의 변화에 따라 시시각각 변모하며 웅장한 빛을 발하는 그 모습이 장관이었지만 동시에 마음 한쪽에서는 허망함도 밀려왔다.

“이걸 보려고 그 고생을 하며 올라 온 건가.”

ABC 전망대에 서니, 일출의 감동보다는 그간의 고생이 파노라마처럼 떠오른다. 눈앞에 병풍처럼 펼쳐진 안나푸르나의 설봉들을 보면서 우리가 내뱉을 수 있는 말은 그것뿐이었다. 일출이 끝날 무렵에야 도착한 탓에 대부분의 사람들은 이미 ABC 전망대를 빠져나간 후다. 티베트 불교의 오색기만이 황량하게 정상을 지키고 있다.

우리는 밋밋하게 기념사진을 몇 장 찍은 후 서둘러 발걸음을 돌렸다. 사

실 ABC에 올라오면서 기대 한 것은 따로 있다. 정상에 가면 한국식 라면을 맛볼 수 있다는 얘기를 들었던 것이다. 한국에서 일하다 온 네팔 사람이 운영한다는 산장에는 벌써 사람들로 가득 차 있었다. 조그마한 철 그릇에 담겨 나온 라면 한 그릇의 감동이란…. 국물 한 방울까지 깨끗이 비워낸다.

"아, 행복해."

가장 원초적인 욕망이 해소되는 순간, 다른 모든 결핍이 머리에서 사라졌다. 가뿐해진 걸음으로 ABC를 내려갔다. 올라올 때는 어두워 보지 못했던 전경이 한눈에 들어온다. 우리는 산 중턱의 황량한 평원지대에 있다. 널따랗게 펼쳐진 안나푸르나의 하늘 지붕들이 시야를 압도한다. 위는 끝없는 벼랑, 아래는 갈색 풀들이 드문드문 돋아난 황무지. 세상에 끝이 존재한다면 이런 곳일까.

우리가 늦은 탓인지 평소와 달리 여행객들의 모습은 보이지 않는다. 대신 머리에 육중한 바구니를 멘 포터들만 우리 곁을 지나간다. 여러 생필품들이 가득 찬, 한 사람은 족히 들어갈 만큼 커다란 바구니를 머리와 등의 균형을 이용해 지고 간다. 흡사 곡에 같다. 저주받은 시지푸스처럼 끊임없이 지나가는 그들. 우리가 먹은 라면도 이렇게 올라 온 걸까? 옆에서 이경이 말없이 카메라에 들어 그들의 모습을 담는다. 다가오는 그들, 멀어져가는 그들의 모습을. 한 장, 두 장, 세 장… 평소라면 그만 찍고 빨리 가자고 재촉했을 나도 그 순간만큼은 묵묵히 기다렸다.

불빛을 찾아서

MBC의 숙소로 돌아오니 쓰러졌던 니르말라가 나와 있다. 그녀가 창백한 웃음으로 인사를 건넨다. 베이스캠프의 일출은 어땠냐고.

"저는 고도가 낮은 아랫마을로 먼저 내려가야 할 것 같아요. 미안해요. 가이드가 돼서 잘 챙겨주지도 못하고…."

아픈 그녀에게 무슨 말을 하겠는가.

"괜찮아요. 저희 걱정은 안 해도 되니까, 빨리 내려가서 치료받아요."

고산지대에서는 면역력이 많이 떨어져 몸에 탈이 날 경우 빨리 하산하는 것이 최선이란다. 얼마 후 그녀를 싣고 갈 포터가 왔다. 산장 주인에게 비용을 물어봤다. 다행이 이런 사태를 대비해 가이드나 포터들이 가입해두는 보험이 있단다. 니르말라도 그 보험을 들었다며 비용은 걱정하지 말라고 한다. 포터의 지게에 짐짝처럼 힘없이 실린 그녀를 지켜보기가 힘들다. 5일간 생활하면서 정도 많이 들었는데, 제발 별 탈 없이 도착했으면….

니르말라가 없는 우리의 하산 길은 조용했다. 여정이와 나의 감정이 아직 풀리지 않았고, 니르말라의 일 때문에도 더 우리는 마음이 무거웠다. 날씨도 오늘따라 흐리다. 비도 내리고 해도 금방 떨어질 것 같았다. 길은 또 왜 이렇게 꼬불꼬불하고 갈림길이 많은지. 니르말라 뒤를 따라 올라올 땐 한 갈래 직선코스처럼 단순하게 느껴졌던 길이었는데.

조금이라도 더 내려가는 기분이 드는 듯한 길을 선택하고는 무작정 걸었다. 길이 맞는지 틀린지는 알 수 없다. 그저 곧 숙소가 보이겠지… 하는 희망만 안고 발이 가는 데로, 느낌이 가는 데로 걸었다. 니르말라가 그리웠다. 니르말라가 있을 때에는 이런 걱정 하지 않았는데. 우리 걸음이 느려서 해가 저문 어두운 밤길을 아직 걷고 있다 해도 니르말라가 앞장서면 걱정이 없었다. 그저 그녀를 따라 걷기만 하면 되었으니까. 우리는 물에 젖은 고양이처럼 안나푸르나를 헤매고 있었다.

'불빛이다!'

멀리서 작은 통나무집이 보였다. 어제 지나온 데우랄리다. 드디어 쉴 수 있겠구나. 아뿔싸! 한데 문제가 생겼다. 산장에 빈 방이 없단다. 지금은 한창 트레킹 성수기다. 그 동안은 니르말라가 지나가는 포터들에게 미리 방 예약을 부탁했기에 문제가 없었는데, 문제가 터진 것이다.

"어쩌지."

"지금 아랫마을까지 내려가는 건 위험하겠지?"

"그러다 길이라도 잃으면…."

"노숙이라도 해야 하나."

니르말라의 부재를 몇 시간 만에 이토록 뼈저리게 느끼게 될 줄이야. 우리가 어쩔 줄 몰라 하고 있으니, 한 산장 주인이 빈 창고가 있는데 거기는 어떻겠냐고 권한다. 찬밥 더운밥 가릴 처지가 아니다. 당장 좋다고 오케이 했다.

묵을 곳이 어딘지 보여 달라고 하니 우리를 식당으로 데려간다. 식탁 옆으로 난 문 같지도 않은, 작은 나무 귀퉁이를 비껴 세우고 들어간다. 식당에 딸린 자투리 창고다. 간이문이 있다고 해도, 식당과 경계만 표시해놓았을 뿐 안이 훤히 들여다보이는 공간이다. 창고는 먼지가 잔뜩 쌓여있는 식기 도구와 나무판자들로 가득하다. 벽에는 때로 범벅된 더러운 옷가지들이 걸려있다. 그 사이로 탁자를 연결해 우리가 잘 침대를 만들어 준다. 이곳에서는 못 자겠다 싶다. 다른 숙소에 다시 한 번 물어보고 오겠다고 나섰다. 이 숙소 말고 한 개의 숙소가 더 있었다. 물어보니 역시 묵을 곳이 없다고 한다. 선택의 여지가 없다. 오늘은 거기서 머물 수밖에.

포터와 함께 잠든 밤

짐을 풀어 놓고 식당 한켠에 앉았다. 축축한 몸을 가스스토브로 열심히 녹여본다. 그때 한국인 단체 관광객들이 몰려왔다. 그리고 어디선가 흘러나오는 익숙하고 그리운 냄새, 된장국 냄새였다. 그들은 식당에서 밥을 사먹는 것이 아니라 포터들이 직접 해주는 한국 요리를 먹었다.

우리가 보기엔, 이 첩첩 산중의 안나푸르나까지 자기네 나라 음식을 이고 와서 꼬박꼬박 챙겨먹는 관광객들은 한국인들밖에 없는 것 같았다. 보통 때라면 외면하고픈 불편한 풍경이었을 테지만, 그날의 우리에게는 그럴 여력이 없었다. 그저 오로지, 나도 저 된장국을 한 숟가락 먹을 수 있다면 하는 생각뿐이었다.

우리가 그런 기색이 너무 역력했는지 몇몇 분들이 남은 음식을 권했다. 아… 네팔인 요리사가 끓였다는 된장국이 어찌 이리도 구수한지. 가능하면 현지 물건, 현지 음식을 먹는 여행을 해야지 하는 사명감 따위는 눈 녹듯이 사라지고 말았다.

"여기 된장국 좀 더 드세요."

우리를 챙겨주는 네팔 요리사의 목소리, 아– 천사가 따로 없다.

옆에 있던 한국 사람들은 그런 우리의 마음을 눈치 챘는지 자신들이 먹고 남긴 반찬까지 막 덜어준다. 거지가 잔칫집에 가서 맛있는 음식을 받아 들고 기뻐하는 것처럼, 우리는 환경이고 공정여행이고 다 집어 던지고 쌀밥에 된장국, 김치와 빨간 소시지를 우걱우걱 먹기 시작했다. 밥을 퍼주던 네팔 사람은 한국에서 이주노동자로 일하다 고향으로 돌아왔다고 한다. 그가 끓인 된장국은 정말 한국인 아주머니가 만든 것 보다 더 맛이 있었다. 김치도 네팔에서 직접 담갔다고 하는데 어찌나 맛있던지!

마치 걸신들린 것처럼 먹어대는 우리를 보면서 옆에서 포커를 치던 외국인들까지 눈이 커진다. 우리가 김치를 너무 맛있게 먹어대자 한 입만 먹어 보잔다. 포크로 김치를 찢어 한 입 맛보는데, 입에 넣고는 미간을 찌푸린다. 어떻게 이런 맛이 나는 음식을 저렇게 맛있게 먹을 수 있지? 하는 표정이다.

하지만 문제는 그 다음이었다. 우리가 잠자리로

얻은 곳은 식당 한쪽에 물건을 쟁여두는 자투리 공간으로 식당과 창고를 구분해주는 것은 오로지 얇은 천 한 장과 나무 판 뿐이다. 게다가 이 안나푸르나 지역의 산장들은, 오직 식당에서만 난방이 되기 때문에 (그래봤자 식당 가운데 놓인 가스스토브 하나가 전부지만) 대부분의 투숙객들이 밤늦게까지 식당에 모여 있곤 한다. 이 말은 식당 영업이 끝날 때까지 우리는 잠자리는커녕 침대에 누울 수조차 없다는 소리다.

몇 시간 동안 지루한 기다림의 시간이 이어졌다. 해 떨어지면 할일 없는 산 위에서는 일찍 자는 게 제일인데, 그럴 수가 없으니 참 고역이다. 가뜩이나 우리 사이의 분위기는 냉랭하고…. 뜬 눈으로 버티다 겨우 영업 종료 시간이 되었다. 우리 방(?)으로 들어가 불을 키려고 하는데 전구가 없다. 헤드랜턴을 천장에 걸어놓았지만 흐릿해서 영 보이질 않는다. 하지만 그게 오히려 다행 아니었을까? 이곳의 정확한 상태를 확인할 수 없었기에 망정이지 반대로 잘 보였다면 편하게 누울 수나 있었을까. 하지만 차마 불평할 수도 없었던 것이, 우리 때문에 더 안 좋은 자리로 쫓겨난 누군가가 있었다. 우리가 누울 그곳이 원래는 여종업원의 잠자리였나 보다. 한 친구가 창고에서 얇은 포대를 챙기더니 슬며시 창고 옆문으로 들어간다. 이경이 옆문으로 따라 들어가더니 우리에게 소리쳤다.

"여기 너무 추워. 입에서 김까지 나와! 이 분 우리 때문에 쫓겨났나봐."

제발 안으로 들어오라는 우리의 권유에도 불구하고 그녀는 그곳에 자리를 펴고 누웠다. 우리가 착잡한 마음으로 침낭을 펼치고 있는 사이, 식당에는 한 무더기의 네팔사람들이 들어왔다. 여행객들이 고용하는 가이드 · 포터들이었다. 그들은 익숙한 솜씨로 식당 테이블과 의자를 정리하더니, 빼곡하게 자리를 잡고는 눕기 시작한다. 여자들은 의자를 이어 만든 간이 침대에, 남자들은 식당 테이블 위에 자리를 잡고 잠을 청한다. 우리는 얇은 커튼 너머로, 그 모습을 두려움 반 호기심 반으로 지켜봤다. 좁은 공간을 요령 있게 나누자 수십 명의 사람들이 함께 눕는 공간이 되었다. 그 모습이 안쓰러우면서도 한편으론 경탄스러웠다. 우리가 식사를 하던 이곳이 포터들의 침대였다니. 순식간에 사람들이 자리에 눕고 누군가 마지막으로 불을 껐다. 우리도 그들을 따라 천장에 달아놓은 랜턴을 껐다.

공정여행 팁

포터의 인권을 지키는 트레킹

트레킹 하기 전에

여행자들이 포터를 구하는 것은 대부분 트레킹 여행사들을 통해서다. 가이드나 포터들은 트레킹 여행사에 소속되어 일자리를 구하므로, 일감을 알선해주는 여행사에 비해 상대적으로 약자의 위치에 있다. 그러므로 불합리한 처우를 당하는 가이드나 포터들이라도 불이익을 당할 염려 때문에 직접 여행사에게 요구하기는 어렵다.

대신 여행업은 서비스 직종이므로 고객의 요구에는 민감하게 반응한다. 여행사에 요구하는 여행자들의 말 한 마디가 가이드나 포터에 대한 처우를 크게 개선시킬 수 있다. 네팔 트레킹 패키지 상품을 구매하거나(대부분 포터를 고용한다) 개별적으로 포터를 고용하기 전에 몇 가지만 여행사에 질문해 보자. 우리의 작은 물음이 트레킹 문화를 바꿀 수도 있다.

- 포터에게 정당한 임금을 지급하고 있나요?
- 포터에게 보험은 들어주었나요?
- 품삯은 다른 이를 거치지 않고 포터에게 바로 전달되나요?
- 포터들에게 추운 날씨와 고도를 견딜 수 있는 장비와 숙소가 제공되나요?

트레킹을 할 때

1. 포터에게 적당량의 음식과 물, 침구와 적절한 숙박 장소가 제공되는지 확인한다. 음식을 자비로 사먹어야 하는 그들에게 식사나 음료를 제공하는 것은 작은 보탬이 된다.
2. 포터들도 우리처럼 등산화와 윈드자켓 등의 장비가 필요하다. 포터가 등산장비나 옷을 제대로 갖추고 있지 않다면, 해당 여행사에 요청하자.
3. 포터에게 짐을 지우기 전에 자신의 배낭을 한 번 들어본다. 오랜 시간 사람이 질만한지 짐작해본다. 포터들의 인권 가이드라인은 30kg이 넘는 짐을 지우지 않는 것이다.
4. 동행하는 가이드와 포터에게 우리가 낸 품삯이 공정하게 전달되었는지 확인하고, 그들을 위한 팁은 직접 전달한다.
5. 포터들에게 고산병이나 저체온증 등 고산에서 겪을 수 있는 심각한 질병이 찾아올 경우 적절한 응급조치를 취해야 한다. 산 아래로 내려 보내야 할 경우에는 반드시 의사소통이 가능한 사람을 함께 동행시켜야 하며, 그들이 안전하게 병원에 도착해 치료받을 수 있도록 도와야 한다.
6. 포터들의 사고와 부상 시 치료를 받을 수 있도록 여행자 보험에 가입해야 한다.

트레킹 후에 포터들을 돕는 방법

트레킹이 끝난 후 필요가 없어진 등산용품들을 포터들을 위한 의류은행에 기증할 수 있다. 다음의 단체들은 가난한 포터들에게 등산복, 등산화, 장갑, 모자, 침낭 등 고가의 등산장비를 무료로 대여해 주는 의류은행을 운영한다. 여행자들이 기부한 등산용품들은 산 위에서 포터들의 동상이나 저체온 증을 예방하는데 큰 도움을 준다.

- 마운틴펀드 www.mountainfund.org
- 산악지원프로그램 www.hec.org
- 쓰리씨스터즈 www.3sisters.org

들여다 보기

관광객 사이에 숨겨진 사람들, 포터

관광객과 하루 종일 함께 산을 타지만, 관광객의 기억 속에는 숨겨진 사람들일 뿐인 포터, 그들은 어떤 삶을 살고 있는 걸까?

안나푸르나를 오르는 내내 우리의 눈길을 끌었던 것은 경치 좋은 산세가 아니라, 쉴 새 없이 우리 옆을 지나가던 포터들의 존재였다. 포터는 여행자들의 짐을 대신 들어주는 짐꾼이다.

포터들이 보통 지는 짐의 무게는 적게는 30킬로그램에서 많게는 50킬로그램까지. 국제포터연합(IPPG)에서 정한 가이드라인은 30킬로그램 미만이지만 잘 지켜지지 않는 것 같았다.

우리가 쩔쩔매던 배낭의 크기가 무안할 정도로 큰 짐을 지고 가는 포터들의 모습은 외면할수록 더 크게 다가왔다. 살집이라고는 찾아볼 수 없는 앙상한 팔과 다리로, 그들의 작은 체구의 2~3배는 되어 보이는 짐을 용케도 지고 갔다. 어떤 이는 캠핑을 즐기는 관광객의 텐트를 대신 짊어지고, 또 어떤 이는 한 짐 가득 재활용 쓰레기를 짊어졌다. 등산화는커녕 얇고 낡은 슬리퍼 한 짝이 그들이 가진 장비의 전부였다. 간혹 젊은 포터들이 신고 있는 스니커즈가 그마나 좋은 축에 속했다.

묵묵히 길만 보고 걷는 포터들의 얼굴에는 아무런 표정이 없었다. 힘들어하는 모습보다도, 체념이 들어있는 듯한 그들의 무표정에 더 가슴 아팠다. 혹시라도 눈길이 마주치면 웃는 얼굴로 먼저 "나마스떼" 하고 인사를 건네는 쪽은 포터였다. "나마스떼" 하고 대답을 건넸지만, 불편한 마음이 계속 느껴졌다.

포터들의 삶

포터들이 처음 짐을 이기 시작하는 나이는 보통 17~18살, 그때부터 더 이상 몸이 감당 할 수 없을 때까지 30~40년 동안 짐을 진다. 하루 종일 짐을 지는 대가로 그들이 받는 일당은 300~400루피 정도다. 이 돈으로 음식은 물론 숙박도 해결해야 한다.

8년간 포터 및 가이드로 일한 마나 씨는 "포터들의 한 끼 식사비는 50루피 정도지만 그 돈도 아끼려고 보통 아침과 저녁 하루 2끼만을 먹는다."며 "보통 숙박은 관광객들이 식사를 다 끝내고 돌아간 식당 한켠을 빌려 공짜로 해결한다."고 말했다.
그는 포터를 비롯한 관광업계 노동자들의 노동조합인 UNITRAV(Union of trekking travels rafting workers nepal)에 소속된 조합원이었다. "정부에서 정한 포터 기준 임금은 하루 200~300루피 정도이다. 다행히 관광업계에서는 보통 이보다 많이 지급하는 편이지만, 이 또한 충분치는 않다. 조합에서 이를 현실화하기 위해 노력하고 있지만, 조합의 힘이 강하지 않아 역부족인 상태다."
세 명분 식사로 우리가 지불했던 돈은 보통 1,000루피였다. 관광객의 한 끼 식사비도 안 되는 일당을 벌기 위해 그들은 얼마나 많은 땀을 흘려야 하는 걸까. 여행사의 안내문에는 '포터에게는 등 뒤의 무거운 짐보다 생활의 경제적인 짐이 더 무거우니 불편함을 떨쳐버리세요.' 라고 써있었지만, 그러기가 쉽지 않았다.

7일차 가이드 잃은 어린 양

10월 22일 데우랄리에서 쉘파까지

저기… 남는 방 있어요?

오늘 아침도 한국에서 온 패키지 여행자들 덕분에 한국식 아침밥을 챙겨먹었다. 기분 좋게 배를 채우고 양치를 하러 수도가로 나왔다. 물가에 쌀알과 음식 찌꺼기들이 널부러져 있다. 조금 찜찜한 기분으로 가이드 없는 둘째 날을 시작했다.

오늘은 어제처럼 고생하지 않아야 할텐데…. 길을 내려가면서 든 생각은 단 하나. 빨리 내려가서 방을 잡아야지 하는 생각뿐이었다. 하지만 그게 어디 쉬운 일인가. 오후 서너 시쯤 이제 그만 걷고 방을 잡을까 했다. 그러다 너무 이르게 짐을 푸는 것 같아 조금만 더 내려가 보기로 했다.

한데 금방 나올 줄 알았던 다음 마을이 도무지 보이지 않는다. 가이드 없는 산행이 미로 찾기 같다. 얼마 안 돼 하늘이 어둑해져 온다. 어제의 깜깜한 심경으로 다시 돌아갔다. 이번에도 또 방이 없으면 어떡하지… 초조한 마음으로 길을 재촉했다.

뒤에서 한국 사람들의 인기척이 들렸다. 각종 등산 장비로 중무장한 한국 사람들이었다. 운동화를 신고 있던 우리를 보더니 놀란다. 이들은 오늘 아침 MBC에서 출발해 여기까지 내려오는 길이란다. 우리가 빠른 편은 아니라 해도 우리가 이틀 걸은 거리를 하루 만에 주파하다니, 대단한 속도였다. 서양인들 10일 코스를 한국인들은 4박 5일만에 주파한다던 디키의 말이 실감난다.

빠른 걸음으로 하나 둘씩 우리 곁을 지나쳐가는 사람들 중에 어딘가 낯익은 사람이 한 명 있다.

"저 사람, 박범신 씨야."

얼마 전 그의 소설을 읽었다는 여정이가 반색을 표한다. 알고 보니 스무 명 정도의 일행은 박범신 씨의 히말라야를 배경으로 한 신작소설의 출판기념회를 MBC에서 하고 내려가는 길이란다. 나름 유명인을 만난 기념으로 함께 사진도 하나 찍고

싸인이라도 받을까 하고 있는데, 아참! 그러고 보니 우리에게 절박한 문제가 하나 있었지.

"저기 혹시 오늘 묵으시는 마을에 남는 방 있으신가요? 저희가 가이드랑 헤어져서 미리 알아볼 수가 없어서요."

사람들에게 가이드 없이 헤매게 된 그간의 사정을 설명하니 자기들이 예약한 숙소에 방을 하나 알아봐 준단다. 죽다 살아난 기분으로 사람들 뒤를 좇았다.

여정아, 미안해

한국인 일행 덕분에 겨우 남는 방을 하나 구하고 사흘 만에 따뜻한 물로 샤워도 했다. 떡진 머리에서 기름기를 뽑아내는 그 기쁨이란! 우리 모두 오랜만에 깨끗한 몸으로 변신했다. 상쾌해진 몸 덕분에 마음도 상쾌해진 걸까. 냉랭하던 나와 여정의 사이도 많이 누그러져 있었다. 중간에서 이경이 우리를 화해시키려고 다리를 놓는다.

"여정아~ 세운이 안마 좀 해주라. 네 약손이 필요해. 세운이가 내 가방까지 드느라 어깨가 완전히 뭉쳤네."

못 이기는 척 여정이가 손을 내밀었다.

"아~. 그, 그만~."

내 어깨가 많이 뭉친 건지 여정이 손이 진짜 매운 건지, 아니면 둘 다 인건지, 여정이가 주물러주는 어깨가 엄청나게 아려온다.

"야, 세운이 너무 느끼는 걸. 표정 좀 봐."

이경이 그새 카메라를 들이민다.

"아~ 찍지 마. 앗, 아파. 아… 좋다."

어깨를 적셔오는 고통과 쾌감을 주체할 수가 없다.

"하… 진짜 시원하다. 너 이걸로 창업해도 되겠다."

"아, 그르까? 호호."

돌아가며 뭉쳐있던 서로의 어깨를 풀었다. 며칠 동안 묵혀있던 앙금이 소리 없이 풀려간다. 가뜩이나 힘든 산행 길. 함께 고생하는 친구들에게 힘이 돼 주진 못할망정 왜 그리 상처만 준 건지. 미안해. 한 마디가 그렇게 하기 어려웠던 걸까.

오랜만에 두 다리 쭉 뻗고 편하게 누운 밤, 여러 상념이 가득했다. 여행 전에도, 준비한답시고 거의 일주일 내내 함께 했었다. 하지만 함께 여행하는 건 또 다른 문제인 것 같다. 하루 온종일, 24시간을 내내 함께 하는, 가족보다도 진한 관계에 대해 충분히 각오했어야 했는데, 서로의 좋은 모습만 생각했던 걸까. 여행 중 나의 기대에 어긋난 모습들을 볼 때마다 실망감이 쌓여갔다. 사소한 말다툼으로 며칠을 불편하게 보낸 건 그 때문이었다.

왜 자꾸만 초심을 잊는 걸까. 우린 서로만 믿고 이 먼 곳까지 왔다. 혼자라면 절대 꾸지 못했을 꿈. 아는 사람 한 명 없이 척박한 남아시아의 오지들을 무턱대고 찾아가겠다고 나선 건 순전히 함께 하는 친구가 있어서였다. 생각해보면 한 없이 고마운 친구들인데 자꾸 상처만 준다. 사실 하고 싶은 말은 단 하난데.

8일차 공정한 여행이란 무엇일까?

10월 23일 쉘파에서 촘룽까지

촘룽의 곽부성 재탈전

가이드 없는 셋째 날, 오후 일찍 촘룽에서 짐을 풀었다. 괜히 더 갔다가는 또 잘 곳을 못 구할 것 같았다. 어제와 같은 행운을 또 기대할 수는 없었다. 방을 잡은 곳은 며칠 전 우리가 올라올 때 묵었던 숙소였다. 사실 며칠 전 이곳에 묵었을 때 중국 영화배우 곽부성을 닮은 젊은이(일명 촘룽 곽부성)가 그 곳에서 일을 돕고 있었는데, 여정과 이경이 이 친구를 다시 보고 싶다해서 정한 숙소다. 매일 깜깜한 밤이 되어서야 숙소에 도착해서 샤워도 잘 못하고 땀범벅인 채 잠들던 우리에게 낮 3시라는 시간에 하루 일정을 마친다는 건 꿈같은 일이다.

"어서 오세요. ABC에는 다녀오셨나요? 어, 세 분밖에 없네요. 원래 가이드와 같이 올라간 거 아니에요?"

촘룽 곽부성도 우리를 기억하고 있었나보다. 그가 먼저 인사를 건네 왔다.

"어머. 우리를 기억하시네요?"

너무 좋아하는 이경과 여정.

"참 저희 가이드 기억나세요? 여자 가이드구요. 키는 조그맣고 좀 마른…. 식중독이 걸려서 MBC에서 실려 내려갔어요. 이 근처에 병원이 있다는 이야기를 듣고 한번 가 봤는데, 문이 닫혀 있네요. 혹시 아픈 사람이 내려왔다는 이야기나 그 분을 본 적 없나요?"

"아, 며칠 전에 한 여자 분이 들것에 실려서 왔어요. 여기서 머물진 않고 바로 포카라에 있는 병원으로 갔어요. 지금쯤이면 병원에 도착해서 치료 받았을 테니 괜찮을 거예요. 너무 걱정 마세요."

한시름 놓인다. 그동안 니르말라가 걱정이 되었지만 따로 소식을 들을 수 없어 노심초사 하고 있었다. 촘롱 마을 입구에 작은 병원 건물을 발견하고는 혹시 그녀가 있을까 하고 들어가도 봤지만, 그곳은 이미 문을 닫은 지 꽤 오래되어 보이는 건물이었다. 그나마 촘롱까지는 무사히 내려왔다니 다행이다. 부디 그녀가 별 일 없이 병원치료를 받고 있어야 할 텐데….

자신을 편하게 구룽으로 부르라고 한 촘롱 곽부성은 부드러운 외모처럼 마음 씀씀이도 부드러웠다. 우리는 샤워를 위해 그에게 따뜻한 물을 부탁했다. 다른 사람이라면 데워진 물을 그냥 샤워실 앞에 두고 갈 텐데, 그는 다음 사람이 샤워할 때를 맞춰 물통을 들고 기다려줬다.

"진짜 멋지다. 어쩜 저렇게 얼굴만큼 마음씨도 착할까."

"그러게, 부모님 일도 잘 돕는 착한 아들이잖아. 연락처라도 받아 갈까봐. 하하."

이경과 여정은 곽부성 칭찬으로 입이 쉴 틈이 없다. 치, 뭐가 대단하다고. 그 정도 친절은 나도 베풀 수 있다고!

끝나지 않을 평화와 사랑…

기분 좋게 씻고 나오니 1층 마당에 수십 명의 외국인들과 마을 주민들이 모여 있었다. 의자에 편하게 둘러 앉아있는 외국인들과 한쪽 바닥에 모여 앉은 마을 주민들. 네팔 노래가 울려 퍼지고 네팔사람들이 차례차례 나와 춤을 추기 시작한다. 이들을 보며 외국인들은 어깨를 들썩이기도 하고, 카메라 플래시를 터뜨려가며 사진을 찍는다. 몇몇은 얼굴이 빨게진 채 손에 든 맥주병을 홀짝 거린다. 한바탕 시끌벅적한 시간이 지난 후 네팔 사람 한 명이 돈 통을 들고 나와 수금을 시작한다.

관광객들에게 돈을 받고 전통 문화를 공연하는 광경은 제3세계 관광지 어디에서나 보기 쉬운 풍경이다. 어쩌면 기본적인 비즈니스일지도 모른다. 우리도 그걸 즐긴 경험이 없는 것은 아니었다. 그러나 지금은 네팔 최대의 명절이라는 축제기간이다. 한국의 추석과도 같은 이 시기에까지 자신들의 문화를 팔아야 하는 것인지 씁쓸한 생각이 들었다. 또 여기서 즐기고 있는 외국인들은 오늘이 어떤 날인지는 알까?

트레킹 첫날이었다. 어느 산장 벽에 스크래치가 적혀있었다.

'NEPAL – Never Ending Peace And Love'

네팔 - 결코 끝나지 않을 평화와 사랑. 어디서 유래했는지는 모르지만 워낙 낭만적인 풀이라 잊히지 않던 문구였다. 맞아. 이곳은 우리가 상상하던 평화로움 그대로인걸. 아름다운 뜻풀이라며 우리끼리 좋아하고 있는데, 옆에 무심히 앉아 있던 네팔 아저씨가 갑자기 한마디 건넸다.

"이곳에 사랑은 있을지 몰라도 평화는 없어요."

10년째 내전 중인 네팔. 하지만 스쳐지나가는 여행자 중 이 사실을 아는 사람이 얼마나 될까. 우리 같은 여행자에게 네팔은 안나푸르나가 있는 아름다운 관광지일 뿐이다. 하지만 이곳에도 사람들은 산다. 울고, 웃고, 때론 서로 싸우면서도 좀 더 나은 내일을 꿈꾸는 사람들 말이다.

공정한 여행이란 무엇일까? 환경을 해치지 않는 여행? 아니면 관광지 주민들이 좀 더 많은 돈을 버는 여행일까? 물론 둘 다 중요하다. 그러나 그 이전에 필요한 게 있지 않을까. 상대방에 대한 관심 말이다. 네팔의 안나푸르나가 좋다면, 안나푸르나에 사는 사람들도 궁금하지 않을까. 그들이 어떻게

살아가는지 어떻게 그곳을 지켜왔는지, 그것에 관심을 가지고 거기서부터 출발하는 것, 그게 모두가 윈윈하는 여행의 출발점이 아닐까 싶다.

관광은 산업이다. 산업은 서비스와 재화를 생산해야 한다. 하지만 생산의 목적에 과연 돈이 전부일까? 관광객들은 손님으로서 환영 받고 지역주민들은 주인으로서 존중 받는 관광. 이러한 원래의 관계를 회복하는 것이야말로 진정한 '지속가능한 관광' 일 것이다.

어쩌면 우리가 너무 예민하게 받아들인 걸 수도 있겠다. 오랜만에 차분하게 저녁을 보내려고 한 계획이 방해를 받아서 말이다.

산이 허락해 준 시간

10월 24~25일 촘룽-폴카-댐푸스

촘룽까지는 용케 왔지만 여기서부터의 하산 길은 여러 갈래로 나뉘어져 있어서 우리들끼리 내려갈 엄두가 나지 않았다. 그래서 구룽에게 도움을 청하니 자신의 산장에서 일하는 아저씨 한 분을 소개시켜 주었다.

"저기 구룽. 나랑 같이 사진 찍을래요?"

떠나기가 아쉬운 듯 이경이 말한다. 그러더니 구룽과 단둘이 사진을 찍어달라는 것이 아닌가.

"언니! 나도 같이 찍어요~."

"아, 아니. 우선 둘이 찍고. 내가 맨날 사진 찍어주잖아. 한 번만 찍자."

여자 둘이서 구룽을 놓고 쟁탈전을 벌인다. 게다가 이경은 구룽과 이메일과 연락처까지 교환한다. 구룽은 지금 포카라에서 공부하는 학생이었다. 방학이라 부모님이 하시는 산장 일을 도우러 왔단다.

"산장 주인 아들에 외모까지 훈남이고. 완전 네팔 엄친아 아냐?"

"정말, 언제 포카라로 돌아가려나? 포카라에서도 만나면 좋을텐데."

이러다 둘 모두 네팔에 눌러앉을 기세다. 여정은 계속 구룽과 단둘이 사진을 찍지 못한 게 한이라며 투덜거리고. 이 아줌마들이, 난리 났네. 난리 났어. 졸지에 꿔다 논 보릿자루 신세가 된 내가 투덜거리며 먼저 발걸음을 옮긴다.

구룽이 소개해준 네팔 아저씨는 걷는 속도가 우리의 2~3배는 되었다. 우리끼리 헤매는 것도 힘들었지만 비호같은 그를 따라가는 것도 고역이었다. 우리는 헉헉대다, 쉬는 시간이면 초콜릿을 찾았다. 훈련받은 가이드와 산 사람의 차이인가? 아저씨 페이스 좀 맞춰주세요!

내려갈 때는 올라올 때와 다른 길을 택했다. 보슬비가 내리던 그때와 달리 날씨가 쾌청하다. 내려가는 길이어서인지, 따뜻한 햇살 때문인지 발걸음이 가볍다. 주위는 온통 황금빛 논밭. 드문드문 보이는 계곡과 폭포 앞에서 사진도 찍어본다. 이제 조금만 내려가면

안나푸르나와도 이별이다. 아쉬웠다. 그저께까지만 해도 중노동으로 느껴졌던 트레킹인데 어느새 마음이 바뀌었나보다.

고생은 사서 한다는 말, 안나푸르나만큼 잘 어울리는 곳이 또 있을까. 배낭 하나 메고 일부러 돈 쓰며 고생하러 오는 곳. 길을 잃어도, 몸이 힘들어도 온전히 나의 두 발로 이겨내야만 하는 길. 그 길을 채워주는 건 아름다운 자연, 좋은 사람들, 그리고 무엇보다 미약한 인간을 굽어보는 안나푸르나, 그 신의 숨결. 만약 오기를 부리지 않았다면 결코 경험치 못할 순간이었겠지.

트레킹 뒷이야기 니르말라는 원색을 좋아해!

포카라에 도착하자마자 니르말라의 안부를 물었다. 쓰리 시스터가 그녀의 건강이 회복했다는 소식을 전해줬다. 다행이다. 바로 그녀를 찾아가고 싶었지만 피로한데다 행색도 말이 아니었다. 오랜만에 마음껏 따뜻한 물로 샤워하고 깨끗한 이불에 몸을 뉘었다. 침대에 빨려들어 가는 듯이 잠이 든다.

다음날 짐을 정리하고 니르말라를 만나러 갔다. 왠지 얼굴을 보고 가야 마음이 편할 것 같다. 니르말라와 함께 살고 있다는 친구의 안내를 받아 그녀의 집 앞까지 찾아갔다. 집에 그녀가 없었다. 근처 피시방에 잠깐 나갔다고 한다. 오 분쯤 기다렸을까. 편한 복장에 슬리퍼를 신고 있는 니르말라가 보였다. 처음 만났을 때처럼 건강한 혈색이었다.

"내려왔다는 소식 들었어요. 고생 많이 했죠?"

"아니에요. 저흰 별 어려움 없이 잘 내려왔어요. 건강은 어때요?"

"내려오니까 금방 괜찮아졌어요. 미안해요 정말. 나 때문에…."

사실 갖은 고생을 한 우리였지만, 그녀를 원망하는 감정은 조금도 없었다. 오히려 우리 때문에 아팠던 건 아닌지 미안한 마음이 가득했다. 그녀에게 조그마한 추억이라도 선물할 수 있었으면 했다.

"저기, 시간 괜찮으면 있다 저녁 같이 먹을래요? 한국 음식 한번 대접하고 싶어요."

그녀와의 약속을 기다리는 동안, 옷가게에 잠깐 들렀다. 트레킹 내내 니르말라의 얇은 외투가 맘에 걸렸다. 따뜻해 보이는 자켓을 한 벌 골랐다.

"색깔은 뭐가 좋을까?"

"원색 계열은 너무 튀고… 하늘색이 무난하지 않을까?"

나름 거금을 주고 샀건만 포장은 비닐봉지가 전부다. 근처 문방구에 가서 포장지까지 따로 샀다. 문방구 주인아저씨가 직접 포장을 해주는데 무슨 예술작품을 만드는 것처럼 심혈을 기울인다.

오랜만에 우리도 한국 식당에 들어서니 무얼 먹을까 마음이 부풀었다. 고기를 좋아하지 않는 니르말라를 위해 고른 메뉴는 비빔밥. 그런데 메뉴

선택이 실패다. 밥이 너무 질어 떡진 비빔밥이 나온 것이다. 니르말라는 괜찮다곤 하지만 영 밥 먹는 양이 적다. 아님 원래 한국 음식이 입에 잘 안 맞는 건지. 그냥 좋은 네팔 식당에 갈 걸 그랬나 보다. 그래도 약간 떨떠름해 하는 그녀 특유의 표정이 반갑게 느껴진다. 정말 건강을 회복했구나!

저녁을 먹고는 후식으로 아이스크림을 먹으러 갔다. 한국 식당 아래층에 있던 네팔 브랜드(?) 아이스크림 가게는 예전부터 가보고 싶던 곳이었다. 가게에 들어가니 다른 곳과는 달리 여행객들은 거의 없고 네팔 사람들로 가득 차 있었다. 다들 잘 차려 입은 모습이 상류층 젊은이들처럼 보였다. 한 쪽 구석에 앉아 아이스크림 메뉴를 골랐다. 역시 만만찮은 가격이었다. 그리곤 우리가 준비한 선물을 니르말라에게 건넸다. 선물을 뜯어서 바로 입어본 니르말라가 소녀 같은 함박웃음을 지었다. 우린 왜 이렇게 그녀에게 미안한 거지.

숙소로 돌아오는 길. 이미 밖은 깜깜해져 있었다. 처음에 만났을 때는 여행 일정을 자꾸 미루는 우리 때문에 약간 예민하기도 했던 니르말라. 산에 오르는 5일 동안에는 우리의 든든한 보호자였고, 갑자기 쓰려졌을 때는 한없이 안쓰러웠던 니르말라. 내려가는 5일 동안에는 무척이나 그리웠던 니르말라였다. 때론 새침한 언니, 누나처럼 솔직했고 때론 부모처럼 든든했던 니르말라에게 우린 어느새 가족의 정을 느끼고 있었다. 이제 헤어지면 또 언제 다시 만나게 될까.

앗, 근데 니르말라가 우리가 선물한 옷을 어디서 샀는지 물어본다. 하늘색을 다른 색으로 바꾸고 싶다면서. 우리를 이끌고 가게로 들어간 그녀가 잠시 후 빨간 원색으로 바꿔 나온다. 역시 니르말라는 니르말라야. 하하.

인도

A world without starvation, disease, and illiteracy The Join Together Society

JTS, 신도 버린 사람들의 손을 잡다

정토회, JTS, 수자카 아카데미, 거리의 아이들, 볼런투어리즘

이경

질긴 가죽 운동화를 신고 산을 오르는 우리 뒤편에는
1루피를 달라며 징징거리는 두 아이가
상처 난 맨발로 따라오고 있다.
지금이 붓다가 다녀간 그 때인지,
사람이 달에 갈 수 있는 시대인지…
그 흔한 전기나 도로조차 들어오지 않는 이곳의 삶은
마치 붓다가 다녀갔을 때 그대로인 것만 같다.

버려진 땅, 비하르로 가는 길

고즈넉하며 평화로운 룸비니 방문을 마친 후 우리는 네팔과 인도의 경계에 섰다. 네팔과 인도를 가르는 국경은 어수선한 시장 바닥 끄트머리에 있어 '국경' 이라는 이름이 무색했다. 우리는 출입국 사무소라기보다는 책상이 두어 개 놓인 길바닥에서 입국 도장을 찍고 인도 땅을 밟았다.

얼마 뒤 노점이 쫙 펼쳐진 길 한가운데에 차가 멈췄다.

"내려요. 여기가 고락푸르예요."

아무런 준비도 없이 얼떨결에 내리게 된 우리는 순간 눈앞이 캄캄해졌다. 파리가 덕지덕지 달라붙은 쓰레기가 지천에 널려 있었고 사람과 개의 배설물이 섞여 코를 찔렀다. 뒤편에서는 기름에 계란 굽는 톡톡거리는 소리와 도로를 질주하는 오토릭샤 엔진 소리가 울렸다. 우리 앞에는 검은 소와 흰 소 그리고 주인 없는 개들이 킁킁거리며 서성이고 있었다.

"혹시 아는 숙소 없어요? 기차 시간 같은 거 몰라요?"

우리는 운전기사에게 애원하듯이 물었다.

“난 이제 네팔로 돌아가야 돼요. 난 아무것도 몰라요.”

무정한 아저씨는 우리가 내리자마자 번개같이 네팔로 떠났다. 어쩌겠는가. 오줌 냄새가 진동하는 길을 건너, 볶은 땅콩 껍질을 맘껏 버리고 있는 사람들을 지나 역 안으로 들어갔다. 다행히 외국인 여행 정보실에서 소나울리 행 열차가 밤 11시에 있다는 정보를 얻었다.

고락푸르 기차역으로 가니 소와 원숭이들이 우리를 맞이한다. 소 한 마리는 기찻길을 논두렁 삼아 걷고 있고, 또 다른 검둥소는 기둥과 계단 사이에 끼여 혼자 버둥대고 있었다. 대합실에는 사람과 함께 잠을 청하는 얌전한 소까지… 인도는 듣던 대로 ‘소의 천국’이었다. 기차선로 맞은편에는 원숭이 한 무리가 팔에 새끼 한 마리씩 품고 먹이 쟁탈전을 벌였다. 이곳은 분명 기차역인데 말이다. 도대체 이 원숭이들은 어디서 지내는 걸까? 또 소들은 왜 여기에 있는 것일까?

사람들은 짜이를 마셨던 토기 찻잔을 누가 지나가든 말든, 선로든 인도든 상관없이 던져 깨뜨렸다. 이토록 시끄럽고 정신없는 기차역에서도 여유 있는 사람들이 있었다. 사람들의 시선과 주위 모든 것이 대수롭지 않다는 듯 기차선로에 쪼그려 앉아 유유히 용변을 보는 늙은 남자, 언제 올지 모르는 기차를 태연하게 기다리며 바닥에 천 조각 하나 깔고 쿨쿨 자고 있는 아

주머니들까지, 우리는 한 공간에서 동시에 펼쳐지고 있는 이 다양하고 신기한 광경에 정신이 팔려, 연착하는 기차를 불평할 틈이 없었다.

파트나로 가는 길은 멀고도 멀었다. 기차 안에서 더위와 기다림에 지친 우리는 반쯤 실신해 있었지만, 인도 청년들은 외국인이 신기한지 계속 말을 걸었다. 바나나를 나눠먹던 우리에게 그들은 친절히 '인도인의 쓰레기 처리방식'에 대해 알려주었다. 과자봉지, 바나나 껍질을 비닐봉지에 차곡차곡 모으고 있던 우리를 보며 그들이 바나나 껍질 하나를 집어 든다.

"창문 밖으로 쓰레기를 던지는 것이 인도 방식이야! 이렇게 모아두지 말고 그냥 버려~!"

인도 기차에는 쥐가 많기 때문에 기차 안에 쓰레기를 두지 않고 밖으로 던진다는 얘기를 듣긴 했지만 현지인에게 이걸 직접 배우니 감회가 남달랐다. 하지만 그 뒤로도 우리는 차마 인도식으로 쓰레기를 처리하지는 못했다.

인생의 축소판

기차는 가는 내내 연착을 밥 먹듯이 하더니 결국 오후 2시가 넘어서야 비하르에 도착했다. 비하르 주의 주도인 파트나지만 영어를 할 줄 아는 직원이

한 명도 없었다. 표를 사려고 줄을 서면 무표정한 인도인이 와서 1번 매표소로 가라고 하고 그곳으로 가면 3번 매표소로 가란다. 도대체 어디가야 표를 살 수 있을까. 안절부절 하고 있던 우리에게 몽둥이 든 경찰이 다가왔다. 우리는 험상궂은 외모와 제복에서 느껴지는 위압감에 바짝 겁을 먹었다. 하지만 그는 사람들을 헤치고 친절하게도 표 끊는 걸 도와주었다. 출발 시간은 바로 10분 뒤, 우리는 플랫폼을 향해 냅다 뛰었다.

어젯밤부터 굶었던 터라 출발하는 기차 앞에서 파는 나무 장작에 구운 옥수수만 눈에 들어왔다. 우리는 20루피짜리 옥수수를 하나씩 입에 물고 검은 숯을 입가에 묻힌 채 열차에 올라탔다. 열차를 타는 순간 나는 다시 밖으로 뛰쳐나가고 싶었다. 이런 기차는 난생 처음이었다. 좌석은 이미 꽉 차 있는 상태여서 출입문 앞 그 좁은 공간에도 사람들이 빼곡히 앉아있었다. 바닥엔 땟국물이 잔뜩 끼여 있고 마치 외양간 마냥 볏짚이 드문드문 깔려 있었다. 기차가 출발하자 사람들이 한꺼번에 올라탔다. 그냥 서 있다간 사람들에게 깔려 죽을 것 같아 침낭을 의자 삼아 철퍼덕 바닥에 앉았다.

내 옆에는 너무나 앳된 여자가 아이에게 젖을 물린 채, 나를 보며 사탕이라도 없냐며 아이와 자신의 입을 손으로 가리켰다. 새까만 검은 눈동자로 내 눈을 계속 쳐다보았다. 젖을 물리는데도 아기가 계속 우는 걸 보니 젖이 잘 나오지 않나 보

© 편해문

다. 앙칼진 아이의 울음에도, 측은한 여인의 눈에도 배고픔이 가득했다.

엉덩이 하나 둘 곳도 없이 빈틈없는 틈을 뚫고 사모사, 과자, 바나나를 파는 행상들이 들어왔다. 조금만 움직여도 다른 사람의 살결이 닿는 좁은 공간이었지만 사람들은 이 행상들이 길을 지나갈 수 있도록 작은 틈을 내 행상들의 발목을 잡고 발을 딛게 해주었다.

7살도 채 안 돼 보이는 남자 꼬맹이는 우렁차게 "빠니(물)~"를 외치며 물 한 컵을 팔아 1루피를 벌고 있었다. 아동노동이라는 단어가 무색했다. 오히려 그 녀석의 당찬 모습에 '그래 꼬맹아! 지금처럼 열심히, 용기 있게 살면 성공할 수 있을 거야.' 라는 생각이 들 정도였다. 어수선한 기차 안은 그야말로 난장판이다. 하지만 이곳이야 말로 인생의 한 단면인 기쁨, 슬픔, 외로움을 보여주는 축소판이 아닐까.

내가 힘들어 보였는지 한 인도 청년이 벌떡 일어나 자리를 내어주었다. 그리고 옆에 앉은 인도 사람들이 말없이 눈빛을 주고받더니 자리를 좁혀 앉아 세운, 여정의 자리까지 마련해 주었다. 오후 6시가 되니 깜깜해졌다. 비하르의 명성을 들어왔던 우리는 불안해지기 시작했다.

© 편해문

'비하르는 인도에서 가장 가난한 지역이며 무장 강도, 납치, 유괴가 빈번히 일어나는 위험지역이기 때문에 사설 경호원을 대동하는 것이 안전합니다.', '저녁 6

시 이후에는 보드가야와 가야로 가는 것을 삼가세요.'

가이드 북의 비하르 주편을 펴면 맨 처음 나오는 문구다. 가야에 도착한 우리는 보드가야로 향했다. 깜깜한 밤에 체감 속도 시속 80㎞로 달리며 마주 오는 트럭의 눈부신 헤드라이트를 몇 번 스치고 나니 보드가야에 도착하기 전에 교통사고로 죽지는 않을까 덜컥 겁이 났다. 또한 생각보다 싼 값에 릭샤를 잡았던 터라 운전사가 보드가야로 가는 척 하며 우리를 납치할 수도 있다는 불안함이 엄습했다. 앞자리에 오토릭샤 기사의 친구까지 태운 것도 이상하다. 불길하고 우울한 시나리오가 계속 머릿속을 맴돌아 온갖 의심을 했던 게 미안하게도 기사는 우리를 보드가야에 무사히 데려다 주었다. 100루피에 가겠다고 해놓고는 150루피를 받으려고 우겨대긴 했지만… ^^

도착한 숙소는 가격에 비해 탐탁지 않은 시설이다. 그런데 너무 늦은 밤이기도 했고, 또 갑자기 친한 척을 하는 수다쟁이 인도 청년에 휘둘려 1,200루피라는 터무니없이 비싼 방을 체크인했다. 어쨌거나 마침내 길고 긴 길이 끝났다. 방에 들어서자마자 모두들 입에서 "휴우우우~"하고 안도의 탄성이 절로 터져 나왔다.

시간이 멈춘 곳, 둥게스와리

아침 7시. 수자타 아카데미에 가기 위해 릭샤를 잡아탔다. 인도 JTS에서는 수자타 호텔, 수자타 빌리지, 수자타 템플 등 수자타라는 이름을 쓰는 곳이 많기 때문에 꼭 둥게스와리 수자타 아카데미에 가자고 해야 한다고 일러주었다. 우리는 릭샤꾼에게 확인을 거듭했다.

"둥게스와리 수자타 아카데미, 유 노(you know)?"

"수자타… 오케이, 노 프라블럼."

"100루피, 오케이?"

"오케이!"

그러나 문제없다던 릭샤꾼이 10분만에 우리를 데려다 놓은 곳은 허허벌판이었다.

"수자타 템플. 오케이?"

그는 수자타 아카데미를 알지도 못하면서 우리를 태웠던 것이다.

"둥게스와리? 빅 마운틴(큰 산)? 노 100루피, 700루피 오케이?!"

700루피면 우리 돈으로 약 1만 7천 원이다. 어처구니가 없었지만 허허벌판인 그곳에서 다른 릭샤를 기다릴 수도 없었다. 일단 700루피를 낸다고 하고 물어물어 둥게스와리 수자타 아카데미를 찾아갔다. 도착하니 릭샤꾼은 700루피를 내놓으라고 난리다. 외국인을 상대로 눈에 뻔히 보이는 사기를 치는 게 얄미워 그를 뒤로하고 JTS 사무실로 들어갔다. 힌디어를 할 줄 아는 JTS 직원분이 나가 릭샤꾼과 면담(?) 끝에 150루피로 합의를 보고서야 한바탕 소란은 끝이 났다.

비하르 주에 관한 여행자들의 농담이 있다. 한 여행자가 인도 어느 지역의 한 숙소에 머무른 뒤 아침에 자신이 '이'에 물렸다는 걸 알게 되었다.

"이것 봐요. 이가 있는 것 같아요. 빨래 좀 해요!"

"죄송합니다. 손님. 어제 비하르 주 사람이 머물다가 갔어요."

비하르는 인도인들에게도 가장 무시 받는 빈곤한 지역이다. 우리는 지금 인도에서 악명 높기로 유명한 비하르 주에 있다. 그리고 이곳은 그 비하르 주 사람들조차도 가기 꺼려하는 둥게스와리다. 둥게스와리로 들어서면 보드가야의 도심과는 전혀 다른 낯선 풍경이 펼쳐진다. 릭샤가 비포장길을 달릴 때면 뿌옇게 피어오르는 누런 흙먼지에 우리는 콜록대곤 했다. 그런 우리에게 아이들은 수줍은 듯 웃는 얼굴로 손을 흔들며 릭샤쪽으로 다가왔다. 어른들은 우리에게 관심이 없는 척하면서도 눈을

떼지 못한다. 릭샤로 지나칠 때 보이는 길가의 집들은 방글라데시 그라민은행 대출자들의 집보다 더 허름해 보였다.

수자타 아카데미에 도착하니 돌산이 가장 먼저 보였다. 불그스름한 흙빛과 회색 바위 사이로 드문드문 돋아난 풀들의 초록빛이 눈에 띄었다. 황량하고 척박한 벌거숭이 산이어서 초록은 더 선명하게 도드라져 보였다. 물이라고는 한 방울도 나오지 않을 것처럼 보이는 산. 이 산을 보니 '둥게스와리' 라는 이름이 이해가 되었다.

둥게스와리는 힌디어로 '버려진 땅' 이라는 뜻이다. 사람이 살기 힘든 이 돌산은 예전엔 사람이 죽으면 시체를 내다 버리는 시타림(공동묘지)이었다고 한다. 그렇게 사람들은 이곳을 둥게스와리라고 부르게 되었고, 버려진 땅에는 인도의 버려진 사람들, 불가촉천민들이 지금까지 살고 있다.

그런데 둥게스와리는 사실 세계적으로 유명한 곳이다. 붓다가 깨달음을 얻기 위해 6년 동안이나 수행한 곳이 바로 이곳이기 때문이다. 붓다가 깨달

음을 얻기 전에 올랐다고 하여 '전정각산前正覺山' 이라 불리는 이 산은 세계적인 불교 성지다. 해마다 많은 사람들이 붓다의 가르침과 고행을 느끼기 위해 둥게스와리를 찾는다. 이제 많은 사람들이 오고 가는 불교 관광지가 되었지만, 이곳 사람들의 생활은 붓다가 깨달음을 얻었던 2천 년 전과 달라진 것이 있는가….

둥게스와리의 인구 1만 2천명 대부분은 인도 카스트 사성제(브라만, 크샤트리아, 바이샤, 수드라)에 들지 못한 불가촉천민이다. 닿기만 해도 부정해진다는 낮고 낮은 사람 불가촉천민…. 그들을 부르는 다른 이름 '달리트' 도 억압받는 자, 파괴된 자, 억눌린 자를 이르는 말이다. 그들은 시체 처리, 가죽 수리, 길거리 청소, 소작농 같은 일을 하며 전생의 업을 씻기 위해, 다음 생에는 더 높은 카스트로 태어나기를 기도하며 살아가는, 현실에 존재하지만 그림자처럼 살아가야 하는 '버려진 사람' 이다.

인도는 급속한 경제성장과 IT 기술의 발달로 중국만큼이나 세계적으로 관심을 받고 있는 나라다. 하지만 둥게스와리는 마치 외딴 섬처럼 화려한 경제 성장의 물결 바깥에 있다. 주민의 약 63.7%가 불가촉천민들로 구성되어 있으며 문맹률은 90%에 이른다. 땅은 척박하여 한 해에 3개월밖에 농사를 지을 수 없어 농사로 큰 수확을 얻을 수도 없는 상태다. 또한 정부나 외부의 지원이 거의 없고, 지원이 내려와도 중간에 어디론가 사라지는 일이 많다.

죽은 사람을 버렸던 곳이자 붓다가 수행했던 곳, 전정각산을 올라가는 길에는 아직까지 빈곤과 삶을 향한 처절할 몸부림이 남아있다. 질긴 가죽 운동화를 신고 산을 오르는 우리 뒤편에는 1루피를 달라며 징징거리는 두 아이가 상처 난 맨발로 따라오고 있다. 지금이 붓다가 다녀간 그 때인지, 사람이 달에 갈 수 있는 시대인지…, 그 흔한 전기나 도로조차 들어오지 않는 이곳의 삶은 마치 붓다가 다녀갔을 때 그대로인 것만 같다.

희망의 증거 | 인도 **JTS** (Join Together Society)

지역 주민과 함께 만드는 미래

인도인들도 꺼리는 불가촉천민 지역 둥게스와리에, 한국인들이 함께 살기 시작한 것은 14년 전부터였다. 불교 수행 공동체인 정토회의 법륜스님이 1993년 성지 순례를 위해 이곳을 방문했을 때였다. 스님과 불자들은 구걸하는 아이들의 모습을 보게 되었다. 수백 명의 아이들이 일제히 길가에 늘어서서 지나가는 외국인에게 구걸하는 기막힌 모습을. 법륜스님과 함께 했던 사람들은 그 현실이 너무도 안타까워 도울 방법이 없을까, 마음에 원願을 세웠다.
그 마음에서 시작된 일은 학교였다. 아이들이 미래를 꿈꿀 수 있는 학교. 그러려면 우선 땅이 필요했다. 땅이 비싼 것은 아니었지만 정토회는 이것을 손쉽게 해결하고 싶지 않았다. 거저 베풀어지는 것이 아니라 그들 스스로 만들어나가는 것이 되기를 바랬기 때문이었다. 그래서 마을 사람들과 의논하여 한 가지 방안을 마련했다. 마을주민들이 땅을 기부하고 노동력을 제공하면, 자재와 재료비는 정토회에서 지원하기로 한 것이다. 정토회는 그 과정 속에서 주민들 스스로 삶을 개척하고, 의지와 사고를 높이는 기회가 될 거라 믿었다. 그리고 아이들을 위한 학교를 자신들의 손으로 만들고 완공되는 것을 지켜보며 자신이 무언가를 이룰 수 있는 존재임을 느끼게 해주고 싶었다.
열 사람이 기증한 10가타(450평)의 땅에 네 칸짜리 단층 건물로 시작된 학교는 이제 초등, 중등, 고등 과정이 모두 개설되어 700명의 아이들이 다니는 규모로 발전했고, 16개 마을에 하나씩 운영되는 유치원에 다니는 아이들은 1,800명이 넘는다. 그렇게 둥게스와리의 빈 땅에 학교를 함께 지으며 JTS도 태어났다.
JTS는 종교, 인종, 성별, 국가, 민족을 넘어 어려운 이웃을 돕고자 하는 따뜻한 마음을 가진 사람들이 함께 모여 전 세계, 특히 아시아 지역의 기아·질병·문맹퇴치를 위한 활동을 펼치고 있다. 인도를 시작으로, 필리핀과 아프간에도 JTS가 설립되었다.
인도JTS는 2001년에는 가족의 생계를 책임져야 하는 소년 가장들을 위해 일하면서 배우는 노동학교, 2004년에는 졸업 후 취업을 못하는 학생들을 위한 기술학교도 개설했다. 그리고 2007년에는 교실 4개와 3층 규모의 기숙사가 완공되었다. 2001년 코이카(한국국제협력단)의 도움으로 설립한 지바카 병원은 지역에서도 손꼽히는 시설을 갖췄다. 이제 주민들은 등록비 5루피만 내면 평생 무료 의료 혜택을 받을 수 있다. 14년 전에는 누구도 꿈꾸지 못했던 미래였다.

인도 아이들과 함께 학교 가는 길

수자타 아카데미는 보드가야 도심에서 꽤 멀리 떨어져있다. 우리는 수자타 아카데미에서 숙식을 하고 싶었지만 원칙상 외부인의 숙식은 안 된다고 했다. 할 수 없이 우리는 보드가야에 머물면서 출퇴근하듯 둥게스와리를 오갔다. 해가 뜨는 새벽 5시에 일어나 대충 세수를 하고 마하보디 사원의 불교 행사 때 받은 비스킷을 입에 우겨 넣으며 릭샤를 탔다. 둥게스와리까지 걸리는 시간은 1시간 30분.

모래바람을 맞으며 졸린 눈을 비비고 있으면 별안간 '쿵' 하는 소리와 함께 아이들의 웃음소리가 들려왔다. 깜짝 놀라 뒤돌아보니 달리는 릭샤 맨 뒤 얇은 난간에

대롱대롱 매달린 남자아이들이 익살스런 표정으로 우리를 바라보며 웃고 있는 게 아닌가. 여학생들은 우리를 향해 싱긋 웃으며 손을 흔든다. 우리도 얼른 눈곱을 떼고 눈을 맞추며 손을 흔든다.

"아이들이 학교로 가는 뒷모습이 참 예뻐."

"그러게. 내 자식도 아닌데 이렇게 예쁜데, 내 자식이 학교 가는 모습은 얼마나 예쁠까."

우리는 부모라도 된 양 한껏 가슴이 벅차올랐다.

둥게스와리 인근의 유일한 학교인 수자타 아카데미에 오기 위해 대부분의 아이들은 매일 1~2시간씩 걸어서 온다고 한다. 등교시간이 8시까지니 6시도 안 돼 집을 나선 아이들도 있겠다.

수자타 아카데미의 시작을 알리는 아침 8시 조례. 반마다 반장이 맨 앞에 서고 그 뒤로 아이들이 한 줄로 쭉 늘어선다. 한국JTS에서 인도에는 줄서기 개념이 없어서 아이들 줄 세우는 데 10년이 걸렸다는 이야기를 듣고 왔기 때문에 그 광경은 더욱 가슴에 와 닿았다. 진한 청색 바지와 치마 위로 하얀 셔츠에 붉은 넥타이를 맨 '때깔' 나는 아이들은 옷차림만큼이나 반듯하게

줄을 섰다. 불경과 함께 엄숙한 분위기에서 진행된 조례는 교가를 부르기 시작하며 활기를 띄었다. 그리고 "짝짝짝 짝짝 대~한민국!"을 변형한 "짝짝짝 짝짝 수~자타 아카데미~~!"를 외치며 조례는 끝이 났다.

조례가 끝나자 저학년 학생들은 모두 교실로 들어가는데 고학년 학생들은 교무실로 들어가는 거다. 그리곤 다시 나오더니 한 사람씩 저학년 교실로 들어갔다. 키 큰 남자아이를 따라가 보았다.

"짧은 바늘은 시간을, 긴 바늘은 분을 나타내는 거예요. 그럼, 지금은 몇 시, 몇 분일까요?"

언뜻 보면 상급생이 저학년 교실에 들어와 장난치는 것처럼 보였다. 하지만 분위기는 사뭇 진지했다. 1학년 아이들은 칠판을 뚫어져라 쳐다보고 있다. 그 키 큰 학생은 선생님 흉내를 내고 있는 것이 아니라 진짜 선생님이다. 키다리 선생님은 현재 수자타 아카데미 8학년(중학교 과정)에 있는 학생이다. 그리고 동시에 1학년 담임교사와 수학 과목을 담당하고 있다.

배워서 남 주는 수자타 아카데미 학생들

14년 전 수자타 아카데미의 목표는 최소한의 문맹퇴치였다. 아이들에게 글을 읽고 쓰는 것은 최소한의 권리라고 생각하여 전 과정을 무료로 제공하였다. 무상 초등교육을 받은 학생들이 졸업할 때가 되자, "저희 공부를 더 하고 싶어요. 더 가르쳐주시면 안 될까요?"라며 계속 학교를 다니고 싶어 했다. 문맹퇴치만 하려고 했던 JTS 식구들은 고민에 빠졌다. 교사도 필요했고 더 많은 교실도 지어야 했다. 하지만 사탕을, 1루피를 구걸하던 아이들이 스스로 책을 더 보고 싶다고 하는데 어떻게 포기할 수 있을까. 어떻게 해서든 아이들에게 배움의 길을 열어주고 싶었던 JTS 식구들에게 아이디어가 떠올랐다.

"지금 우리는 너희를 공부시킬 여유가 없어. 그런데 너희가 조금 도와주면 할 수 있을 것 같아. 도와줄래?"

"네, 저희가 할 수 있는 일이라면 꼭 할게요."

"오전에 너희들이 동생들, 후배들을 가르치면 어떨까? 병원에서 자원 활동을 할 수도 있고."

이렇게 해서 반나절은 선생님 또는 자원활동가, 나머지 반나절에는 학생이 되는 독특한 시스템으로 수자타 아카데미는 다시 시작되었다. 초등교육을 마치고 중·고등과정 진학을 희망하는 학생들은 오전에는 초등학교나 유치원 교사, 병원 또는 보건실 자원활동을 하면서 학교 운영을 도왔다. 오후에 진행되는 중·고등과정은 수자타 아카데미를 졸업하고 대학에 진학한 졸업생들이 이끌어가고 있다.

처음부터 수자타 아카데미가 잘 운

영되었던 것은 아니었다. 학교 건물을 짓던 공간 한켠에 천막을 마련해서 수업을 했는데, 아이들이 툭하면 수업에 빠지기 일쑤였다.

"저는 두르가푸르 마을에 살아요. 불가촉천민이구요. 3살 때까지 구걸을 했어요. 부모님이 강요한 건 아닌데 유치원에서 수업 받는 것보다 돈 받아서 사탕 사먹는 게 더 좋아서 구걸을 하러 다녔어요."

전정각산을 방문하는 외국인들이 주는 1루피의 유혹에 이끌려 아이는 무상으로 제공되는 유치원을 떠나 제발로 길거리로 나갔다. 단돈 1~2루피에 스스로 거지가 되길 선택한 것이다.

"전정각산 아래에서 구걸하고 있을 때마다 교장 선생님이었던 쁘리앙카지가 저를 찾아와서 교실로 데리고 갔어요. 그런데 교실에 있으면 '내가 배워서 쓸 데도 없는데 왜 여기에 앉아있나' 라는 생각이 들었어요. 저 때문에 쁘리앙카지가 고생을 너무 많이 했어요. 그 분이 그럴 때마다 저를 붙잡아 주었어요."

구걸하던 꼬마는 11년이 지난 지금 1학년 담임교사가 되었다. 교실을 뛰쳐나가던 철부지 디네쉬 꾸마르가 1등을 놓치지 않는 학생이 된 것이다. 벌써 8학년으로 14살이나 되었다. 디네쉬는 음악을 가르쳐주지도 않았는데 리코더로 웬만한 곡을 불 수 있을 만큼 예체능에도 뛰어나다고 한다.

과연 14살짜리 중학생이 아이들을 잘 이끌 수 있을까? '아이들에게 어떤 훌륭한 어른보다도 좀 못났더라도 또래, 한두 살 언니가 바로 훌륭한 스승이다.' 라는 말이 있지만 한창 많은 변화가 있을 사춘기에 힘든 점은 없을까.

"제가 경험하지 않은 것을 전달해야 할 때가 힘들어요. 처음에는 동생들이 잘 모른다고 칭얼댈 때 어떻게 해야 할지 몰라 답답했어요."

유치원 교사인 7학년 슈렌드라 꾸마르는 어린 아이들을 가르치는 것보다 그들의 감정을 이해하는 것이 더 어렵다고 털어놓았다.

"처음에는 아이들을 어떻게 가르쳐야 할지 몰라서 많이 힘들었어요. 그런데 이번에 교사수련 프로그램에 참가해 쉽고 재미있게 가르치는 방법에 대해 교육받고 오니까 수업하는 게 즐거워 졌어요."

학생들이 교사연수까지 받다니! 이 모든 일들이 놀랍기만 했다.

불가촉천민, 양민을 가르치다

JTS는 어린 아이들이 학생을 가르치는 것이 버거워 보여 6월에 꼴까타에 있는 'Joyful learning(즐거운 배움)' 이라는 NGO로 교사연수를 보냈다고 한다. 그 곳에서 자기수련, 교육학, 교육심리, 놀이 중심 교육에 대해서 배우고 온 뒤 아이들이 수업에 임하는 모습이 달라졌다고 김혜원 교장이 귀띔해주었다. 또 토요일에 있는 교사 모임에서는 교사연수에서 배웠던 내용으로 새로운 아이디어도 내고 있단다.

"처음에는 아이들 때문에 화가 나서 손이 올라간 적도 몇 번 있어요. 하지만 교사연수를 다녀온 뒤 아이들의 심리와 저의 감정을 파악할 수 있게 되었어요. 저의 시각이 아닌 학생의 눈으로 아이들을 이해하려고 노력하고 있어요. 재미있는 수업 방법도 많이 떠올라요. 며칠 전에는 1학년 아이들과

운동장에서 게임을 하면서 배우는 산수 수업을 했어요."

14살 디네쉬의 이야기다.

계급 때문에 일어나는 문제는 없을까. 디네쉬는 불가촉천민, 슈렌드라는 양민이다.

"제가 천민이어서 양민 아이들이 수업을 거부하거나 불편해 하지는 않아요. 수자타 아카데미에서는 계급이 딱 두 개 있어요. 학생과 선생님. 아이들이 저를 믿고 의지해야지 저와 아이들 모두 많은 것을 배울 수 있다고 생각해요."

처음에는 양민 부모가 자기 아이를 천민에게 배우게 할 수 없다며 수업을 거부하기도 했단다. 또 다른 계급끼리는 옆에 앉지도 않으려 했다고 한다. 그렇지만 학교에서 10년 이상 평등하게 생활하니 계급에 대한 개념이 거의 사라졌다. 둥게스와리는 천민들이 양민 마을을 지나쳐서 갈 수 없을 만큼 엄격한 신분제 마을이었는데, 학교 덕분에 마을간 왕래도 생기고 계급에 대한 구분이 옅어지고 있다고 했다.

하지만 아직까지 계급 문제가 모두 씻겨 내려간 건 아니다. 인도의 수천년 역사가 만들어낸 카스트의 무게가 그리 쉽사리 사라질 수는 없을 것이다. 카스트는 인도의 가장 민감한 부분이어서 외국인들이 섣불리 건드리기 어려운 문제다. 하지만 아이들은 이제 카스트에서 조금씩 벗어나고 있다. 양민 아이는 더 이상 옆에 앉아있는 친구를 불가촉천민이라고 무시하지 않는다. 이제 아이들은 모두가 같은 인간이며 서로 서로 배우면서 사는 것이 자신과 마을을 위한 일이라는 걸 알고 있다. 배우기 위해 가르치는 아이들. 아마 아이들은 가르치면서 더 많이 배울 것이다. 배움이라는 것은 나눠야 하고, 내 옆에 있는 친구는 스승이라고 말이다.

어둠을 이긴 꿈

수자타 아카데미 선생님들의 하루는 새벽 4시부터 시작된다. 일어나자마자 남자는 농사일과 가축을 돌보고, 여자는 가족들의 아침식사를 만들어 놓은 뒤 학교로 온다. 자기 공부하기에도 벅차 보이는 그들이 매일 학업, 교사, 집안일까지 세 역할을 묵묵히 해 나가고 있다. 그런 그들에게 힘든 점은 단 하나. 바로 '어둠' 이었다.

꾸마르는 조금 답답하다는 듯 말했다.

"선생님, 학생, 집안일을 동시에 하는 것은 힘들지 않아요. 그런데 기름이 없어 저녁에 공부를 하지 못하고 잘 때가 가장 속상하고 힘들어요."

돈을 벌 수 있는 생계수단이 마땅치 않은 둥게스와리에서는 정부에서 무상으로 공급해주는 기름을 받아쓰고 있다. 그런데 양이 너무 조금이라 다음 번 공급이 되기도 전에 동이 나서 일찍 잘 수밖에 없다고 한다.

하지만 어둠이 그들의 꿈까지 꺼뜨리진 못했다. 오히려 그들의 꿈은 명확해졌다. 디네쉬의 꿈은 선생님이라고 했다.

"제가 배운 것을 여러 사람과 나누고 싶어요. 그래서 마을의 가난을 없애는 데 도움이 되고 싶어요."

어릴 적 디네쉬와 함께 구걸을 했던 수렌드라도 말했다.

"저는 모든 아이들이 배울 수 있는 마을을 만드는 것이 꿈이에요. 두르가푸르 마을 지도자가 되고 싶어요. 저는 아이들이 모두 모여서 공부하면 가난과 카스트 문제가 조금씩 없어질 거라고 생각해요."

당당하게 자신의 꿈을 이야기 하는 그들의 눈은 세상 그 어떤 것보다 빛나고 있었다.

막 '안' 퍼주는 JTS

이른 아침. 둥게스와리 JTS 사무실에 도착하니 다들 이리저리 뛰어다니며 정신이 없다. 시간이 있으면 도와 달라는 말에 우린 시간은 얼마든지 있다며 따라 나섰다. 지바카 병원 입구에는 족히 60명 정도의 인도 사람들이 모여 있었다. 태권도 교사로 활동 중인 박명주 씨가 여정과 나를 의자에 앉혔다. 세운에게는 조끼를 건네주며 복도에서 사람들을 안내하라고 한다.

"지금부터 번호를 부르겠습니다. 자기 번호에만 나와야 해요."

오늘의 큰 행사는 '겨울옷 보급과 결핵 교육'이다. 곧 다가올 겨울을 대비하여 JTS는 한국에서 보내온 두꺼운 옷을 사람들에게 나누어준다. 결핵에 걸려도 약만 잘 먹으면 쉽게 나을 수 있다는 걸 사람들에게 알리는 영상을 본 뒤 JTS에서 나누어주는 쿠폰이 있어야만 겨울옷을 받을 수 있는 시스템이다. 그런데 그들은 '막' 퍼주지 않았다.

결핵균에 감염되어도 보통 발병률은 지극히 낮다. 그러나 이곳 둥게스와리 사람들의 발병율은 50%가 넘는다. 십만 명 당 매년 결핵 발병률이 선진

공정여행 팁

구걸하는 사람에 대한 예의

ⓒ 김혜진

방글라데시 다카에 도착한 첫날, 택시 창문 너머로 꽃을 파는 여자 아이와 눈이 마주쳤다. 아이는 큰 눈을 껌뻑이며 차 안으로 손을 내밀었다. 난 외면했다. 그리고 며칠 후 머리에 붕대를 감은 갓난아기를 안고 있던 6살 가량의 남자 아이를 만났다. 배 고픈 시늉을 하며 구걸을 한다.

남루한 옷에 꾀죄죄한 얼굴로, 때론 천사같은 눈빛으로, 때론 세상의 비정함을 다 안다는 듯한 눈빛으로 다가오는 거리의 아이들을 만날 때마다 그저 돕고 싶은 마음과 함께 머릿속에는 여러 가지 생각이 지나간다. '아이 뒤에 어떤 거대한 조직이 있는 건 아닐까?', '안고 있는 아이는 진짜 동생일까?', '내가 돈 몇 푼 준다고 아이의 삶이 나아질까?', '내가 주는 돈이 구걸하는 삶에 안주하게 만드는 건 아닐까?'….

이것은 여행자라면 누구나 맞닥뜨리는 여행의 딜레마다. 그러나 우리는 앵벌이 조직을 소탕할 수 있는 경찰이 아니며, 그 아이들의 성장을 지켜볼 부모도 아니고, 어린이 복지 문제를 해결해 나갈 정부 관계자나 사회사업가도 아니다. 이런 문제를 해결할 수 없다면, 여행자로서 우리가 할 수 있는 것은 무엇일까? 구걸하는 이들에 대한 최소한의 예의를 지키며 그 사회가 빈곤을 헤쳐나갈 수 있도록 작은 도움을 주는 건 어떨까?

- 구걸하는 아이들을 위협하거나 무작정 쫓아내지는 마세요.
- 주고 싶다는 마음이 나면 의심이나 생각을 멈추고 돈을 건네세요.
- 한 명에게 돈을 쥐어주면 갑자기 많은 아이들이 달려들 수 있어요. 그때는 당황하지 말고 아이들에게 더 이상 줄 수 없다는 단호한 표현을 하세요.
- 여행 중 거리의 아이들을 위한 공간에 들러 자원활동을 해 보는 건 어떨까요?
- 거리의 아이들을 위해 일하는 단체에 기부를 해 보는 건 어떨까요?

거리의 아이들을 위해 기부하거나 자원활동을 할 수 있는 곳

아이 인디아 www.i-indiaonline.com (인도 자이푸르)
망고 하우스 www.childrenwalkingtall.com (인도 고아)
아이들의 목소리 www.voiceofchildren.org (인도 뭄바이)
프레쉬 네팔 www.freshnepal.org (네팔)

국의 경우(미국, 캐나다, 독일 등) 5명 이하이다. (세계보건기구 WHO 2009년 보고서) 이에 비해 이곳은 1만 명 중 300명 이상이 결핵에 걸렸다. 결핵 치료 프로그램을 전담하고 있던 김원자 씨는 이것저것 물어보는 우리에게 "간단해요. 주식을 밥과 약간의 소금으로 해결하는 주민들의 내성이 형편없이 낮은 탓이죠. 치료도 쉽지 않아요. 몸속에 영양분이 없으니 약을 먹어도 흡수가 잘 되지 않죠. 더구나 한 방에 온 가족이 모여 사는 가옥 구조 상 가족 중 한 명만 결핵에 걸려도 쉽게 다른 가족에게 전염 돼요."라며 안타까운 표정을 지었다.

상영회에 온 사람들 손목에 확인 스탬프 찍는 일을 하다보니, 모든 사람들이 한 손에 종이 조각 한 장을 소중히 쥐고 있는 게 눈에 들어왔다. 저게 뭐길래 종이를 마치 보물처럼 지니고 있는 걸까? 그랬다. 그건 JTS에서 발급한 일종의 주민등록증이었다.

둥게스와리 사람들은 아이를 많이 낳는다. 아무것도 모른 채 어릴 때 시집와 갑작스러운 임신을 하거나 피임법을 몰라서 아이가 생기는 대로 족족 낳는다고 한다. 먹을 것도 넉넉지 않은 이곳에는 갓난 아기가 죽어버리거나 병에 걸리는 일이 많다. 그래서 자기 아

이가 몇 명인지, 몇 살인지, 심지어는 이름도 잘 모르는 부모가 적지 않다. 둥게스와리 불가촉천민들에 대해서는 손을 놓아버린 정부는 인구 조사도 제대로 하지 않는다. JTS는 자체적으로 인구 조사를 실시하고 각 마을을 방문해 가구에 번호를 붙이고 이름, 나이를 적는 장부를 만들어서 보급해 주었다.

그들의 존재가 처음으로 기록된 것이다. 이 장부가 있으면 JTS에서 운영하는 지바카 병원도 이용할 수 있고, 겨울옷도 받을 수 있다. 그래서 마을 주민들은 종이 쪼가리로만 보이는 '둥게스와리표 주민등록증'을 이토록 소중하게 다루는 거구나….

몇 명이나 도장을 찍었는지도 모르겠다. 사람이 계속 밀려들었다. 마지막 한 명에게 도장을 찍어주니 작은 숨을 들이쉬고 있는 세운이 내 앞에 서 있었다. "강당으로 가자~! 우리도 결핵 교육 같이 받자."

2층으로 올라가는 계단에까지 빨간색, 노란색 슬리퍼가 밀려나와 있었다. 강당으로 들어가는 입구는 신발 때문에 문을 닫기 힘들 정도였다. 널찍한 강당을 빼곡히 채운 마을 사람들은 결핵 교육 영상을 열심히 보고 있었다. 드문드문 졸고 있는 사람들이 있었지만. 영상이 다 끝난 후 결핵이 완치된 남자가 나와서 발표도 했다. 사람들은 영상보다는 같은 마을 사람의 이야기에 더 귀를 기울였다.

우리가 떠나도 살아갈 수 있도록

툭툭 누군가 어깨를 쳤다. "이제 다시 1층으로 내려와요." 1층에서는 작은 책상 위에 물 한 컵, 약 한 알을 담느라 정신이 없었다. 구충제 준비에 한창이다. JTS는 약도 절대 공짜로 주지 않는다. 가난하다고 해서 무상으로 퍼주기만 하는 것이 아니라 모든 것에는 대가를 지불해야 한다는 원칙을 고수하고 있다. 구충제 1알에 1루피. 큰돈은 아니지만 돈을 내고 약을 먹으면 자신의 건강에 더 책임감을 갖게 된단다.

알약을 먹는 것이 낯선 주민들은 물을 건네도 그냥 약을 꿀떡 삼키거나 씹어 먹었다. 가끔씩 먹는 척 하고 약을 숨기기도 했다. 그런 사람들은 '노련한' 자원활동가가 짚어낸다.

"손 펴 봐요. 약 숨긴 거 다 봤어요~!"

그러면 약을 숨긴 사람은 (특히 아저씨, 아가씨가 약을 잘 숨겼다.) 머쓱해하며 물컵을 받아들고 약을 꿀꺽 삼킨다. 구충제를 먹은 사람은 겨울 옷을 받으러 갈 수 있는 길목에 들어선다.

구충제 배포가 끝나고 뒷정리를 했을 때쯤 옷을 다 나누어 줬는지 마무리 청소를 하러 오란다. 청소를 하고 있을 때 주민 한 명이 다가와 옷이 마음에 안 든다며 바꿔달라고 요

구했다.

"거의 공짜로 줘도 몇몇 사람은 불평을 해요. 색깔이 마음에 안 든다고 아예 겨울옷을 안 챙겨 가는 사람도 있어요."

인도 남자들은 전통복이 아닌 면바지에 티셔츠를 입는 것이 일상화 되었지만 아직까지 여자들은 대부분 인도 전통복 '사리'를 입는다. 사회가 그것을 강요하는 건지 인도 여자들이 인도의 자존심인 '사리'를 지키고 있는 것인지 모르겠지만, 사리를 입지 않은 여자를 찾는 게 더 힘들 정도이다. 시골인 둥게스와리에서는 여자가 사리가 아닌 다른 옷을 입는 것을 상상할 수가 없다. 그래서 한국에서 오는 옷 중에 여자가 입을 옷이 별로 없다고 한다.

"손재주 좋은 여자들은 옷을 다시 손질해서 이곳에 맞게 입고 다녀요." 무작위로 옷을 보낸다고 그들에게 도움이 되는 것은 아니다. 밀이 주식인 나라에 쌀 몇 천 톤을 원조하는 것과 비슷한 일이 아닐까.

JTS는 이러한 지역 문화를 이해하고 있었다. 그래서 겨울 대비 물품을 요청할 때 옷보다는 담요나 두꺼운 천을 적는다고 한다. 옷대신 담요나 천을 주면 여자들이 자신들이 원하는 디자인으로 옷을 만들거나 아이들 옷을 만든다.

병원을 나오니 야윈 상체를 훤히 드러내고 땅을 파고 있는 한 남자가 보였다. 공사 현장에만 있어서 얼굴 마주치기가 힘든 김재령 씨였다. 4년째 이곳에서 일하고 있는 그는 작년 1월부터 짓기 시작한 수자타 아카데미 기숙사 공사를 총괄하고 있었다. 그를 따라 한창 막바지 공사가 한창인 기숙사를 둘러보았다. 우리 눈에는 기본적인 시설인데 이곳에서는 20년이나 시대를 앞서가는 건물이라고 한다.

이 기숙사는 둥게스와리 남자들이 만들고 있다. 건물을 '막' 지어주는 건 JTS와 맞지 않다. 특이한 점은 일당을 나눠서 주는 것인데, 하루에 45루피를 임금으로 주고 50루피는 퇴직적립금으로 매일 통장에 저축하도록 한다. 또 1주일에 적어도 100루피는 저축할 수 있도록 사람들에게 돈 쓰는 법을 알려준다고 한다. "지금은 일을 할 수 있으니 꼬박꼬박 일당을 받을 수 있는데, 공사가 끝나면 돈이 나올 데가 없어요. 돈이 생기는 대로 쓰는 것이 아니라 어떻게 써야 되고, 저희가 떠나도 살아갈 수 있도록 알려줘야지요."

막 퍼주기식 원조는 JTS와 거리가 멀었다. 그들은 인도 사람들에게 외국인이 도와주지 않아도 건강을 지키고, 올바른 생활 습관을 유지할 수 있도록 알려주고 있다. '막' 퍼주다가는 퍼주는 사람도, 받는 사람도 모두 제자리에 설 수 없음을 알기에.

인도 정부도 고개 돌린 마을

마을 개발 담당인 오태양 씨가 우리를 불렀다.

"전정각산을 지나서 가왈비가 마을로 가야 하는데, 노트북이랑 스피커 좀 들어줄래요?"

그는 산이 가파르고 험난하다며 슬리퍼를 신고 있는 우리를 쳐다본다.

"걱정하지 마세요. 슬리퍼로 네팔, 방글라데시 모두 휩쓸고 다녔어요."

그런데 돌산을 오르는 길이 그리 쉽지만은 않았다. 땅이 바싹 말라 잘못

희망을 만드는 사람들 | 인도 JTS 활동가 김정준

활활 타는 불보다 불을 지피는 사람이 되고 싶어요

JTS를 찾은 지 사흘째 되던 날, 지바카 병원에서 그를 만났다.

1993년에 학교를 지으며 인부들을 위한 양호실을 운영했는데, 인근의 유일한 의료시설이었던 그 작은 양호실로 주민들이 몰려들어 결국 열게 된 것이 지바카 병원이다. 병원에 들어서자마자 순간 멈칫 했다. 눈 주위에 온통 화상을 입은 주민이 치료를 기다리고 있었다. 보기만 해도 고통스러워 보이는 모습인데 본인은 의연했다. 병원에서 치료를 받을 수 있다는 사실이 그에게 위안을 주는 걸까.

생각보다 병원이 꽤 넓어서 이리저리 두리번거리고 있던 우리 앞에 빨간색 후드티를 입은 귀여운 외모의 한 남자가 나타났다. 그는 지바카 병원을 책임지고 있는 'JJ 브라더' 김정준 씨다.

한국에서 이곳까지 오기까지 많은 고민이 있었을 것 같은데, 어떻게 해서 인도의 둥게스와리까지 오게 되었나요?

2004년에 왔으니까 일년, 이년…. 지금 4년째 인도에서 살고 있네요. 한국에서 10년 동안 의료기 전문 외국계 기업에서 일한 경험이 있어요. 의료기 회사에 다녔다는 이유로 병원장이 된 건지도 모르겠어요.

8년 동안 회사를 다녔어요. 외국계 기업이라 연봉과 인센티브도 많았어요. 근무시간도 자유로웠어요. 재택근무도 있었으니까. 회사생활에는 불만이 없었는데, 캄보디아와 인도를 여행한 뒤에 자본주의 시대에 이렇게 계속 살아도 되는 걸까 고민이 되었어요. 어떻게 살아야 잘 사는 건지 제 자신에게 답을 줄 수가 없었어요. 일을 그만두었는데 일을 하다가 안 하니 불안해서 다시 2년이나 더 다녔어요. 2년 동안 외국에 구호활동 나가면 쓸만한 기술을 익히겠다며 의료기계 고치는 부서로 옮겨서 기술도 배웠어요. 그러다가 우연한 기회로 정토회의 '깨달음의 장'에 갔는데 그 때 '한' 깨달음을 했어요. '아, 내가 생각하는 대로 살아도 되겠구나.' 라는 생각을 하게 된 거죠. 그 뒤로 문경 정토 수련원에서 공동체 생활을 한 뒤 이곳에 오게 되었죠. 인도에서 너무 재밌게 일을 하고 있어요. 몸과 시간이 아깝지 않아요.

JTS의 경우 다른 NGO와는 다르게 전원 무급으로 활동하는데도 다들 너무 얼굴이 밝아요. JJ도 항상 웃는 얼굴이구요. 어떤 비결이라도 있어요?

활동가로서 돈 받고 일한다는 생각을 아예 안 하고 시작했어요. 돈 받으면 딴 마음이 생겨요. 사실 저도 활동 시작하기 전에는 적게 버는 건 괜찮은데, 돈을 하나도 안 받으면 어떻게 살지 걱정이 되었어요. 그런데 한국에서 수행하고 인도에서 활동하면서 논 말고도 가치있는 게 많다는 걸 알게 되어 이런 걱정이 없어졌어요. 돈을 안 벌면 뭐 먹고 사냐고 물어보는데, 돈 버는 데 모든 시간을 투자할 때보다 지금 더 잘 먹고 잘 살아요. JTS가 공동체 생활을 기반으로 해서 먹고 자고 입는 게 다 해결이 돼요. 정토회를 알기 전에도 스콧 니어링 부부가 쓴 책도 많이 읽고 자발적 가난에 대해서도 머릿속으로만 알고 있었어요. 그런데 중요한 건 그 중 하나라도 '내'가 하는 거라는 걸 알게 됐죠.

자원활동을 위해 외국으로 가는 한국의 젊은이들에게 해주고 싶은 말씀이 있다면 한 마디 해주세요.

외국에서 일한다는 게 힘이 들어요. 사람이 쉽게 변하지 않거든요. 둥게스와리에 있는 사람들 대부분은 태어나서 글자를 제대로 배워본 적도 없어요. 한국에서 '내가 이곳 사람들에게 가르쳐줘야지, 뭔가를 해줘야지' 이런 목적의식을 가지고 오는 친구들이 있는데, 이럴수록 더 잘 안돼요. 처음에는 열심히 하겠다는 의지로 일하는데 1년이 되면 힘이 빠져요. 마음대로 안 되는 곳이 현장이거든요. 3년, 5년을 하는 건 남을 위해 뭔가 한다는 것이 아니라 나를 위하는 거예요. 이런 마음으로 해야 해요. 그리고 가장 중요한 건 가벼운 마음으로, 항상 타인을 향하던 눈을 내 안으로 돌리는 거예요.

발을 디디면 미끄러지기 십상이었다. 이런 곳을 아이들은 매일 오르내리고 있구나.

산에 오르니 마을 전체가 보였다. 조그맣게 보이는 수자타 아카데미 주위로 몇몇 집들이 모여 있고 그 뒤는 허허벌판이다. 드문드문 솟은 나무 사이로 패인 조그마한 웅덩이들과 쫙 뻗은 푸른 들판. 멀리서 바라보니 가난도 차별도 보이지 않고 그저 평화롭게만 보였다.

산 너머 가왈비가 마을로 들어서니 현실은 성큼 가까이 다가왔다. 눈앞에는 마치 조선시대로 타임머신을 타고 온 것 같은 장면이 펼쳐졌다. 흙으로 지은 초가집들의 행렬. 마을 주민의 90% 이상이 불가촉천민이라고 한다. 조금 더 들어가니 철판 지붕의 벽돌집들도 보였다.

"보통 양민은 벽돌집, 천민은 흙집에 살아요. 정부에서 주택개량 보조금을 지급해주는데, 보조금이 워낙 적어 불가촉천민들에게까지 차례가 돌아오지 않죠."

사실 인도의 복지정책은 수준급이다. 중학교까지의 교육은 전부 무상이며, 국립대학의 1년 학비가 2천 루피(우리 돈 5만 원 남짓)다. 특히 천민 출신으로 인도의 헌법을 기초한 인도 초대 법무부 장관 암베르카르 박사 등의 노력으로 천민에 대한 혜택도 다양하다.

불가촉천민에게는 정부에서 시장가격의 1/3로 식량과 기름을 배급한다. 천민이 사망하면 그 가족들에게 4만 루피의 위로금도 준다. 주택개량 보조금 명목으로 3만 루피를 지급하는 제도도 있다. 관공서나 대학은 의무적으로 전체 정원의 30%는 천민을 뽑아야 한다. 하지만 이런 정책들이 마을 단위까지 내려오지 않는다는 것이 문제다.

"대부분 문맹인 불가촉천민이 신청을 하기도 어렵지만, 한다 해도 여러

단계의 복잡한 심사를 통과해야 돼요. 매 단계마다 공무원들이 뒷돈을 요구하기 때문에 어렵게 지원금을 받는다고 해도 원래 액수의 1/10도 남지 않는 실정이죠. 결국 불가촉천민들을 위한 제도가 있어도 대부분의 혜택은 양민들이 중간에서 가로채기 일쑤예요."

주민들 대부분은 산에서 돌을 깨서 자갈을 모으거나, 다른 사람의 논에서 일을 돕거나 해서 하루 50~60루피를 번다. 일부는 매일 마을 옆을 지나가는 석탄 열차에서 훔친 석탄을 팔아 생계를 유지하기도 한다. 오태양 씨는 그 중에서도 물 문제가 가장 심각하다고 했다.

"처음엔 아이들이 왜 안 씻을까 생각했는데, 알고 보니 물을 구하기 어려운 환경 때문이었죠. 물을 길어 오려면 최소 10분 이상 걸어야 하니 밤이 되면 씻지 않고 그냥 자버리는 게 당연하죠. 1년 중 7월에서 9월까지 약 3개월 동안만 비가 오고 건기에는 한 방울의 비도 내리지 않으니 농사는커녕 식수 구하기도 쉽지 않아요."

가왈비가에는 물이 없어 농사를 짓지 못하고 버려진 땅이 많다. 지층에는 석탄층과 철광석 층이 있어 지하수도 쓸 수가 없다. 샤워를 하면 온몸이 빨갛게 변할 만큼 농도가 짙다고 한다. 간혹 운이 좋아 깨끗한 물이 나오는 곳에 핸드펌프를 설치해도 2~3년만 쓰면 말라버려 펌프가 대안이 될 수가 없다고 했다. 인근에 흐르는 강물을 끌어오는 방법이 있지만 정부가 나서지 않고는 엄청난 비용을 해결할 수 없단다. 정부의 외면 속에 시간이 멈춰버린 마을. 과연 이곳에 희망이 있을까.

호모 쿵푸스, 공부하는 여인들

한 시간 반쯤 걸었을까, 드디어 목적지에 도착했다. 힌디어 수업이 한창이다. 시멘트 바닥에 천을 깔고 앉은 여성들은 돌아가며 칠판에 적힌 힌디어 알파벳을 큰 소리로 읽고 있었다. 이어서 초록색 사리를 입은 한 여성이 칠판 앞으로 나와 지난 시간에 배운 힌디어 받아쓰기를 한다. 그렇잖아도 헷갈리는데, 갑자기 나타난 외국 사람들까지 신경을 쓰다보니 받아쓰기 속도가 더디다.

여기는 이른바 '주부 힌디학교'다. 12살, 13살 어린 나이에 결혼을 하는 지역 풍습 때문에 많은 여성들이 학교를 다니다 말고 시집을 간다고 한다. 자신의 이름도 적지 못하는 여성들을 위해 JTS는 97년부터 힌디학교를 열었다. 물론 힌디어는 인도 여학생이나 힌디어를 익힌 여성들이 진행한다. 요즘에는 기초적인 산수 수업도 함께 한단다.

빨간색, 주황색, 노란색 등 다양한 색의 사리를 입은 여성들의 품 안에는 3살이 채 안 된 아기들이 턱 하니 자리 잡고 있었다. 신기하

게도 아이들은 울거나 보채지도 도망가지도 않고 엄마 무릎을 잘 지키고 있다. 엄마가 쓰는 연필을 뺏어다가 종이에 낙서를 하기도 하고 거꾸로 뒤집어진 책을 보는 아이들도 있었다. 앞에서 선생님이 힌디어를 한자 한자 읽을 때 아이들도 엄마와 같이 큰 소리로 따라 읽기도 했다. 엄마에겐 힌디어를 익히는 교실이지만 아이들에게는 신기한 것들이 많은 놀이터인 것 같았다.

오태양 씨는 도착하자마자 노트북을 열어 힌디어 알파벳 노래 동영상을 틀었다. 10인치도 안 되는 작은 화면을 모두가 뚫어져라 바라보며 노래를 따라 불렀다. 조그마한 기계에서 보이는 화면이 신기한지 어느새 동네 아이들까지 한데 모여 노래를 흥얼거린다. 마당 뒤편에는 유치원과 학교를 못 간 웃통을 벗어던진 아이들이 마치 양떼처럼 모여들었다.

동생을 마치 자기 자식처럼 데리고 다니는 조그마한 언니, 오빠들. 그들의 팔에 안겨있는 아이들은 너무나 안정되고 편안해 보였다. 뒤에서 숨어 노트북 화면을 보고 있던 아이들은 오태양 씨가 앞으로 오라고 손짓하자 환호성을 지르며 화면 앞으로 조금 더 가까이 다가왔다. 아이들의 집중력은 정말 대단했다. 여섯 살 정도 된 여자아이도, 동생도 모두 하나라도 놓칠세라 화면을 보면서 흘러나오는 노래를 따라 불렀다.

검은색 반팔 티셔츠에 인도식 반바지를 입은 할아버지는 대나무를 지팡이 삼아 맨 뒤에 서서 화면을 보았다. 부서진 안경다리를 고무줄로 이어서 둘러쓴 할아버지는 삐뚤어진 렌즈 너머로 화면을 보면서 누구의 시선도 아랑곳 하지 않고 노래를 따라 불렀다.

넋을 잃은 아이들이 예뻐 바라보다 발이 눈에 들어왔다. 모두 맨발이다. 발과 다리를 보니 둘에 하나는 피부병을 앓고 있거나 상처가 곪아 있었다. 모두 씻겨서 연고를 발라주고 싶은 마음이 굴뚝같았다.

마을을 떠들썩하게 만든 노래 부르기 시간이 끝났다. 아이들은 다시 자기 자리로 돌아가 동생들과 놀아주거나 장난을 치기 시작했다. 이 어수선함을 정리하는 한 마디. "지금부터 개근상 수여식이 시작되겠습니다." 공부를 잘하는 학생보다는 한 달간 빠지지 않고 힌디학교에 나온 성실한 학생을 시상한다.

자랑스런 함박웃음으로 개근상을 받는 분들을 바라보며, 아무리 공부가 재미있다 해도 집안일로 바쁜 여성들이 가족들의 동의를 얻어 꾸준히 참석한다는 것이 쉬운 일이 아닐텐데… 했더니, 그 비밀이 곧 밝혀졌다. 비밀은 바로 목도리. 아주머니들은 각자 자신들이 짠 노란색, 빨간색 목도리를 내어놓았다. 가끔씩 실이 엉클어진 목도리가 나오면 서로 돌려보며 큰 소리로 웃기도 한다. 이 목도리는 집에서 멀리 떨어진

여성들에게는 조그마한 소득 수단이다. 힌디어 수업시간 틈틈이 배운 뜨개질로 만든 목도리는 전정각산으로 성지순례를 온 관광객들에게 선보이거나 시장에 내놓게 된다. 힌디어 수업과 소득. 꿩 먹고 알 먹는 방법으로 아내가 외국인들이 지원하는 수업에 나가는 걸 못마땅하게 생각하는 남편들의 마음까지도 사로잡았다고 한다.

붓다가 건넌 강에 발을 담그다

수자타 아카데미 운동장 한켠에는 조그마한 비석이 세워져 있다. 2002년 어느 날 저녁, 무장 강도가 침입했다. 그 때 활동가 한 명이 강도에게 피격당하는 사건이 있었다. 보통의 단체라면 당장 사업을 철수했을 만한 일인데, 수자타 아카데미는 그 분의 넋을 기려 오히려 더 좋은 사업장이 되려고 노력하고 있다.

이 일이 있은 후 외부 방문객이 수자타 아카데미 내부에서 머무는 것은 원칙적으로 금지 되었고, 방문객들은 오후 4시가 되면 모두 둥게스와리를 떠나야 한다. 우리도 예외는 아니었다. 불상사를 대비해 어두워지기 전에 반드시 둥게스와리를 떠나야만 했다.

하지만 보드가야로 돌아가는 릭샤를 구하지 못한 우리는 3일 내내 둥게스와리와 보드가야 사이에 있는 큰 강을 맨발로 걸어서 건너갈 수

밖에 없었다. 길을 모르는 우리를 위해 강어귀까지는 수자타 아카데미 학생들이 데려다 주었다. 마을을 지나면서 우리는 주민들과 집들을 속속들이 볼 수 있었다.

코를 질질 흘리는 꼬맹이 무리가 우리에게 달려들어 "펜~! 펜~! 초콜릿~ 초콜릿!" 하고 외쳤다.

집들은 그라민은행 시골 대출자들 집들보다 더 허름해 보였고 집 안에는 가구나 집기도 없었다. 정부에서 벽돌을 공급해 준다고 하지만 중간에 이것마저 끊겼는지 벽돌 몇 개 얹은 뒤 끝나버린 흔적이 역력했다. 한쪽 벽은 붉은 벽돌이지만 다른 벽은 대충 흙으로 세운 집들도 꽤 있었고, 지붕이 부실해서 불안한 집들도 있었다.

마을을 지나 강어귀가 나온다. 아마 5시쯤 되었을 것이다. 바로 그 때 야자수 나무 사이로 붉은 해가 지고 있었다. 눈앞에 펼쳐지는 풍경은 마치 필리핀의 유명한 휴양지에 누워 일몰을 바라보는 듯하다. 길옆으로 펼쳐져 있는 푸르른 벼들은 살랑 살랑 불어오는 바람에 흔들리고 우리의 마음에도 잠시나마 여유가 퍼져갔다.

그러나 강 앞에 서자 여유는 순식간에 사라졌다. 우선 신발을 벗고 바지자락을 있는 대로 걷어 올린다. 세운이 앞장서서 수심이 낮은 곳을 찾아 준다. 조심스레 발을 담그니 다행히 물이 차갑지는 않다. 대신 한 발짝 내디딜 때마다 모래 더미 사이로 발이 푹푹 빠진다.

주위에는 아무도 없다. 그리고 큰 강이 앞에 서 있다. 조심조심 30~40분 동안 강을 건너면 육지에 도착한다. 그 때 그 안도감은 말로 표현할 수 없다. 키가 작은 나와 여정은 어김없이 속옷까지 젖어 엉거주춤한 걸음으로 도로 위까지 걸어갈 수밖에 없다.

물에 빠진 생쥐처럼 축 늘어진 우리는 릭샤를 힘겹게 잡아타고 집으로 돌아온다. 가끔씩 10명이 넘게 탄 차를 타기도 하고, 운이 좋으면 릭샤를 탄다. 그렇게 해서 숙소에 도착할 때쯤이면 이미 깜깜한 밤이다.

알고 보니 우리가 그렇게 건넜던 네란자란 강은 붓다가 전정각산에서 수행을 마친 뒤 보드가야로 가기 위해 건넜던 역사적인 강이었다. 우리는 붓다의 길을 문자 그대로 따르고 있었던 셈이다.

활동은 곧 마음 닦기

둥게스와리에서의 마지막 날, 점심시간이 다 되었나보다. 학생식당에서 맛있는 냄새가 흘러나왔다. 인도인들의 주식인 달밧 냄새다. 1층 교실 옆에 자리한 식당으로 가니 아이들이 한 줄로 쭉 서서는 밥과 달밧을 받고 있다. 밥과 달. 우리식대로 하면 밥과 국밖에 없지만 나도, 아이들도 풍성하게 먹었다.

주위를 둘러보니 JTS 활동가들도 밥을 먹고 있었다. 점심은 학생식당에서 인도식으로, 저녁은 사무실에서 직접 만들어 먹는다고 한다. 밥을 다 먹고는 자신이 먹은 그릇도 아이들처럼 직접 우물물로 씻고 닦았다. 이들에게 한국인이라서 받을 법한 특별대우 같은 건 찾아보기 힘들었다.

둥게스와리에서 일하는 자원봉사자들 중에는 누구나 부러워하는 직업을 마다하고 온 사람들이 많다. 2년째 천민마을 개발을 담당하고 있는 오태양

씨는 교대를 졸업했다. 수자타 아카데미 교장을 맡고 있는 김혜원 씨도 같은 학교 출신이다. 한국에서 '맞선 1순위' 라는 교사직을 포기하고 인도로 온 셈이다. 자바카 병원 운영을 책임지는 김정준 씨도 외국계 기업에서 오래 일했던 사람이다.

솔직히 궁금했다. 남들이 모두 부러워하는 직업을 포기하고 인도 오지까지 와서 일하게 된 사연은 무엇일까?

"저는 대학생 때 오랫동안 학생운동을 했어요. 하지만 많은 회의를 느꼈어요. 거창한 대의명분에만 바빠 제 자신의 삶을 살피지 못했던 거 같아요. 이곳에서는 일상을 수행하는 기분으로 보내니까 몸은 고생해도 마음은 편안해요."

오태양 씨 말처럼 이곳에서 일하고 있는 한국인 활동가는 유달리 평온해 보였다. 새벽 4시에 일어나 묵상을 한 뒤 7시부터 일을 시작해 밤 10시에 마치는 고된 생활인데도 그들은 힘이 넘쳤다. 그리고 옅은 미소가 떠나지 않았다. 얼굴에서 빛이 나는 것 같았다. 우리는 활동가들을 볼 때마다 "너무 행복해 보여요. 비결이 뭐예요?"하고 물어보곤 했다.

웃통을 벗은 채 새까맣게 탄 얼굴로 우리를 향해 손을 흔드는 사람이 보였다. 김재령 씨다. 그는 기숙사 건립을 지휘한 건축 담당이지만, 가장 걱정되는 건 마을의 환경이라고 했다.

"지금은 이 지역이 먹을 것도 가진

것도 없으니 자연을 오염시킬 것도 없어요. 근데 10년, 20년이 지나고 마을이 개발되면 상황이 달라지겠죠. 지금은 이 지역에 물이 부족해도 그럭저럭 버티고 있지만, 사람들이 점점 많은 물을 원하고 사용하게 되면 이 지역 생태계는 감당할 수 없을 거예요. 향후 오로빌이나 생태공동체를 견학하면서 학교뿐만 아니라 지역 전체의 생태계를 고민하려고 해요."

그의 생각은 공동체 생활을 하기 때문에 나오는 것이 아닐까. 사업 현장과 사는 곳이 멀리 떨어져 있으면 이런 생각을 하기 힘들다.

하루 1,000명이 넘는 사람들의 식사를 담당하고 있는 박애란 씨는 둥게스와리 16개 마을의 협동조합을 꿈꾼다. 물이 부족하고 척박한 땅이라 농작물 수확이 잘 되지 않는 마을들. 마을에서 먹을거리를 해결하고 싶지만 밖으로 나가서 음식물을 구입할 수밖에 없는 것이 아쉽단다.

잠깐 짬이 날 때 우리는 이들과 사무실 안쪽에 앉아 5루피 짜리 비스킷을 나눠 먹었다. 진한 짜이에 비스킷을 찍어 먹으며 한국인 활동가들은 자신들이 맡고 있는 동아리 반에서 만든 목도리, 나무 필통, 비즈 목걸이를 보여주었다. 또 저녁 담당을 맡은 김혜원 씨는 감자 수제비를 할까 하는데 조리법은 모르지만 한번 만들어보겠다며 모두를 긴장시켰다. 아, 국제개발과 수행이 함께 할 수 있구나. 아니 같이 해야만 하는 거구나. 이제 알았다. 국제개발에는 지식보다 수행이 앞서야 한다는 걸.

수천 년간 불가촉천민들이 받은 차별과 소외를 감히 상상할 수는 없지만, 그리고 앞으로 가야 할 길이 지금까지 온 길보다 멀겠지만, 그래도 우리가 본 기적 같은 모습 뒤에 JTS 활동가들의 헌신이 있었던 것은 분명해 보였다. 나눔에서 중요한 것은 기술이 아니라 철학임을 알려준 곳, 인도 JTS. 앞으로 해외 자원활동을 나갈 대학생, 활동가 모두 우리가 만난 이들과 같은 마음으로 현장에 나갔으면 좋겠다.

공정여행 팁

이런 여행 해봤니? 기쁨 두 배, 자원활동여행~!

우리는 둥게스와리에서 우연히 자원활동에 참여하게 되었지만, 여행하다 자원활동도 하는 외국인 친구들을 지역 곳곳에서 만날 수 있었다. 디자인을 전공하는 스페인 친구는 공정무역 옷을 더 세련되게 만들어 주거나 현지인들에게 자신의 노하우를 알려주고 있었고, 미국인 친구는 트레킹 가이드나 포터와 대화를 하며 언어를 가르쳐주었다.

새로운 여행, 볼런투어리즘

여행 중 머물고 있는 지역에서 현지 주민들을 위한 자원활동을 하는 것을 '볼런투어리즘Voluntourism'이라고 한다. 말 그대로 자원활동을 뜻하는 볼런티어Volunteer에 투어리즘Tourism, 관광을 결합한 단어이다. 자원활동 여행은 1960년대 미국의 평화봉사단(Peace Corps)을 시작으로 현재 워크캠프, 단기자원활동 프로그램 등 다양한 형태로 나타나고 있다. 특히 서유럽에서 장기 휴가를 의미있게 보내려는 사람들이 증가하면서 관광산업의 새로운 분야로 주목받고 있다.

NGO 및 다양한 단체에서 제공하는 자원활동 프로그램에 참여하는 여행부터 개별 여행자들이 여행 중 관심을 두고 있던 단체에 찾아가 자원활동을 하는 것까지, 다양한 방식의 자원활동 여행을 선택할 수 있다. 단체를 통해 참여하는 프로그램은 여행자가 따로 준비해야 할 부분이 크게 없고 안전하다는 장점이 있지만 짜여진 시간표대로 이동하는 등 제한된 경험, 의외로 부담스러운 가격을 단점으로 꼽을 수 있다. 개별 여행자가 준비하는 자원활동 여행의 경우 여행 준비, 일정 짜기, 연락하기 등 모든 사항을 스스로 체크해야 하지만 더 다양한 경험과 사람을 만나는 예측할 수 없는 여행의 묘미를 즐길 수 있다. 또한 자원활동을 하다 마음이 내킬 경우 자유롭게 일정을 조절할 수 있다는 것도 여행자들에게는 큰 장점으로 다가온다.

여행한다면 그들처럼!

우리나라 청년들 가운데서도 멋진 자원활동 여행을 한 친구들이 있다. 인도 여행 중 티베트 망명정부가 있는 다람살라에 들러 한 달간 티베트 난민 아이들을 돌보고, 한글을 배우고 싶어 하는 사람들에게 한국어를 가르친 정사랑, 필리핀 여성들에게 대안생리대를 만드는 방법을 가

르쳐주다 아주머니에게 바느질을 배우고, 필리핀 곳곳에 대안생리대를 알린 만효, 코끼리를 타는 여행이 아닌 상처받고 버림받은 코끼리를 목욕시키고, 먹이를 준비하고, 청소를 하며 태국 코끼리와 친구가 된 박하재홍…. 그들에게 여행과 자원활동은 별개의 말이 아니었다.

자원활동 여행에서 가장 주의해야 할 점은 내가 누군가를 '도와주기 위해' 혹은 '가르치기 위해' 간다는 생각을 갖지 않는 것이다. 자원활동 여행은 일반 여행보다 현지인들과 더 깊은 대화를 나누고 그들을 이해하는 하나의 방법이며 현지의 부족한 노동력을 보충하는 활동이기 때문이다. 더불어 해당 지역에 가서 필요한 것이 무엇인지 살피고 존중하는 눈과 마음이 더욱 필요하다. 자원활동 여행의 특징 중 하나가 활동을 하다 보면 누가 누구를 돕는 건지 모를 정도로 서로에게 큰 영향을 준다는 것이다. 자원활동을 하기 위한 여행을 갈 경우 해당 지역의 문화에 대해서 여행을 떠나기 전 충분히 공부하고 가면 더 좋다. 여행 중 자원활동을 한 뒤 한국으로 돌아와 현지를 도울 방법을 고민하고 계속해서 방문한 곳의 사람들과 관계를 이어간다면 더 깊은 기쁨을 느낄 수 있을 것이다.

여행 go! 자원활동 go!

구걸하는 아이들에게 사탕이나 펜이 아닌 지역에 실질적으로 필요한 것을 전달해 보자. 어디서, 무엇을 필요로 할까?

www.stuffyourrucksack.com : 다양한 나라의 지역 단체에서 필요한 물건을 등록해

두어, 여행자들은 여행 전에 확인해 볼 수 있다.

www.servenet.org : 각 나라의 NGO에서 자원활동가를 찾는 광고가 올라와 있다.

www.responsibletravel.com : 자원활동을 하며 여행할 수 있는 전 세계의 정보를 모아 놓았다.

자원활동여행을 위한 3단계

Step1. 떠나기 전에

- 자원활동을 떠나기 전, 자신이 왜 자원활동여행을 떠나야 하는지, 자신은 어떤 종류의 여행을 선호하는지, 그리고 여행의 목적이 무엇인지 스스로에게 물어보자.
- 방문 지역에서 문화적으로 터부시되는 행동을 인터넷 및 관련 책(《내셔널 지오그래픽》 등)에서 찾아보자.

Step2. 자원활동을 하면서

- 해당 지역 사람들의 문화를 존중하고 받아들이자.
- 가르치거나 희생하고 있다는 생각보다 스쳐 지나가는 여행자의 조그마한 힘이라도 보탠다는 마음으로 활동을 하자.

Step3. 여행을 다녀온 후

- 자원활동을 통해 만난 지역 주민들의 이야기를 다른 사람에게 알려 그 곳에 가는 여행자들이 할 수 있는 일들을 정리해보자.
- 도움을 줄 수 있는 방법들을 주위 사람들과 의논해보자.

참고 : www.voluntourism.org

희망을 만드는 사람들 | 수자타 아카데미 교사 '쁘리앙카'

불가촉천민의 손에 펜을 쥐어준 브라만

"쁘리앙카지가 없었다면 전 지금 구걸하러 이곳저곳을 떠돌았을지도 몰라요."
"수자타 아카데미가 자리 잡기까지 2대 교장인 쁘리앙카지의 6년간의 노력이 정말 큰 힘이 되었어요."
수자타 아카데미에서 수없이 들은 이름, 쁘리앙카. 우리가 인도에 있을 때 그녀는 한국에 있었다. 한국에서 한글을 익힌 뒤 불교를 공부하고 있다는 그녀. 우리는 한국에 돌아와 너무나 만나고 싶었던 쁘리앙카를 만났다.

인도 사람들도 고개를 내젓는 불가촉천민 마을에 세워진 수자타 학교. 이곳의 기초를 닦은 사람은 인도에서 가장 높은 가스트인 브라만 여싱이다.
"어릴 때부터 늘 계급 문제에 맞닥뜨리게 되었는데 그때마다 고민이 더해졌어요. 저희 집에서 일하던 사람들이 대부분 불가촉천민들이었는데, 하루 종일 일한 뒤 저녁이면 일당을 받으러 왔죠. 그들은 어린 자녀들과 함께 왔어요. 전 이 친구들이랑 놀고 싶어서 아이들한테 다가갔어요. 그러면 엄마가 저를 때리면서 '가까이 가면 안 돼!' 라고 혼을 냈어요. 그럴 때면 기분이 너무 이상했어요.
그리고 저희가 밥 먹을 때마다 한 불가촉천민 아이가 훔쳐보는 거예요. 일하는 엄마를 기다리느라 하루 종일 아무것도 못 먹은 아이였어요. 그게 안타까워서 전 음식을 남겨 가져다주기도 했어요. 이런 일을 겪으면서 '똑같이 생긴 사람들이 왜 차별을 받을까?', '왜 불가촉천민들은 열심히 일하지만 어렵고 굶주리면서 사는 것 일까?' 고민하기 시작했어요."
그녀는 계급문제로 누군가에게 상처를 주는 일을 겪을 때마다 가슴이 너무 아팠다. 하지만 어린 소녀가 그 당시에 할 수 있는 일은 아무 것도 없었다. 그녀가 할 수 있는 건 도시로 나가서 더 많은 지식을 배우는 것밖에 없었다.

교육을 받을 수 있다면

대학교를 다니던 중 그녀는 아버지로부터 반가운 소식을 듣게 되었다. 자신의 고향인 둥게스와리에 한국인들이 학교를 만들어 불가촉천민 아이들을 가르치기 시작했다는 것이다.

"어렸을 때 불가촉천민 아이에게 왜 학교에 안 가냐고 물어봤어요. 그 아이는 돈이 없어서 못 간다고 했죠. 지금도 그때 그 대답을 생각하면 가슴이 많이 아파요. 전 교육만 받을 수 있다면 이 아이들도 다른 사람들처럼 똑똑해질 수 있다고 생각했어요. 그런데 돈 문제는 저도 어떻게 할 수 없는 문제예요. 그래서 한국 사람들이 불가촉천민을 위한 학교를 만들었다는 이야기를 듣고 정말 기뻤어요."

그녀는 역사학으로 석사를 받은 후, 다시 고향 둥게스와리로 돌아와 어린 시절에 가졌던 고민을 해결하기 시작했다. 집에서 걸어서 한 시간이나 걸리는 JTS 수자타 아카데미를 방문하고, 교사 생활을 시작했다.

공동체 생활을 기반으로 하는 JTS에는 월급이 없다. 인도의 최고 카스트이자 석사 학위 소지자가 돈 한 푼도 받지 않고 일을 한다? 게다가 불가촉천민들과 함께 생활한다는 걸 안 부모님의 반응은 어땠을까?

"물론 부모님은 펄쩍 뛰며 반대했죠. 외국인 남자들과 어울려서 일을 한다는 것도, 불가촉천민들과 같이 생활을 한다는 것도 부모님께는 도저히 받아들일 수 없는 일이니까요. JTS에서 돈을 주지 않는다는 건 알고 시작한 일이었어요. 돈이 그렇게 중요하지는 않다고 생각해요. 그리고 수자타 아카데미에서 하는 일에 돈이 개입되면 안 된다고 생각해요. 사실 일을 시작하고 3개월 동안 수자타 아카데미까지 걸어서 다녔는데 신발이 다 떨어진 거예요. 그때 전 신발 살 돈도 없었어요. 그래도 절대 부모님한테 손을 벌리지는 않았어요. 돈을 벌지 않아도 행복하게 잘 살 수 있다는 걸 부모님께 보이고 싶었어요."

돈보다 중요한 건, 먼저 다가가는 것

신발 살 돈이 없어도, 아무도 돈을 주지 않아도 그녀는 그 곳에서 누구보다 마음을 다해 일했다. 처음에는 브라만인 그녀가 불가촉천민을 위해서 일을 한다는 것을 곱지 않게 보는 시선이 꽤 많았다고 한다. 낮은 카스트에 있는 사람들은 그녀를 그저 '자기만족'을 위해서 일한다고 비난했고, 또 다른 이들은 사실 그녀가 많은 돈을 받고 일하는 거라고 수군거렸다.

어느날 갑자기 오빠가 학교로 찾아와 많은 사람들 앞에서 벨트로 절 때리고 모욕을 주었어요. 그렇게 하면 일을 그만 둘 거라고 생각했나 봐요. 그런데 전 제가 잘 할 수 있는 일이 이곳에 있다고 확신했기 때문에 그만 두지 않았어요."

이 일이 있은 후에도 쁘리앙카가 학교에 나가서 일하는 모습을 보고는 마침내 오빠와 가족들이 그녀를 지지하기 시작했다.

2년 전 인도 수자타 아카데미를 방문했을 때, 가장 인상 깊었던 건 아이들이 하나같이 쁘리앙카에게 고마움을 전하는 것이었다. 아이들은 관광객들에게 1루피를 받는 것이 좋아서 수업에 나오지 않고 구걸을 하러 다녔다. 그런데 이 아이들을 다시 교실로 불러들인 사람이 쁘리앙카였다.

"부모들은 아이들이 학교에 가는 것보다 구걸해서 돈을 받아오면 더 좋아했어요. 그래서 제가 아이들을 학교로 데려갈 때마다 저한테 욕을 했어요. 왜 우리가 돈 벌 수 있는 기회를 빼앗냐는 거죠. 어떤 부모들은 교복과 책을 제 얼굴에 던지고는 소리를 질렀죠. '가져가! 필요 없어!' 그뿐만이 아니었어요. 학교로 출근하는 아침마다 마을 여자들이 저한테 욕을 퍼부었으니까요. 그래서 매일 매일 울었어요. 학교 도착하면 울고, 가정방문 한 뒤에 또 울었어요."

그래도 그녀는 아이들과 부모 모두 포기하지 않았다. 오히려 그녀는 불가촉천민들에게 더 다가갔다. 그들이 먹는 음식을 함께 먹었고, 같은 우물을 사용했으며 아이들의 옷을 손수 고쳐주었다. 결국 그녀의 진실 된 마음은 마을 사람들을 움직였다. 6년 동안 수자타 아카데미가 탄탄하게 성장한 배경에는 마을 사람들이 그녀에게 보낸 믿음이 깔려있었다. 그녀가 품었던 아이들은 이제 '선생님', '마을 지도자' 같은 꿈을 키워가는 어엿한 어른이 되어가고 있다.

* 이 이야기는 여행을 다녀온 뒤 한국에서 체류 중인 쁘리앙카를 만나 진행된 인터뷰를 바탕으로 한 것입니다.

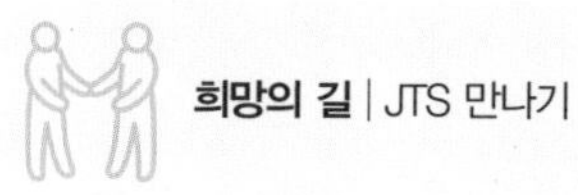

가난한 땅에 피어난 꽃

인도 JTS 찾아가는 길

가야(Gaya)역에서 오토릭샤를 타고 '둥게스리(둥게스와리) 수자타 아카데미'로 가자고 해야 한다. 오토릭샤를 타면 약 50분 정도 걸리는데 비용은 100~120루피이다. 오토릭샤 기사가 '수자타 아카데미'를 아는지 '거듭' 확인하고 이동할 것!^^

* 현지 JTS를 방문하기 전에는 반드시 관계자와 연락을 취해 허락을 받아야 한다. 불쑥 찾아가면 자원활동가들을 불편하게 할 뿐 아니라 마을 주민들에게 폐가 될 수 있다.

* 안전상의 문제로 개별 방문자에게 숙박을 제공하지 않으며, 오후 4시 이후에는 마을을 벗어나는 것을 원칙으로 하고 있다.

인도JTS

이메일 jts@jts.or.kr

홈페이지 www.jts.or.kr

다른 사람을 위해 해 줄 수 있는 가장 큰 선행은
자신의 부를 나눠주는 것이 아니라
그 사람 자신의 부를 깨닫게 해 주는 것입니다.

– 벤자민 디즈레일리

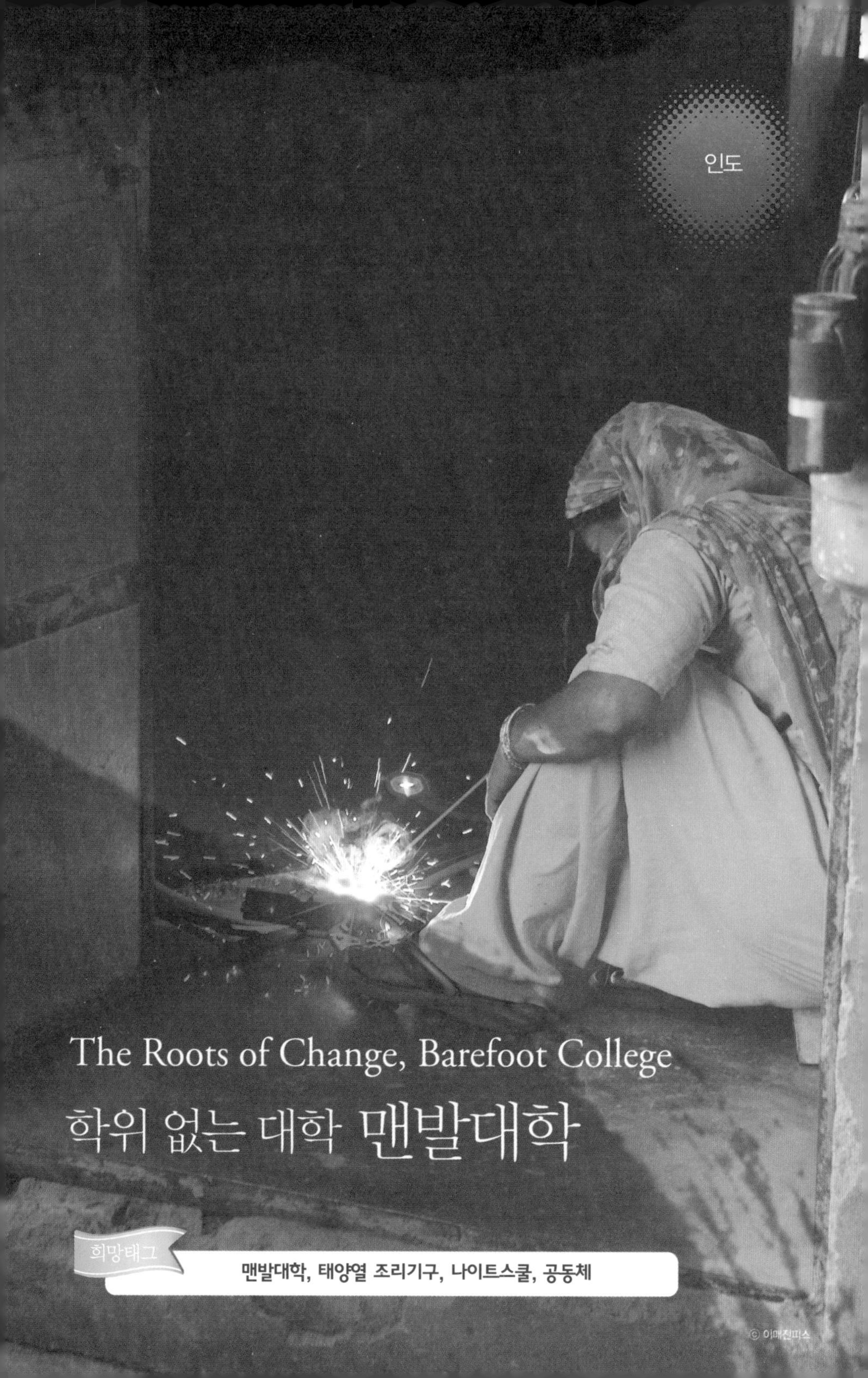

인도

The Roots of Change, Barefoot College

학위 없는 대학 맨발대학

희망태그

맨발대학, 태양열 조리기구, 나이트스쿨, 공동체

이경

우리가 한 것은 새로운 것이 아닙니다.
우리는 단지 농촌 공동체 안에 이미 있던
기술을 이용했을 뿐이지요.
– 벙커 로이

인도 사람들도 모르는 오지, 틸로니아로

"틸로니아에 가려고 하는데 기차표를 예약할 수 있을까요?"

"틸로니아? 틸로니아라구요?? 처음 듣는데요???"

이럴 수가. 여행자 정보센터 담당자조차 처음 듣는 지명이란다. 문 옆에 붙어있는 커다란 인도 지도를 샅샅이 뒤졌지만 틸로니아는 보이지 않았다. 당황해 하는 우리를 지켜보던 한 직원이 틸로니아 가는 기차는 없고 버스가 있을 거라고 일러주었다.

부랴부랴 버스터미널을 찾아가 물어보니 키싱가르행 버스를 타고 가다 중간에 내려야 한단다. 우리에게 길을 알려준 인도인 안내자가 외국인이 그곳에 가는 것이 신기한 듯 계속 정말 이곳에 가냐고 물어본다. 인도인의 물음표 찍힌 얼굴을 뒤로 하고 우리는 버스에 몸을 실었다. 겨울이 다가오고 있지만 낮은 여전히 찌는 듯이 더웠다. 중간에 내려야 하니 마음 편히 잘 수도 없는 노릇이다.

어찌어찌 가다보니 어느덧 틸로니아라는 반가운 단어가 귀에 들렸다. 버스에서 내려 들뜬 마음으로 주위에 있는 몇몇 사람들에게 맨발대학, 베어풋 칼리지를 아느냐고 물었더니…, 다들 모른단다. 그런데 어떤 릭샤 기사가 나타나 우리가 가려는 곳을 알고 있다고 한다. 그런데 무려 400루피를 달란다. 세상에 못 믿을 사람이 인도 릭샤꾼 아니던가. 정말 알고 있기는 한 건지, 안다고 해도 400루피나 낼 거리인지 의심스러워 한창 실랑이를 하다 250루피로 합의를 보고 릭샤에 올라탔다.

릭샤를 타고 잘 닦인 아스팔트 고속도로를 씽씽 달리는데 맞은편에 믿기 어려운 광경이 펼쳐졌다. 낙타 세 마리와 그 위에 올라탄 사람들. 인도에는 도로 위에 차와 코끼리가 함께 다닌다는 이야기를 듣기는 했지만 낙타라니! 정말 인도는 무엇을 상상하든 그 이상을 보여주는 나라다.

맨발대학으로 다가갈수록 풍경도 서서히 변해갔다. 그런데 이 풍경이 낯설지가 않다. 뭐지? 이 익숙한 느낌은? 점점 다가오는 척박한 돌산에, 풀 한 포기 없이 쩍쩍 갈라지는 메마른 땅…. 헉! 둥게스와리! 다시 둥게스와리에 도착한 듯한 착각이 들 정도로 닮은 풍경이었다. 반갑기도 하면서, 한편으로는 가난한 이들의 땅은 척박함마저도 이토록 닮은 것인가 싶어 뿌연 흙먼지처럼 안타까움이 일었다.

그런데 릭샤꾼이 계속 이 길로 갔다 저 길로 갔다 우리를 불안하게 한다.

ⓒ 이매진피스

인적이 드물어 길을 묻기도 힘들었다. 간신히 어딘가에 도착했다. 이곳이 아니면 어쩌나 하고 걱정하고 있을 때 푸근한 인상의 한 남자가 다가왔다.

"한국에서 오셨죠? 여기까지 오느라 고생하셨어요. 여러분들은 맨발대학에 온 두 번째 한국인입니다. 일단, 짐 풀고 얼른 식당으로 오세요. 식사시간을 놓치면 내일 아침까지 굶어야 하니까."

와! 맨발대학에 제대로 왔구나. 만세! 그나저나 보자마자 빨리 와서 밥 먹으라는 얘기에 릭샤꾼을 보내고 허둥지둥 그를 따라갔다. 그는 우리와 메일로 연락을 주고받았던 람니와스였다. 주위를 둘러보니 그의 당부가 피부에 와 닿았다. 여행을 한지 70일이 지났지만 이런 독특한 오지는 처음이다. 구멍가게는커녕 가까운 마을도 보이지 않고, 사방을 둘러봐도 보이는 건 허허벌판 사막뿐이다. 앞으로 6일간 이곳에서 생활해야 한다. 그들이 먹는 음식을 먹고 그들의 생활 방식을 따라야 한다. 가지고 있는 비누와 샴푸, 휴지가 다 떨어져 가는데 과연 잘 버틸 수 있을까?

맨발대학에 고립되다

다음 날 아침. 잠을 푹 잔 것 같지도 않았는데 눈이 떠졌다. 나무로 만든 1인용 침대에서 얇은 침낭을 덮은 채 방을 둘러보았다. 어제 자이뿌르에서 출발할 때부터 배앓이를 해서 도착하자마자 어떻게 잠이 들었는지 모른 채 쓰려졌었다. 4평쯤 되는 방에는 간단한 가구 하나 없이 침대 2개만 나란히 놓여 있었다. 우리가 머물고 있는 게스트하우스는 만들어진지 꽤 오래되었는지 벽에는 드문드문 회색빛 시멘트가 보였다. 하얀 커튼이 드리워진 창가 너머로 아직 밝은 빛은 보이지 않았다. 눈을 떴는데도 계속 침낭을 덮고 있는 내 모습을 보며 평소보다 일찍 일어난 이유를 알게 되었다. 추웠다. 11월 중순부터 인도도 겨울을 준비한다고 한다. 낮에는 여전히 더웠지만 아침과 밤에는 온도가 꽤 내려간다. 으스스한 추위 때문에 침낭을 끌어안고 누워있는데 밖에서 익숙한 목소리가 들렸다.

"일어나~! 아침 먹으러 가자. 지금 안 먹으면 점심까지 내내 굶어야 해. 얼른 가자."

굶을 수는 없지. 주섬주섬 옷을 챙겨 입고 식당으로 향했다. 아침은 아주 소박했다. 짜파티에 커리. 한 눈에 보기에도 거칠어 보이는 짜파티를 한 입 베어 물었다. 이때까지 먹었던 기름이 발린 짜파티와 달랐다. 그라민은행 지점에서 먹었던 흙 맛 나는 짜파티, 도시의 냄새가 하나도 나지 않던 그 거친 맛이 떠올랐다.

아침을 먹는 둥 마는 둥 하고 사무실로 찾아갔다. 주위를 둘러보니 아침 식사 뒷정리하는 사람, 캠퍼스를 청소하는 사람, 병원 진료를 준비하는 사람 등 다들 자기가 맡은 일

ⓒ 이매진피스

© 이매진피스

을 하고 있었다. 람니와스 씨는 우리가 왜 맨발대학까지 찾아왔는지 잠깐 이야기를 듣고는 오전에 대학 강의가 있다며 그동안 캠퍼스를 둘러보고 있으라고 한다.

우리를 챙겨줄 람니와스가 시내로 나가자 우린 마치 어미 잃은 강아지 같았다. 캠퍼스를 어슬렁거리며 돌아다녔지만 다들 각자 할 일에 바빠 우리에게 신경 써 줄 사람은 없어 보였다. 우리에게 말을 건넨 사람들도 있었지만 애석하게도 우린 힌디어를 알아듣지 못했다. 맨발대학은 누군가에게 서비스를 제공해주는 곳이 아니라 이곳에서 사는 사람들의 공간이다. 또 서로가 서로에게 배움을 주는 공간이기 때문에 외국인이 왔다고 특별히 챙겨주는 일은 없는 것 같다. 우리는 행성에서 홀로 남아 구조대를 기다리는 애처로운 고립자 신세가 되었다.

구원자가 나타났다!

맨발대학 식구들은 함께 밥을 먹고, 차를 마시고 휴식을 취한다. 아침식사 시간은 8시, 점심은 12시, 짜이는 3시, 저녁은 6시. 통역자를 찾지 못한 우리는 하릴없이 식당 주위만 어슬렁대고 있었다.

"땡, 땡, 땡!"

짜이 마시는 시간이다. 약 25명이 식당으로 몰려들어 뜨거운 주전자에

희망의 증거 | 맨발대학

사람을 위한 지식, 삶을 위한 기술

맨발대학은 1972년 벙커 로이와 지역에 관심있는 전문가들에 의해 설립되었다. 브라만 계급의 엘리트였던 벙커는 비하르 주에서 불가촉천민들의 버림받은 삶을 목격한 뒤 사회 밑바닥에 있는 사람들을 위한 터전을 마련하기로 결심하게 된다. 벙커는 45에이커의 정부 소유 토지와 버려진 결핵 요양소 21개 빌딩을 정부로부터 임대해, 이곳 라자스탄 주의 틸로니아 마을 2,000여 명의 주민들과 함께 맨발대학을 시작했다. 38년이 지나는 사이 맨발대학은 인도 전역에 13개나 설립되었다.

맨발대학은 '대학' 이라는 이름을 달고 있지만 보통 대학처럼 정규학점을 채우면 학위를 주는 곳이 아니다. 맨발대학은 책에서 배우는 지식을 가르치는 것이 아니라 농촌 지역 사람들, 특히 하루에 1달러 미만으로 사는 사람들이 정말로 필요로 하는 것을 가르치고 나누는 살아있는 배움터이다. 교수가 있고 학생이 있는 것이 아니라 기술을 전수 받은 사람이 필요한 다음 사람에게 전해주는 방식으로 배움을 확산해 나간다.

시골에 물이 부족해 농사를 지을 수 없는 곳에는 관개 수로를 만드는 기술, 마을에 마실 물이 부족한 곳에는 우물 만드는 기술과 빗물 저장 설치 기술을, 추운 고산지대에 사는 사람들에게는 따뜻하게 겨울을 날 수 있는 태양열 기술을 전해주고 있다. 태양열 에너지 설치 기술은 인도의 16개 주와 아시아, 아프리카 및 남아메리카 17개 나라에 전수되었으며 우물 및 빗물 저장 시설은 인도와 아프가니스탄 및 아시아, 에티오피아, 세네갈 등 901개 마을에 설치되었다.

이 외에도 학교에 갈 수 없는 아이들을 위한 농촌 야학, 어린이 의회 및 최소임금 보장 운동, 인형극 등 사회적 이슈에 대해서도 실질적으로 대응할 수 있는 프로그램을 마련해 놓았다. 이를 통해 맨발대학은 사회를 변화시킬 수 있는 사람, 사람이 사람답게 살 수 있는 지역 활동가를 키우고 있다.

담긴 짜이를 따라 마시며 여유롭게 쉬고 있다. 식당 안을 보니 남자 한 명이 감자를 깎고 있다. 우리도 신발을 벗고 식당에 들어갔다. 잔뜩 쌓인 감자 옆에서 조용히 짜이를 마시던 낯선 여자분이 우리를 보더니 웃으며 말을 건넸다.

"어머. 외국인이시네요. 어디서 왔어요?"

"아… 영어를 하시네요! 저희는 한국에서 왔어요. 인도 사람인가요?"

"네, 저는 비하르 출신이에요. 지금은 캐나다 대학에서 학생들을 가르치고 있어요. 맨발대학에 현지조사 온 거구요. 한국에서 무슨 일로 온 거예요? 학생인가요?"

"네, 빈곤을 주제로 남아시아 여행 중이예요."

"빈곤을 주제로 여행을 왔다니 정말 독특하군요! 멋진 대학생들인데요! 그런데 맨발대학에서 언어소통은 어떻게 하나요? 영어가 가능한 사람이 별로 없는 걸로 아는데요."

"네…. 그래서 지금 어떻게 해야 할지 모르겠어요. 오늘은 허탕 쳤어요. 여기서 생활하는 사람들을 만나서 이야기해야 하는데 통역해 줄 사람이 없어요."

"그럼, 인터뷰 할 때 제가 같이 가면 어때요? 제가 힌디어와 영어가 가능하니깐 도와줄 수 있어요."

정말 구세주를 만났다. 영어를 하는

사람을 만난 것만으로도 기뻤는데, 통역까지 자청해 주다니! 우리는 그냥 짐을 싸서 다음 목적지로 갈까 고민하고 있을 정도로 심각한 상황이었다. 또 놀랍게도 그녀가 인터뷰 하려는 사람들은 우리가 만나려고 한 사람과 거의 같았다. 게다가 한국 친구가 있어 짬뽕, 김밥 등 한국 음식에도 관심이 많은 야스민은 마치 이모같이 우리를 챙겨주었다. 우리는 든든한 야스민 이모와 동거동락하며 맨발대학 곳곳을 파헤치기 시작했다.

희망을 만드는 사람들 | 맨발대학 인형극단 단장 람니와스

내 인생의 마술 같은 곳, 맨발대학

예전에 이곳을 다녀왔던 분께 람니와스 씨에 대한 얘기를 듣고 감동해서 맨발대학에 왔어요. 불가촉천민으로 태어났지만 자신의 굴레에서 벗어나 다른 불가촉천민과 함께 운동을 한다고 들었어요. 맨발대학에 오기 전에는 어떤 생활을 했나요?

저는 아코디아라는 마을에서 불가촉천민으로 태어났어요. 이 마을은 아직까지 불가촉천민이 다니는 길과 양민이 다니는 길이 따로 정해져있어요. 안 믿기죠? 지금도 이런데 40년 전에는 어땠겠어요. 저희 아버지는 천민으로 태어나 학교에 다니지 못한 것이 한이 되었나 봐요. 천민이라 배우지도 못하고 무시당하던 삶을 자식에게까지 물려주고 싶지 않으셨겠죠. 아버지는 가난한 형편에도 기어코 저를 학교에 보냈어요. 학교에 가보니 천민 출신은 저밖에 없더라구요. 천민이 학교에 가는 건 있을 수 없는 일이었거든요. 어렵게 학교를 다닌다고 해도 천민은 선생님과 눈을 마주쳐서도 안

되요. 교실에 툭 튀어나온 귀퉁이 있죠? 그 뒤에 숨어서 수업을 들었어요. 어렸을 때에는 선생님한테 칭찬 받고 싶잖아요. 그런데 저는 제가 아는 정답도 손 번쩍 들고 발표 한번 못해보고 졸업했어요. 칭찬도 꾸지람도 한번 못 들어보고 참 억울하게 학교를 다녔죠. 그렇지만 그렇게 배운 거라도 나누고 싶어서 야학을 만들었어요.

아… 그 정도일 줄은 몰랐어요. 야학을 만드는 데도 어려움이 많았을 것 같아요.

양민들 등 뒤에서지만 열심히 배웠으니까 할 수 있다고 생각했어요. 그래서 가난한 양민들, 천민들을 대상으로 학생들을 모집했어요. 꽤 많은 학생들이 모여서 잘 될 거라고 생각했는데 마을의 양민들이 "어떻게 힌두 사원에도 들어갈 수 없는 비천한 자가, 시체 만지는 더러운 자가 양민을 가르치냐"며 비난하기 시작했어요. 결국 마을 양민들과 한바탕 전쟁을 치르고 쫓겨났죠.

그때 맨발대학으로 오시게 된 건가요?

네, 그래요. 맨발대학과 인연은 더 거슬러 올라가는데요, 제가 15살 때 맨발대학 사람들이 마을에 천민을 위한 우물을 파러 왔었어요. 그 때 양민들이 천민들에게 무슨 우물이 필요하냐며 자신들 우물이나 파달라고 소란을 피웠어요. 그 때 맨발대학에서 온 어떤 분이 이러는 거예요. "마실 물이 필요하면 당신들도 이 우물을 이용하세요." 이 대답이 저한테 정말 충격적이었어요. '아, 양민과 천민이 같은 우물을 쓸 수 있는 거구나.' 같은 사람이면 당연한 건데 말이에요. 여러분들도 카스트 제도 아래에 살아봐요. 이상하지만 이렇게 생각할 수밖에 없게 만들어요. 이 일이 계속 머릿속에서 떠나질 않았어요. 그래서 마을에서 쫓겨나고는 무작정 맨발대학으로 갔어요.
맨발대학 설립자 벙커 로이에게 찾아가 이곳에서 청소부로 일하게 해 달라고 부탁했죠. 그런데 그는 저를 흘낏 보더니 "청소부라, '그렇다면 당신이 여기서 할 일은 없어요. 돌아가요."라고 매정하게 말하는 거예요. 실망해 돌아서며 불가촉 천민인 내가 일할 수 있는 곳은 아무 데도 없구나 하고 포기를 했죠. 그런데 제 등 뒤에서 벙커 로이가 이렇게 외쳤어요.

"청소 말고 회계를 배워 보는 건 어떻겠소?"
전 그게 무슨 말인지 몰라 멍 했어요. 내가 회계를 배우다니? 천민인 내가? 결국 벙커의 그 말이 저를 뒤흔들고 제 인생까지 완전히 바꾸어 놓았어요.

정말 멋진 반전이에요. 회계 일을 배우는 건 어땠어요?

해보니깐 별로 어렵지 않았어요. 신기했어요. 천민은 청소 말고는 할 수 있는 게 없다고 생각했었거든요. 그런데 제가 계산도 하고, 양민들이 쓰는 돈을 만지고, 이런 것들을 장부에 적어보니 청소하는 능력보다 계산 능력이 더 뛰어나다는 걸 알게 되었어요. 청소가 천직인 줄 알고 살아왔는데…. 맨발대학에 있는 사람들은 제 능력을 믿어줬어요. 그래서 91년까지 5년 동안 맨발대학 회계를 맡아 했어요. 그런데 사람들이 참 이상해요. 더카우라 마을에서 회계를 보는데 양민들이 제가 높은 계급인 줄 알고 깍듯이 모시더라구요. 제가 천민 출신이라고 말해도 안 믿어요. 어떻게 천민이 계산을 하고 글을 적을 수 있냐는 거예요. 그런데 천민도 그런 걸 다 할 수 있거든요. 배우면 누구든 다 할 수 있어요. 사람들은 왜 이걸 모를까요.

그러게 말이에요. 지금은 어떤 일을 맡고 계세요?

5년 동안 회계사로 일하다가 조금 더 창의적인 일을 하고 싶어서 인형극단을 맡았어요. 글자를 모르고, 세상이 어떻게 돌아가는지 모르는 시골 사람들에게 인간의 권리에 대해, 천민도 나은 미래를 꿈꿀 수 있다는 것을 인형극으로 보여 주는 거죠. 또 틸로니아 시내에 대학교가 있는데 여학생들을 대상으로 성교육 강의도 해요. 마을에서 쫓겨난 문제아가 이제 세계를 다니면서 극단을 이끌고, 양민들에게 강의를 하다니 저 자신도 놀라워요. 맨발대학은 제 인생의 마술 같은 곳이에요.

람니와스는 인간에 대한 사랑, 잠재력, 나눔, 관심을 우리에게 깨우쳐 주었다. 천민이라는 단 하나의 이유만으로 사람들에게 천대 받으며 아무런 일도 할 수 없었던 람니와스. 20년 전 그는 아무것도 걸치지 않은 채 맨발로 시작했다. 하지만 그는 이제 사람들에게 자신이 받은 것을 베풀며 가르치며, 또한 사람들에게서 배우며 살아가고 있다. 맨발대학의 마술이 바꿔놓은 현실이다.

인형극으로 바꾸는 세상

인형극 무대에서 할아버지 인형이 불쑥 튀어 나왔다.

"제 이름은 조킴차차예요. 나이는 365살 이구요."

"에이~ 거짓말!"

"거짓말이 아니에요. 여러분! 저는 300년이 넘게 살았기 때문에 여러분이 모르는 것을 모두 해결해 줄 수 있어요. 뭐든지 물어봐요!"

맨발대학의 인형극은 정해진 극본 없이 관객들과 대화하며 즉흥적으로 이루어진다. 하지만 전하고자 하는 메시지는 명확하다.

"하루에 8시간 일하고 얼마 받나요?"

"2루피를 받아요."

"2루피라구요? 정부에서 정한 최저임금은 7루피예요. 여러분의 5루피는 어디로 갔을까요?"

"우리의 5루피는 어디로 간 거죠? 어떻게 해야 찾을 수 있나요?"

"여러분~! 당신들의 억울함을 엽서에 써서 정부에 보내세요. 작은 것부터 한번 해보도록 해요."

© 이매진피스

1981년부터 시작된 맨발대학의 인형극은 쉽고 재미있는 사회코미디다. 인도 시골 마을에는 아직까지 텔레비전이나 라디오 같은 현대 문물이 들어가 있지 않다. 글을 모르는 사람들은 자신들을 위한 법이 있어도 알지 못한다. 관리들은 자신들의 권리가 무엇인지, 자신들이 어떤 혜택을 받을 수 있는지도 모르는 사람들의 것을 가로채 자신의 주머니를 채우고 있다.

인도의 농촌은 이러한 일이 다반사로 일어나는데, 외국 NGO단체나 원조 자금으로 해결되기를 기다릴 수만은 없다. 이러한 일은 그 지역에 사는 인도인만이 해결할 수 있다. 맨발대학은 차별, 인권 침해, 환경오염 등에 대한 인식과 정보를 인형극을 통해 전해주고 있다. 그 외에도 깨끗한 물을 먹을 권리, 사람답게 살 집을 가질 권리, 알코올 중독 남편의 폭력 문제 등 다양한 사회문제를 공연에 올려 문제를 해결 할 수 있도록 사람들의 의식을 북돋고 있었다.

실제로 1981년에 최저 임금에 관한 인형극을 본 여성 50명이 지방정부와 인도 대법원에 자신들의 최저 임금 권리를 요구해 승소한 일도 있었다고 한다. 1981년에 시작된 공연은 지금까지 4,200개 마을을 찾아가, 50만 명 이상의 사람들과 함께 했다. 몇 년 전부터는 외국에서 초청을 할 정도로 유명

© 이매진피스

해 졌다. 맨발대학 도서관에는 영국, 독일 등 유럽에서 공연했던 사진들이 전시되어 있었다. 버려진 신문지를 물에 이겨서 만든 이 투박한 인형들은 세계적인 스타였다.

인도에서 가장 맛있는 대학식당

사실 근처에 매점이나 수퍼마켓이라도 있었으면 우리는 맨발대학에서 주는 급식을 안 먹었을지도 모른다. 그러나 맨발대학에 오자마자 깨달았듯이 여기서는 식당에서 주는 밥 말고는 아무 것도 먹을 것이 없다. 식사 시간을 놓치면 그걸로 끝이다. 차가운 짜파티도 먹을 수 없다. 우리는 별 수 없이 시간을 놓칠새라 식당으로 향했다.

식당에 들어가면 먼저 배식판을 든다. 숟가락이나 포크는 당연히 없다. 인도식대로 '오른손'이 수저다. 배식판을 들고 아저씨 두 명에게 다가간다. 한 명은 밀가루와 통밀을 섞은 반죽을 만들고 있고 다른 한 명은 큰 화덕 위에서 짜파티를 굽고 있다. 배식판을 내밀면 커다란 짜파티 두 장을 올려준다. 그리고 돌아서면 인도식 묽은 카레와 이름을 알 수 없는 반찬 두 가지가 놓여있다. 둘 다 향이 진하고 짠 맛이 강해 조금만 덜어 담는다. 저녁 식사 시간에는 하얀 요구르트가 나오는데 한국에서 맛볼 수 있는 달콤한 요구르트를 생각하면 오산이다. 순도 100% 요구르트의 시큼한 맛이다.

식당 한켠에 마련된 널찍한 공간에 앉아 밥을 먹는다. 의자나 테이블에 앉아 먹는 것이 아니라 그냥 차가운 맨바닥에 앉아 꾸역꾸역 짜파티를 찢어 커리에 찍어 먹는 것이다. 식당에 들어서는 문 앞에는 남자들이 삼삼오오 붙어 앉아 식사를 하고 뒤쪽에 마련된 널찍한 공간에서는 여자들과 아이들이 옹기종기 앉아 밥을 먹는다.

처음엔 여성들과 나란히 앉아 밥을 먹다가 그 식사량에 깜짝 놀랐다. 체구도 작고 마른 여성들이 식판 가득 밥을 담아 와서 먹고는 짜파티도 2~3장 너끈히 먹었다. 우리는 짜파티 두 개면 배가 빵빵하게 불렀다. 밥을 다 먹고 나면 밖에 있는 핸드 펌프대에서 각자 식판을 씻어 건조대에 올려두면 끝이다.

맨 처음 맨발대학 급식을 맛본 우리는 거칠거칠한 짜파티와 짜기만 한 커리, 너무 시큼한 요구르트 맛에 적잖이 놀랐다. 두 번째에는 그냥 배고픈 게 낫다고 생각할 정도로 밥 먹으러 가기가 싫었다. 그런데 신기하게도 우리 몸은 어느새 맨발대학 식단에 익숙해져 가고 있었다. 오히려 거친 짜파티가 밥보다 더 맛있어 몇 개씩 챙겨두기도 하였다. 약간 딱딱하지만 차갑게 식은 것도 맛있었다. 짠 커리에서 풍부하고 깊은 인도의 맛을 느꼈고, 시큼한 요구르트에서는 발효의 참 맛을 알게 되었다.

하지만 맨발대학에서 예상보다 많은 시간을 보내게 되자 설탕 금단증상이 나타났다. 우리의 입은

맨발대학의 거친 음식을 부담스러워했고 몸은 자극적인 음식을 원했다. 이틀이 지나면서 문득 내가 먹는 음식, 내가 보내는 식사시간에 대한 생각을 하게 되었다.

맨발대학 사람들은 이 지역에서 생산되는 곡류와 채소류를 주로 먹고, 식사 이외에 다른 음식을 먹지 않아도 충분해 보였다. 이들은 식사를 남기는 법이 없었고 즐거운 마음으로 식사시간을 맞이했다. 얼굴 표정과 몸짓에는 언제나 여유가 넘쳤다. 이들의 생활방식을 며칠 동안 따르며 소박하게 먹고, 어두워지면 자고, 해가 뜨면 깨서 맡은 일을 하는 사이 우리 몸과 마음도 맑아지고, 편안해지는 게 느껴졌다. 자신이 할 수 있는 일보다 더 많은 일을 감당하고 이에 대한 스트레스로 과식을 하고 술을 마시는 생활이 정말 진보된 삶이라고 할 수 있을까? 맨발대학에서 가장 반가운 소리, 식사 시간을 알리는 '땡 땡 땡' 종소리는 식사시간의 감사함을 가르쳐주었다. 따끈한 짜이를 둘러싸고 한 모금의 따스함을 맛보며 어떤 삶을 살아야 하는지 조금은 알게 되었다.

남반구와 남반구를 잇는 태양

맨발대학이 이용하고 있는 거대한 우물 탱크를 지날 때였다. 한 무리의 소녀들이 뿌연 모래 바람 사이로 걸어오고 있었다. 배꼽을 드러낸 그녀들이 머리에 지고 있는 건 바싹 마른 나무 한 짐. 그리고 말린 소 똥 한 무더기. 이 허허벌판 어디서 저렇게 땔감을 구해 오는 걸까?

음식을 만들거나 집을 데우기 위해서는 불을 붙일 수 있는 연료가 필요하다. 그래서 이 지역 사람들은 얼마 없는 나뭇가지와 말린 소똥으로 불을 지피고 있었다. 가뜩이나 사막화된 땅에서 나무를 에너지원으로 삼는 것은 치명적이다. 하지만 가난한 주민들에게는 선택의 여지가 많지 않다. 선진국 사람들의 무분별한 에너지 낭비로 기후변화는 점점 심해지는데, 그 피해는 고스란히 이곳과 같은 빈국의 하층민들에게 떠넘겨지는 것이다. 이러한 악순환의 사슬을 끊기 위해서는 어떻게 해야 할까?

우리가 매끼 맛있게 먹은 중독성 있는 맨발대학 급식은 사람의 힘만으로 만들어지는 것이 아니다. 우리는 태양이 만들어주는 커리와 짜파티를 먹었다. 맨발대학 곳곳에는 태양광 전지판이 세워져 있다. 건물을 올려다보면 지붕마다 태양광판이 빛나고 있다. 식당건물 옥상에는 엄청나게 큰 태양열 조리판이 설치되어 있다. 반지름 1.6미터 정도의 태양열 조리기는 20리터의 물을 1시간 내에 끓일 수 있다. 맨발대학에서는 건물 한 채가 태양에너지를 관리하는 용도로 쓰이고 있다. 건물들이 겉으로는 촌스럽고 휑해 보이지만 그것을 움직이는 것은 대안적인 기술들이다. 모든 건물은 40킬로와트 용량의 태양광 발전기를 통해 전기를 공급받는다. 40만 리터 용량의 지하 빗물탱크는 몬순 기간

(장마철)에 물을 저장해 전체 캠퍼스에 공급한다. 이런 인도의 오지에서 태양열로 밥을 지어먹고, 빗물을 사용하는 사람들을 만나다니! 놀라움의 연속이었다.

끓어라, 오징어 짬뽕

맨발대학에서 먹는 걸로 제일 고생하고 있는 여정이. 짜파티와 커리만 나오는 맨발대학의 아침이 입에 맞지 않아 자주 아침 식사를 거르곤 했던 여정이가 정말 기다린 순간이 왔다. 바로 태양열 조리기구 기술자들을 만나는 날! 태양열 조리기는 태양열을 한 점에 모아 그 열로 요리를 할 수 있게 하는 기구다. 어느 날 우연히 조리기에서 직접 음식을 해 먹을 수 있다는 얘기를 듣고는 그날부터 여정이는 조리판 기술자를 만나는 날만 고대했다. 네팔 포카라에서 구입한 오징어 짬뽕 한 봉지를 귀한 보물처럼 모시고 다닌 지 보름쯤 되었을까. 맨발대학에서 드디어 빛을 보게 되었다.

태양열 조리기를 만드는 작업장에 도착하니 주황빛 사리를 입은 아름다운 여성이 불똥을 튀기며 용접 작업을 하고 있었다. 우리는 태양열 조리판을 만들고 수리하는 기사가 있다는 이야기를 듣고는 우락부락한 장정을 떠올렸다. 그런데 그녀들을 보는 순간 우리의 상상이 빗나간 걸 알게 되었다. 예쁘장한 외모에 팔목에 황금색 팔찌 10여 개를 차고 진홍색 사리 사이로 수줍게 웃는 세나즈는 한 눈에 봐도 요조숙녀다. 팔찌 때문에 세나즈가 망치를 두드릴 때면 '쾅 쾅' '찰랑찰랑' 두 가지 소리가 동시에 났다.

이 작업장에서 그녀는 더 이상 엄마도 아내도 아니다. 그녀는 맨발대학의 태양열 조리기를 만들고 수리하며 이 기술을 다른 여성들에게 전달해 주는 기술자이자 교육자이다. 보수적인 인도 농촌 지역에서 여성들이 국자가 아닌 망치를 든다는 건 쉬운 일이 아니었을 테다.

"현재 다섯 명이 함께 작업장에서 일하고 있어요. 10개 마을에 저희가 만든 태양열 조리기를 설치했고, 매일 400명이 넘는 주민들이 이 조리기로 만든 음식으로 식사를 해요. 두 가지 모델이 있는데 태양열 집열판이 2.5㎡인 모델은 8인 가족용으로 쓰면 알맞고, 8㎡ 모델은 100인분 이상의 음식을 한 번에 만들 수 있어요. 작은 모델은 한 달에 14kg, 큰 모델은 84kg의 가스 연료를 절약하는 효과를 가져 오죠."

태양열 조리판은 그냥 보기에도 복잡해 보인다. 집열판 뒤에는 큰 돌이 균형을 맞추며 태양의 고도를 따라 움직여 태양열을 모은다고 한다. 2명의 기술자가 한 달 동안 붙잡고 일하면 태양열 조리판 1개를 만들 수 있다고 하니 정교함과 복잡함은 말 다했다.

세나즈가 작업실 안에서 공책을 한 권 가지고 나온다. 조리판 설계도와 제작 과정을 기록한 기록이 빼곡하게 적혀있다.

"독일의 볼프강 쉐플러Wolfgang Scheffler가 이 제품을 디자인 했어요. 2004년에 그가 제작 기술을 가르치러 이 곳 틸로니아의 맨발대학에 왔는데, 처음에는 여자가 만들기는 불가능할 거라고 했어요. 그런데 벙커 로이

가 그 말을 듣고는 여자들만 모집했어요. 전 그때 맨발대학에서 운영하는 나이트스쿨에 다니고 있었는데, 집 밖에서 일해보고 싶다는 생각만으로 지원했어요."

나이트스쿨은 맨발대학이 주력하는 활동 중 하나다. 맨발대학은 틸로니아 안에서 뿐만 아니라 인도 곳곳에 위치한 필드센터를 통해 교육사업과 의료봉사, 식수개발 등의 활동을 펼치고 있는데, 필드센터에서 운영하는 나이트스쿨은 우리네 야학이라 생각하면 된다. 특히 많은 여자아이의 경우 집안일만 하고 정규학교를 다니지 못하고 있다. 그래서 불이 없어 집안일을 할 수 없는 밤에 맨발대학에서는 야학을 열어 태양광 전등을 밝혀 공부를 가르친다. 현재 673개 마을에 운영되고 있는 714개의 나이트스쿨에는 학생만 235,000명이나 된다. 이 야학에서 세나즈는 공부할 자유를 얻었다.

"보수적인 무슬림 가정 출신이라 집 밖으로 출입하는 것도 쉽지 않았는데, 마침 집안에 남자 형제들이 모두 실직 상태라 저라도 기술을 배워서 집안 살림에 보탬이 되고 싶다고 부모님들을 겨우 설득했어요."

그녀는 기술을 배우기 위해 힌디어도 동시에 배웠다며, 자랑스러운 표정으로 공책을 보여줬다. 인도의 제 1공식 언어는 힌디어다. 그러나 현재 인도는 18개국의 언어와 800개 이상의 방언이 함께 공존한다. 그녀는 지방 출신이기 때문에 힌디어가 아닌 지방 언어밖에 할 수 없었다고 한다. 힌디어가 빼곡히 적힌 공책을 들여다 본 야스민 교수는 필체가 좋다며 칭찬을 한다. 그 말을 듣고 한참을 웃던 그녀는 이제 영어도 배우기 시작했단다.

"기술자가 된 뒤 한 달에 2,190루피(약 56달러)를 벌어요. 야학에서 글자도 배우고 기술을 익히고 또 돈까지 버니 이제 시어머니와 남편 모두 제 말에 귀를 기울여줘요. 예전에 저는 그냥 아이를 낳고 키우는 엄마, 아내였을 뿐인데 요즘에는 남편과 제 위치가 동등해졌어요."

그녀가 갑자기 일어섰다. 라면 물을 끓이기 위해서는 지금 냄비를 올려놔야 한다는 것이다. 태양열은 태양이 있을 때만 모을 수 있는 법. 10분이 지나자 보글보글 물이 끓었다. 요리사는 여정이. 메뉴는 물이 너무 많아 라면인지 라면국인지 분간이 안 되는 정체불명의 요리가 되고 말았지만 그 맛은 목이 멜 정도로 맛있었다.

부탄에서 온 친구, 펨 뎀

스무 살의 활기찬 여대생 펨 뎀Pem Dem은 3개월 전 맨발대학에 도착했다. 6개월 간 맨발대학 뉴New 캠퍼스에서 머물며 앞선 선배들에게 태양열 전등 기술을 전수받고 있다.

부탄 산간지역 마을 출신인 펨 뎀은 대학생이 되어 도시에서 생활하게 되었지만 전기가 들어오지 않아 춥고 어두운 마을이 항상 마음에 걸렸다. 자신이 태어나 자란 마을을 위해 할 수 있는 일을 찾던 중 태양열 기술을 전수하기 위해 조사차 왔던 맨발대학 식구들을 만나게 되었고, 다른 17개 마을에 사는 친구 23명과 함께 인도로 오게 되었다. 처음에는 날씨도 덥고 매운 음식이 많은 인도에 오는 것이 두려웠지만 전기가 들어오지 않는 마을에 조금이나마 도움이 되기 위해 용기를 내어 맨발대학 학생이 되었다.

지금은 태양광 전등의 회로 제작을 배우고 있으며 남은 3개월간은 배터리를 충전하는 방식을 익힌다고 한다. 펨 뎀과 친구들이 3개월 뒤 마을로 돌아가면 태양광 전등을 마을에 보급하고 관리, 수리, 기술 전수까지 도맡아 하게 된다. 마을의 일꾼이자 태양광 전등 전수자가 된다. 마을 사람들의 추천으로 이곳까지 왔다고 하니 지금 그녀를 기다리는 이웃들은 얼마나 기대하고 있을까. 그녀는 이에 부응하기 위해 오늘도 열심히 인도 사람에게 기술을 배우고 있다. 부탄의 17개 마을, 부탄의 미래를 이들에게 맡겨보자!

맨발대학의 태양열 기술은 인도를 너머 세계로 퍼지고 있다. 그들은 인도 전역의 시골마을들뿐 아니라 에티오피아, 잠비아, 아프가니스탄, 라다크 사람들을 초청해 기술을 전해주고 있다. 작년에는 아프리카 에티오피아 여성 20명도 6개월간 맨발대학에 머물며 태양에너지 기술을 배웠다. 저개발국이 저개발국을 돕는 '남남협력'이 이뤄지고 있는 것이다. 태양열 에너지 부서의 책임자 버그와트 런던은 그 정신을 이렇게 설명해 주었다.

"태양은 누구의 소유도 아니에요. 우리가 가진 태양에너지 기술도 태양처럼 누구나 이용할 수 있어야 한다고 생각해요.

기술을 갖고 돈을 버는 것이 목적이 아니라 태양처럼 나누는 것이 맨발대학이 지향하는 바예요."

맨발대학은 자신들의 지식을 주입하거나 강요하지 않는다. 그 지역에 사는 사람들이 변화를 이끌어야 된다고 믿고 모든 부분을 지역과 그 지역 사람에 맞추고 있었다. 태양의 주인은 없다지만 이것을 아름다운 꽃과 같이 잘 포장한 맨발대학, 빛과 어둠이 없는 세상 곳곳에 태양열 꽃다발을 끊임없이 선물하길!

희망을 만드는 사람들 | 불가촉천민 여성 운동가 노르띠 데비

약한 사람이라도 변화를 일으킬 수 있어요

노르띠 데비는 2007년, 지역 여성의 권리 향상에 기여한 공로로 인도산업연합과 바르티BHARTI 재단으로부터 '우수여성(Women Exemplar)'에 선정되었다. 정보 기술 교육, 여성 정의를 위한 운동, 안전한 식수 보급 등 라자스탄 시골에서 기적 같은 변화를 만들어낸 노르띠 데비. 부패한 동네 이장을 벌벌 떨게 만든 여장부의 인생역전을 들어보자.

맨발대학에 있는 여러 사람이 노르띠 데비를 추천해줬어요. 도대체 어떤 일을 하셨기에 이렇게 많은 사람이 당신을 추천하는 건가요?

그 전에 제가 어렸을 때 이야기를 잠깐 할게요. 제가 어렸을 때에는 여자들이 밖

에 나갈 수도 없었어요. 밖으로 나갈 때면 사리로 얼굴을 다 가려야만 했죠. 외간 남자와 이야기하는 건 생각도 할 수 없을 정도였어요. 그만큼 여자들의 자유나 개방에 엄한 분위기였죠. 나는 불가촉천민이이고 또 여자예요. 거기다 우리 집이 정말 가난했어요. 천민이니까, 가난하니까, 여자니까, 학교도 갈 수 없었죠. 대신 집안일은 제가 다 도맡아 했어요. 그리고 시집은 또 얼마나 빨리 보냈는지, 13살에 결혼을 했어요. 결혼해서 라자스탄 시골 마을 부바니에서 살게 되었죠. 저희 집이 가난하니깐 가난한 남편을 만났어요. 먹고 살아야 하니까 산에서 돌을 캐고 운반하는 일을 시작했어요. 돌 캐는 일을 새벽부터 밤까지 하루 종을 했는데 제 손에 들어오는 건 단 1루피였어요. 그래도 전 제 삶에 궁금한 것이 없었어요. 세상 사람들이 모두 이렇게 사는 줄 알았거든요.

세상 사람들이 모두 이렇게 사는 줄 알았다…. 그런 삶에 어떤 변화가 찾아온 거죠?

1980년에 마을로 한 여인이 찾아왔어요. 처음 보는 그 여자가 제 삶을 바꾸게 만들 줄은 몰랐어요. 그때만 해도 시골 여성들이 아이를 낳다가 죽거나 병을 많이 얻었어요. 그녀는 이런 슬픈 일을 막기 위해서 건강하게 아이 낳는 교육을 같이 해보자며 마을 여성들의 모임을 만들자고 제안했어요. 아루나, 그녀가 바로 맨발대학 설립자 벙커 로이의 부인이었어요.

그렇게 부녀회를 만들었는데, 배운 것 없는 시골 아낙네들이라도 무언가를 해낼 수 있다는 사실에 우리 스스로 놀라게 된 일이 있었어요. 맨발대학에서 제가 살던 마을에 양식장을 만들었어요. 양식장 만드는 데 일할 사람이 필요했죠. 그런데 맨발대학은 우리가 하루 8시간을 일하면, 7루피의 임금을 주는 거예요. 정부가 하는 사업에서 일하면 하루에 3~4루피 밖에 안줬어요. 이상하잖아요. 맨발대학에서는 우리가 7루피를 받는 것이 법적으로 맞는 거라고 이야기했는데, 정부에서는 늘 이것보다 3루피 정도 모자란 금액을 주니까요.

이 일에 대해서 부녀회에서 함께 이야기하고 벙커 로이의 도움을 받아서 300명이나 되는 여자들이 정부를 상대로 투쟁을 했어요. 저희가 돈을 적게 받는 이유를 알아보니 사르빤츠(마을 이장)가 3~4루피씩 착취했대요. 불법을 알리고 저희의 억울함을 호소하는 편지를 계속 정부에 보내고, 정부 건물 앞에 서 있고,

저희가 할 수 있는 일을 총동원해서 알렸어요. 1980년부터 투쟁을 했는데 1981년에 라자스탄 주 대법원에서 '노동자의 하루 최소 임금은 7루피이다.' 라고 판결을 내려주었어요. 아무것도 모르고 시키는 일만 하던 여성들이 갑자기 최소 임금이니 부정이니 하는 단어를 꺼내자 정부에서도 놀란 거죠. 처음 있는 일이었거든요.

법원에서 판결까지 받아 내다니 대단해요! 그 힘으로 또 여러 가지 일을 해나갔겠죠?

82년에 마을 이장이 바뀌었어요. 그해 겨울은 정말 심각하게 많은 사람이 굶주렸어요. 그럴 때는 정부가 주민들의 생계를 위해서 공공사업을 벌이곤 하는데 깜깜 무소식인 거예요. 이장이 정부와 연결해서 해야 하는 일인데 이걸 하지 않는 거예요. 그래서 여성 60명이 지역 정부기관에 찾아가서 단식을 시작했어요. 3일 동안 단식하니 정부 관계자가 마을 조사를 한다며 저희보고 앞장을 서라고 했어요. 결국 이장은 경고를 받았고 저희는 공공사업을 시작할 수 있게 되었어요.

또 마을 여성들이 일으킨 사건 중 하나가 '돈 대신 쌀' 을 달라고 요구한 거예요. 제가 살았던 마을의 여자들은 정말 일을 많이 했어요. 집안일부터 생활비 버는 것까지. 힘들게 일해서 돈을 받아오면 남편들이 그 돈으로 술을 마시거나 다른 곳에 쓰는 거예요. 이 문제를 사람들과 얘기하고 이장에게 요구했죠. 그래서 하루에 7루피를 받는 대신 쌀 4.3kg을 받게 되었어요.

그런데 알고 보니 이장이 이 쌀마저도 몰래 300g씩 빼돌리고 있었어요. 그래서 "내가 보는 앞에서 쌀 무게를 재서 나눠달라"고 강력하게 요구해서 빼앗긴 쌀을 돌려받을 수 있게 되었어요. 이장이 저를 너무 무서워했어요. 마을 여자들을 이끌고 자기가

© barefoot college

하고 있는 일에 계속 트집 잡고 바꾸려고 하니까요.

이번에 우수여성으로 선정되며 받은 상금 10만 루피를 모두 맨발대학에 기부했다는 이야기를 들었어요. 어떻게 그런 결정을 내릴 수 있었어요?

맨발대학에서 여성 모임 활동을 하면서 배우지 못하고 낮은 카스트에 있는 여자도 스스로 변할 수 있다는 걸 알게 되었어요. 맨발대학이 저 같은 사람에게도 능력이 있다는 걸 일깨워 주었어요. 이 점이 가장 중요해요. 실수, 실패를 두려워하지 말고 부당하다고 생각하는 것에 대해 요구해야 돼요. 약한 사람이라도 변화를 일으킬 수 있다는 걸 보여주고, 이러한 일에 힘을 보태고 싶어서 기부를 하게 되었어요.

다른 지역의 여성 모임은 어떤 활동을 하나요?

지금 맨발대학에서 지원하는 마을 그룹이 65개이고 구성원들은 3천 명이 넘어요. 농촌지역 여성들이 주축이 되어서 정당한 임금, 안전한 식수, 아이들 교육, 가족계획, 선거권에 대해 토론하고 잘못된 점이 있으면 고쳐나가려고 계속 활동하고 있어요. 맨발대학에서 시골 여성들 모임에 법이나 정치 같은 전문분야에 대해 많은 지원을 해줘요.

요즘 제자 양성에 힘쓰고 있다는 이야기도 살짝 들었어요. 선생님이 되신 건가요?

컴퓨터를 배웠는데 연습하니까 다른 사람에게도 가르쳐 줄 수 있을 정도가 됐다고 생각했어요. 그래서 요즘 맨발대학 정보센터에서 컴퓨터 수업을 진행하고 있어요. 곧 있으면 여학생 3명이 올 거예요.

사회를 변화시키기 위해서는 나부터 변화해야한다. 이 말이 딱 들어맞는 여장부 노르띠 데비. 내가 만약 노르띠 데비처럼 가난하고 낮은 신분으로 태어났다면, 이것을 만든 구조에 당당하게 저항할 수 있었을까?

환타보다 더 달콤했던 대화

> 빈곤퇴치 – 여행 오기 전 열정을 가지고 밤을 새워가며 공부했던 주제이며, 목에 핏대 세워가며 사람들에게 알리려 했던 것. 여행 45일째. 이제 한국으로 돌아가면 빈곤퇴치라는 말을 못 할 것 같다. 그 단어를 입에 올리는 것, 나는 그럴 자격이 없다. – 2007. 10. 27

10월 27일이면 방글라데시, 네팔 일정이 끝난 때다. 안나푸르나 베이스캠프에 오르내리던 열흘간 많은 생각을 했나 보다. 그리고 부끄러웠나 보다. 한국에 있는 동안 나라는 존재를 빈곤퇴치에 큰 역할을 할 사람으로 생각해왔기 때문이다. 여행을 하면서 많은 사람들의 생활 자체인 빈곤과 이것에서 벗어나려고 애를 쓰는 그들의 의지를 보았다. 또 빈곤이 만들어진 것은 그들만의 탓이 아니라는 것, 이들이 빈곤의 굴레를 벗어나려고 발버둥을 쳐도 발목을 꽉 잡고 놓아주지 않는 자본의 구조도 엿보았다. 더불어 이러한 사회 구조와 정치적인 부조리를 부수려고 인생 전체를 거는 사람들도 만났다. 이들을 만나면서 나는 반성을 했다. 아, 내가 오만했구나. 나는 빈곤을 삶의 문제로 받아들이지 않았구나.

아침에 일어나 잠들 때까지 보는 것은 빈곤, 빈곤, 빈곤이었다. 이러한 상황에 익숙해질 대로 익숙해 져 감각조차 무뎌졌다. 우리에겐 깨끗한 시트가 깔린 침대와 따뜻한 물로 샤워할 수 있는 숙소, 입에 잘 맞는 식당 하나만 있으면 족했다. 우리는 단지 여행자에 불과했다. 스쳐가는 사람들, 고통을 함께 나누지 못하는 사람들이었다.

맨발대학에서 고립된 채 생활하던 우리는 며칠 만에 20분을 걸어가면 틸

로니아 기차역이 나온다는 걸 알게 되었다. 기차역 주변이면 가게 하나는 있을 거라는 희망을 갖고 물어물어 찾아갔다. 심봤다! 손바닥만 한 슈퍼, 아니 구멍가게가 하나 있다. 우리 눈에는 대형 마트보다 더 크게 보였다. 이곳에는 없는 게 없었다. 비누, 샴푸, 치약, 물, 환타, 과자. 며칠 동안 세면도구가 없어 치약 없이 이빨을 닦고 휴지 한 칸에 벌벌 떨던 우리는 비누와 치약, 휴지를 샀다. 사실 맨발대학에 있는 사람들은 이 모든 것이 없어도 잘 지내는 것 같았다. 그런데 우리는 치약과 비누가 다 떨어지는 것이 두려웠다.

그리고 너무나 오랜만에 맛보는 환타. 우리는 환타 한 병을 숙소에 도착하기도 전에 다 마셔버렸다. 이왕이면 큰 거 살 걸…. 오랜만에 마신 환타의 맛은 쉽게 잊혀지지 않았다.

맨발대학에서 맞는 첫 번째 일요일. 휴일을 맞이하여 우리는 기분을 내고 싶었다. 바로 환타를 먹는 일이다. 가위 바위 보를 하여 두 명이 환타를 사러 가기로 했다. 뜨거운 햇빛 아래서 20분가량 걸어야 했기에 서로 미루는 건 당연한 일. 여정이가 이겼다. 환타가 올 때까지 잠 한 숨 자고 있겠단다. 세운과 나는 열기가 풀풀 올라오는 길을 걷기 시작했다.

나 "맨발대학 정말 대단하지 않아? 주민들의 의식 개선이나 정부에 요구할 수 있도록 토론하고 독려하는 걸 지역 사람들이 하고 있다는 게 놀라워. 사실 계급 문제, 최저 임금, 식수권에 대해서 제일 잘 아는 사람이 이곳 사람들이잖아. 외국 단체가 들어와서 이건 할 수 없지. 이 나라는 이 나라 사람만이 바꿀 수 있는 거라는 걸 맨발대학에 와서 알게 됐어."

세운 "나는 맨발대학이 꼭 필요한 것을 가르쳐 주는 데에 감동했어. JTS도 개발 NGO로써 훌륭한 활동을 하고 있지만 학교를 졸업한 아이들이 직업을 갖기는 어렵잖아. 개발 사업할 때 보면 제일 먼저 하는 게 학교 짓는 거야. 그런데 맨발대학은 지식 교육만을 고집하지 않고, 농촌, 시골에 사는 사람에게 꼭 필요한 것을 알려주잖아. 우리는 그 사람들보다 지식은 많을지 몰라도 연장 하나 만들 수 없잖아? 하지만 맨발대학을 거쳐 간 사람은 글자는 모를 지라도 그들이 살아가는 데 꼭 필요한 지식과 기술을 갖고 가는 것 같아."

나 "그래도 글자를 알고 교육을 받는 건 꼭 필요하다고 생각해. 자기 나라에 무엇이 잘못 되었는지 알고 정부에 지적하려면 기초 교육은 꼭 이루어져야 한다고 생각해. 그래서 나는 개발 사업할 때 학교부터 짓는 걸 비판할 필요는 없다고 생각해."

세운 "그런데 그 학교에서 배우

는 게 보통 도시생활에 맞춘 서양식 교육이잖아. 그걸로 졸업 한 뒤에 무엇을 할 수 있겠어? 학교가 우선이냐 직업 교육이 우선이냐 이건 중요 한 게 아닌 것 같은데."

오랜만에 서로의 생각을 나눴다. 그동안 서로 마음에 여유가 없었나 보다. 오늘 대화로 수자타 아카데미에서 품었던 고민을 풀 실마리가 생겼다. 학교제도가 오늘날처럼 정착된 건 100년도 채 안 된다. 교육을 전담하는 정부기구와 교육 전문가가 생긴 것 또한 아주 최근의 일이다. 가족과 마을이 담당하는 교육이 제도화 되었고 이것이 개발 사업에도 함께 적용되고 있다. 하지만 남들이 다 하기 때문에 해야 하는 교육이 아니라, 지역에서 꼭 필요한 지식을 전해주는 것이 학교가 해야 할 역할이 아닐까.

이곳에 와서 활동도 하지 않은 구경꾼이 이런 생각을 하는 건 거만하고 외람된 걸지도 모른다. 한국에 돌아가면 우리는 할 일이 참 많다. 세운이는 군대에 가야하고 4학년인 여정과 나는 직업을 구해야 한다. 우리가 여행 준비한다고 밤을 샐 때 친구들은 이력서를 쓰고 면접을 보러 다녔다. 우리라고 제도권 안에 주어진 현실에 마냥 자유로운 건 아니다.

그래도 빈곤이 무엇인지 너무 알고 싶어서 '책에서만 접하는

빈곤 현장을 직접 보고 싶다.' 는 이유 하나로 버텨온 우리였다. 그런데 막상 와서는 거대한 빈곤 현장에 숨이 막혔고 때로는 빈곤을 외면하고 싶을 때가 더 많았다. 지칠 대로 지쳐버린 나에게 이 30분간의 대화는 다음 여행을 이어나갈 수 있는 큰 힘이 되었다.

일요일. 오랜만에 세운과 농담 아닌 진지한 이야기를 나누었다. 아마 여행 시작하고 처음인 듯. 개발에 대한, 미래에 대한 이야기들. 서로 부딪히는 점도 많았고 티격태격 했지만 생각을 정리 할 수 있는 의미 있는 시간이었다. 세상에 내가 변화시킬 수 있는 게 얼마나 있을까? 나 한 사람으로 변할 수 있다는 기대를 버린 지는 오래되었다. 내가 영향을 끼칠 수 있는 게 있을 거라는 미련은 아직까지 계속 있지만…. 당장 손에 쥘 수 없는 없지만 장기적으로 큰 성과를 만드는 일을 하고 싶다. 조금 오래 걸릴지도 모른다고들 하지만 아마 그게 가장 빠른 길일 확률이 크다. - 2007. 11. 18

공동체의 힘

맨발대학에서의 마지막 날, 아쉬움을 한가득 담아 캠퍼스를 다시 둘러보았다. 마침 한쪽 건물에서 연극팀의 리허설이 한창이었다. 새로 들어온 2명의 팀원을 람니와스가 훈련시키고 있었다. 불가촉천민인 그에게 연기를 지도받는 양민 배우들의 모습에는 계급에 대한 거리낌 같은 건 찾아볼 수 없었다. 식당에 들어서니 야스민 교수가 우리를 반긴다. 우리보다 캠퍼스를 더 종횡무진 하는 그녀다. 그녀는 맨발대학에서 지내며 많은 감명을 받았는지 일정을 좀 더 연장할 계획이라고 했다. 그녀는 오늘 알게 된 새로운 사실을 우리에게 알려주며 감탄사를 연발했다.

“제가 놀라운 사실을 알려 줄까요? 제가 방금 이 맨발대학 캠퍼스를 건축한 사람을 만났는데, 그 분이 원래 문맹에 농부였다는 거예요. 빗물을 사용하는 이 친환경적인 캠퍼스가 한 번도 학교를 다녀본 적이 없는 농부에 의해 건축되었다는 것이 놀랍지 않아요? 문서로 된 설계도 대신에 직접 땅 위에 건물 모양을 그려놓고 만들었대요.”

야스민 교수의 말에 우리 눈도 휘둥그레졌다. 하지만 더 놀라운 것은 그 농부를 믿고 캠퍼스의 건축을 맡긴 맨발대학이라는 생각이 들었다. 종이 자격증에 구애받지 않는다고, 진정한 교육은 현장의 경험을 통해 나온다고 말하던 맨발대학 사람들의 믿음은 말로만이 아니라 이렇게 한 걸음씩 실험과 도전으로 쌓아온 것이었다.

맨발대학을 뭐라고 정의하면 좋을까? 대학이면서 대학이 아닌 곳, 하지만 진짜 대학이 맨발대학이다. 그들은 농촌 문제는 농촌의 방식, 인도인들의 문제는 인도인 스스로 풀자고 말하는 것 같았다. 그들은 식수가 부족한 마을의 주민을 핸드펌프 기술자로 훈련시키고, 보건혜택이 없는 마을 주민을 간호사로 훈련시켰다. 전기가 없는 마을 주민들은 태양에너지 기술자로 양성해냈다. 그럼으로써, 마을은 도시에 의존하지 않고 스스로 문제를 해결해낼 수 있었다.

간디가 말했던 자립자족의 마을공동체. 한국에서는 이상에 불과하다고 치부했었는데, 이 곳 맨발대학에 머무르며 그것이 꿈만은 아님을 확인할 수 있었다. 개발도상국에서는 드물게 50년 넘게 민주주의를 유지한 인도의 힘은 간디와 같은 위대한 사상가들 덕분일까, 아니면 그 뒤를 따르는 맨발대학과 같은 실천의 힘일까.

맨발대학을 떠나는 날. 새벽 5시에 일어나 캠퍼스를 가로질러 기차역으로 가면서 계속 뒤를 돌아보았다. 그리고는 떠나기 직전에 람니와스가 한 말을 계속 되뇌었다.

© 이매진피스

"선진국 사람들은 빈곤한 사람들에게 돈을 쥐어 주거나 뚝딱 집을 지어 주는 것으로 그들이 가난에서 벗어날 수 있다고 생각해요. 그건 단순히 선진국 사람들의 희망이에요. 돈이나 집으로 빈곤은 절대 해결될 수 없어요. 사회가 정의로워야 하고, 포용력을 가져야 하고, 또 평등하게 열려있어야 해요. 무엇보다 중요한 것은 인간의 능력을 깨우쳐 주는 거예요."

맨발대학. 이곳에서 우리는 많은 고민과 궁금증을 풀었다. 문맹인 농부가 만든 친환경적인 맨발대학 건물과 캠퍼스. 이곳에서 생활하며, 활동하는 이들은 우리에게 도장 쾅 박힌 자격증을 넘어선 진정한 앎이 무엇인지 알려주었다.

긴 팔 옷을 두 겹이나 껴입었는데도 한기가 들고, 맨발로 슬리퍼만 신은 발은 계속 시렸다. 인도의 겨울이 머지않은 모양이다. 우리는 기차역 앞 매점에서 과자와 짜이를 먹겠다는 생각 하나로 길을 걸어갔다.

맨발로 일어선 사람들

교육에 참가하는 방법

보통 남반구의 경우는 국가나 국제기구의 원조금으로 맨발대학의 프로그램에 참여할 수 있도록 하지만, 개인의 경우 교육을 받기 위한 일정 금액을 지불해야 한다.(한국 여성이 태양열 조리기구 제작 교육과정을 이수한 경우도 있다.)

자원 활동

자원활동을 하기 전에 맨발대학과 사전 협의를 거쳐야 한다. 이 때 자원활동 분야를 명확히 제시해 주는 것이 좋다.

- 도서관 관리
- 마을 학생들에게 컴퓨터 교육
- 맨발대학 데이터 관리 및 정리
- 봉사자 국가 언어로 맨발대학 자료 번역 및 안내
- 관련 사례 조사
- 인형극에 사용되는 인형 제작

맨발대학 이용 Tip 5

1. 맨발대학 게스트 하우스 숙박비는 식비 포함 200루피(약 5천 원)랍니다.
2. 캠퍼스 내에서는 음주, 흡연을 할 수 없어요.
3. 이 지역은 물이 아주 부족합니다. 물을 아껴 써주세요.
4. 캠퍼스 곳곳을 자유롭게 둘러볼 수 있지만 예의를 갖추어야 해요.
5. 맨발대학 공동체에서 만든 수공예품을 판매하는 공정무역 샵을 놓치지 마세요!

맨발대학

주소 Barefoot College, Tilonia, 305816, (Via) Madanganj, District, Ajmer Rajastan, INDIA
전화 91-1463-288205
이메일 barefootcollege@gmail.com
홈페이지 www.barefootcollege.org

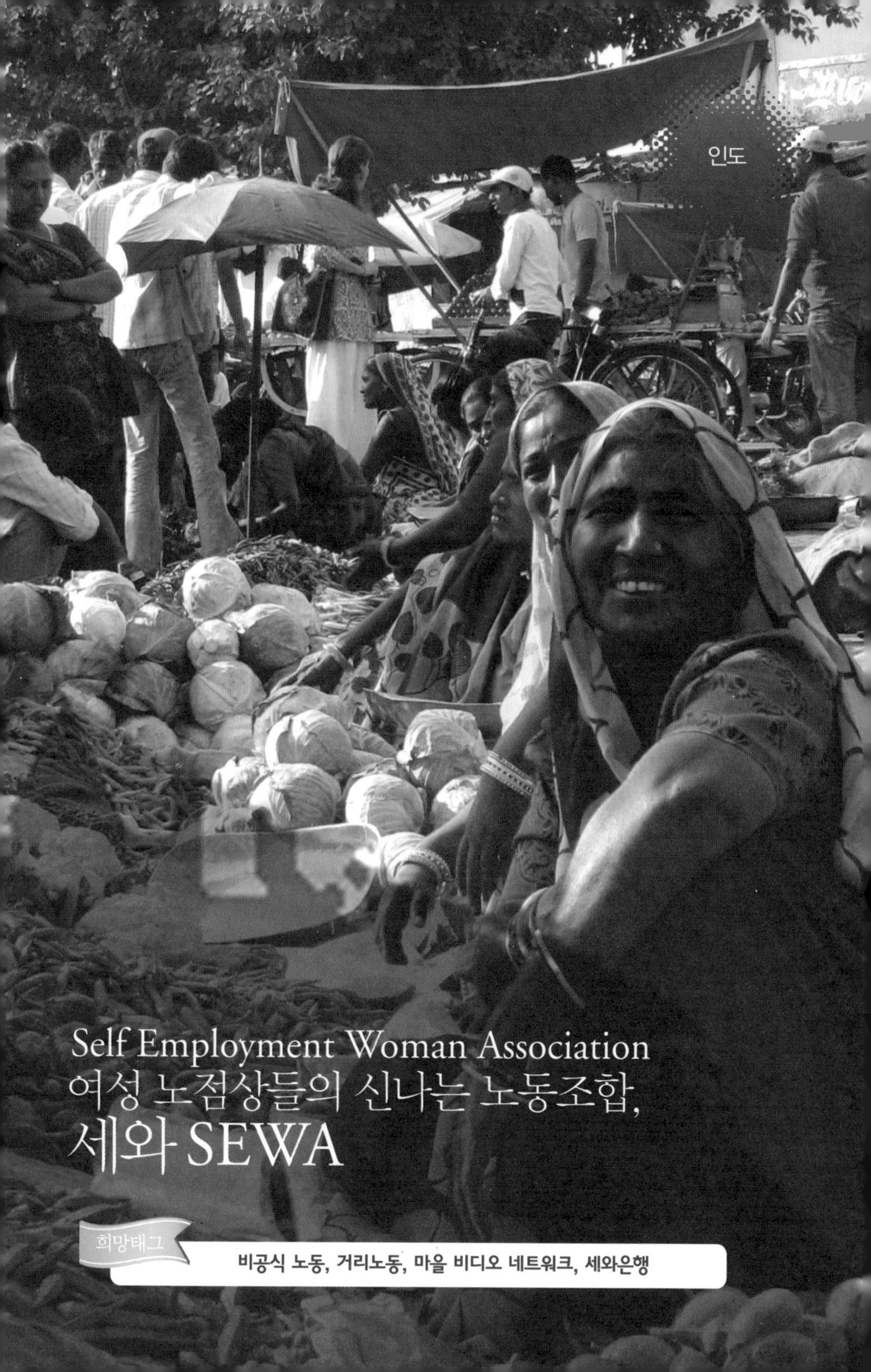

Self Employment Woman Association
여성 노점상들의 신나는 노동조합, 세와 SEWA

희망태그

비공식 노동, 거리노동, 마을 비디오 네트워크, 세와은행

세운

"우리가 1등 상을 받았어요!"
사람들은 밥을 먹다 말고
모두 얼싸 안으며 서로 기쁨을 나누었다.
어떤 영화인지, 어떻게 촬영했는지,
무슨 상인지는 잘 몰라도
우리도 덩달아 너무나 기뻤다.

아, 이제 우리는 어디로 가나

푸쉬카르에서 돌아온 저녁, 이젠 밤 11시 기차를 기다리는 일만 남았다. 8시간 전에 받아 둔 대기표에 자리가 나왔는지 확인해야 했다. 설마했더니, 이런! 우리는 아직까지 대기 60번이었다. 기차역 직원은 기대하지 않는 게 좋을 거라며 우리를 딱한 눈으로 쳐다보았다. 그래도 우리는 담담했다. 왜냐하면 우리 셋 앉을 자리는 있을 거라고 생각했기 때문에. 그리고 항상 그래 왔으니까.

웬일로 연착도 하지 않고 정시에 기차가 도착했다. 기차에 올라탄 순간 우리는 큰 실수를 했다는 걸 알게 되었다. 객실 좌석, 바닥, 화장실 앞까지 사람이 꽉 차 있었다. 우리처럼 대기표를 가지고 탄 사람들 대부분은 벌써 체념한 듯 바닥에 담요를 깔고 누워 사람들 발에 채여 가면서 잠을 청하고 있었다. 옹기종기 모여 있는 사람들 틈으로 발을 내 딛기도 어려운 상황이었다. 앉을 만한 약간의 공간도 보이질 않았다.

우리가 할 수 있는 방법은 단 한 가지. 열차 안을 계속 돌아다니는 것이다. 혹시 빈자리가 있을까 하는 조그마한 희망을 안고….

객차를 8칸 넘게 지나왔을 때, 비어있는 3층 칸을 하나를 발견했다. 심봤다! 1층에는 엄마와 꼬맹이가 사이좋게 껴안고 자고 있었다. 아마 혼자 자던 꼬마 아이가 엄마 품이 그리워 밑으로 내려간 것 같았다. 자고 있는 사람들을 깨워서 허락받기도 뭐했다.

우선은 급한 마음에 자리를 잡기로 했다. 그들을 깨우지 않기 위해 조심조심 사다리를 타고 올라갔다. 1인용 침대에 3명이 촘촘히 앉았다. 누울 순 없지만 그나마도 앉을 자리가 생긴 것에 감사했다. 셋 다 조용히 눈을 감고 어서 시간이 지나가길 바라고 있었다.

한데 새벽 3시경. 어두웠던 기차 안이 갑자기 밝아졌다. 무슨 일인가 싶어 눈을 떠 보니, 1층에서 자고 있던 아이 엄마가 화난 표정으로 우리에게 소리를 질렀다. 아주머니가 힌디어로 하는 말을 옆에 한 남자가 영어로 통역을 해 준다.

"당신들 누구예요! 왜 거기 있는 거예요!"

우리는 꿀 먹은 벙어리 마냥 아무 말도 못하고 있었다.

"당장 내려와요!"

쭈뼛 쭈뼛 3층에서 내려온 우리는 초등학교 1학년 코흘리개 학생이 선생님께 혼나는 것 마냥 고개를 푹 숙이고 아주머니 앞에 섰다. 아주머니는 우리가 1층 좌석 밑에 넣어둔 배낭과 짐마저 끄집어내고 있었다. 아, 이제 우리는 어디로 가나.

아주머니는 무척 화가 나있었다. 나중에 알고 보니 아주머니는 우리가 3층에 자고 있던 아이를 쫓아냈다고 오해를 했던 것이다. 영문을 모르는 우리는 그저 아이의 빈자리를 차지한 죄라고 생각할 뿐이었지만 말이다.

다행히 뒤늦게 일어난 꼬맹이가 자초지종을 얘기한 듯 아주머니의 화가 조금 누그러졌다. 우리는 한 밤중에 열차 복도에서 오도 가도 못한 채 '슈렉 2'에 나오는 불쌍한 고양이 표정을 짓고 있었다. 그런 우리를 차마 외면하지는 못하겠는지 아주머니는 못마땅한 표정을 지으면서도 3층 자리를 다시 내주었다. 남은 3시간 동안, 그래도 마음 편하게 자리에 앉아 갈 수 있었다.

식사 시간은 정해져 있다

아흐메다바드는 동양의 맨체스터라 불릴 정도로 발달한 공업도시로 인도에서는 잘 사는 도시 중 하나다. 그곳에서 릭샤를 타고 숙소로 가는 길에 만난 풍경은 우리가 지금까지 거쳐 왔던 인도와 사뭇 달랐다.

릭샤 기사는 우리가 "미터기 켜 주세요."라고 말하기 전에 이미 미터기를 켠 상태였다. 잘 닦여진 도로에 여유 있어 보이는 사람들. 외국인에게 관심을 갖기보다 자기 할 일에 바빠 보이는 사람들. 첫눈에 봐도 잘 사는 도시 같았다. 구걸하는 사람도 다른 도시에 비해선 적은 편이었다.

밤샘 기차를 탄 우리는 당장 씻고 눕고 싶은 마음뿐이었다. 오늘 하루만큼은 보통 때보다 예산을 살짝 오버해서 쓸 각오를 하고 가이드북에서 격찬한 중급 호텔로 갔다. 한데 가이드북이 좀 오래 돼서 그런지 책에 나오는

여행의 기술

인도 기차 즐기기

우리의 인도여행은 기차로 시작해서 기차로 끝이 났다. 인도의 기차는 연착은 기본이고 도난 사고 소식도 빈번히 들렸지만, 저렴한 가격에 침대칸을 이용할 수 있다는 장점이 있었다. 한 번 이동하면 10시간은 기본인 거대한 나라에서, 기차가 없었다면 우리의 여행이 아마 두 배는 힘들었을 거다.

- 인도에서 기차표를 사기 위해선 미리 열차 번호를 알고 있어야 한다. 일반 예약창구에서 우리나라에서처럼 "어디어디 가는 기차표 주세요~~"라고 했다간 퇴짜 맞기 알맞다. 자신이 가고자 하는 행선지와 시간에 맞는 열차 번호를 알아서 예약 신청서를 작성해야 기차표를 예약할 수 있다. 인도의 모든 기차 노선과 시간표가 정리된 〈Trains at a Glance〉라는 책자를 기차역 주변에서 구하면 편리하다.
- 델리, 바라나시, 캘커타 등 주요 관광지엔 역마다 외국인들을 위한 전용 예약 창구가 있다. 혼잡한 일반 예약 창구와 달리 편하게 앉아서 직원들에게 상담을 받으며 예약을 할 수 있으니 이용해보자.
- 인도 기차표에는 어디서 출발하는지 알려주는 플랫폼 번호가 적혀있지 않다. 그러니 전광판을 보거나 주변 사람들에게 물어서 자신이 탈 열차 번호에 맞는 플랫폼 넘버를 직접 확인해야 한다.
- 주요 대도시를 잇는 노선들은 5일 전에 구매해도 매진되어 있기 일쑤다. 그 땐 일종의 입석 개념인 Waiting 티켓을 발급할 수 있다. 대기 번호가 적힌 Waiting 티켓을 열차가 도착하기 전에 예약 창구에서 다시 확인해 여분의 좌석이 있다면 바꿀 수 있다.
- 인도 기차에는 차내 방송이 없다. 그냥 정차할 역에 정차하고 시간이 지나면 출발이다. 그렇다고 긴 시간 동안 언제 도착할지도 모른 채 정차하는 역마다 매번 긴장하고 있기에는 여행이 너무 피곤하다. 이럴 땐 주위에 있는 인도 사람들에게 도움을 요청해 보자. 말은 안 통해도 목적지 이름만 듣고도 때가 되면 친절히 알려주니까 믿고 부탁하자.
- 악명 높은 인도 열차라도 마음을 느긋하게 먹자. 어떻게든 되겠지 하고 생각하면 생각보다 즐거운 기차 여행을 할 수 있다.^ ^

'최고의 숙소' 라는 설명과는 거리가 있어 보였다. 그러나 우리에겐 다른 곳을 둘러볼 여력이 없었다. 뜨거운 물이 나오고 푹신푹신한 침대가 있다면 만사 오케이 아닌가. 방을 잡은 우리는 일단 씻고 늘어지게 잠만 잤다. 다들 아침부터 한 끼도 안 먹었는데 식욕보다는 수면욕이 더 강한지 침대에서 일어날 줄 몰랐다. 그리고 일어나니 오후 3시. 이제야 한 명씩 "배고파~"하며 몸을 뒤척인다.

식당을 찾았는데 가는 족족 닫혀 있다. 물어보니 다들 오전 11시에서 오후 1시, 오후 5시부터 저녁 시간에만 식당을 연다고 했다. 정해진 식사 시간 외에는 문을 아예 닫는단다. 역시 뭐가 달라도 다른 도시였다.

당장 배는 고픈데 최소한 2시간은 기다려야 한다니. 꼬르륵 소리 나는 배를 부여잡고 혹시나 하는 마음으로 가이드북을 살폈다. 그래. 피자헛! 아흐메다바드가 대도시는 대도시인가 보다. 피자헛이 있다니. 망설일 게 없었다. 패스트푸드점에 정해진 식사 시간이 따로 있진 않겠지.

피자헛을 간신히 찾아간 우리는 메뉴판을 열고 기겁을 했다. 메뉴판의 모든 음식에 채식을 뜻하는 녹색 마크가 붙어 있었다. 종업원은 이곳이 전세계 피자헛 중 채식메뉴만 파는 유일한 영업점이라고 친절하게 설명해줬다. 채식주의 도시 아흐메다바드와의 첫 대면이었다.

유서 깊은 힌두

문화의 아흐메다바드는 도시 전체가 육식을 금기시한다. 그래서 보통 식당은 대부분이 채식을 판매하고 한정된 몇 군데에서만 고기를 취급한다. 숙소 주위에도 있는 건 온통 채식 식당 뿐. 맨발대학에선 식당이 단 하나뿐이라 어쩔 수 없이 일주일 내내 채식을 했지만, 식당이 지천에 깔린 대도시에 와서도 계속 채식을 하게 될 줄이야!

가난한 사람들이 뭉치다

채식 도시 아흐메다바드에서 우리가 방문할 단체는 세와Self Employment Woman Assosiation(SEWA)이다. 세와의 이름을 그대로 풀이하면 '자가 고용 여성 조합' 이다. 자가 고용이라는 단어는 생소하다. 우리도 처음엔 자가 고용=자영업이라고 받아들여 자영업자들의 모임이라고 생각하기까지 했다. 그런데 알고 보니 세와가 가리키는 자가 고용은 '비공식 노동 informal work' 의 다른 표현이었다. 세와는 비공식이라는, 부정형의 표현이 주는 안 좋은 뉘앙스를 없애기 위해 자가 고용이라는 말을 쓰고 있었다.

비공식 노동은 노점상이나 구두닦이, 세차, 혹은 음식점의 단순 아르바이트 등 우리가 보통 생각하는 제대로 된 일자리가 아닌 소위 '거리 노동' 을 뜻하는 것으로, 노동 관련 통계에 포함되지 않는 직종들을 말한다. 우리 사회에서도 요즘 문제가 되고 있는 비정규직과 비슷하지만 통계에도 잡히지 않는다는 점에서 처우는 더 열악하다.

아시아에서만 약 10억 명이 비공식 노동에 종사한다. ILO 보고서는 이를 급격한 도시화에 따른 농촌 인구의 도시 유입 때문이라고 설명한다. 빠르게 유입되는 인구를 만족시킬 수 있는 취업의 기회가 제한되어 있는 상황에서, 많은 이농자들이 생계 유지를 위해 노점상 등의 비공식 노동에 뛰어든다.

특히 남성 위주의 사회 구조에서 좋은 일자리들은 보통 남성에게 우선 배분되는 것이 현실이다. 그래서 비공식 노동의 비율은 남성보다 여성이 더 높다. 인도의 경우 여성 노동자의 거의 대부분, 약 94%의 여성들이 비공식 노동에 종사한다.

세와를 방문할 때 우리가 처음 본 것은 '가난하지만 우리가 뭉치면' 이라는 강렬한 문구였다. 세와는 도시에서 가장 소외받는 가난한 여성들을 위해 설립됐다. 사회적으로 소외된 자가 고용 여성들을 조직해 생계를 유지할 권리를 쟁취하고 더 나은 일자리를 창출하는 것이 세와의 목표다.

우리가 처음 세와를 알게 된 것은 '세와은행' 때문이었다. 인터넷에서 세계 사회 포럼에 다녀온 사람의 글을 읽게 되었다. 그는 전국노점상연합회의 신희철 국장이었다. 글만 읽고 무작정 찾아간 우리에게 그가 세와에 다녀온 이야기를 해주었다. 마침 우리 주제 중에 소액융자가 있는 것을 본 그는 인도 세와를 다른 형태의 소액융자 은행이라고 하며 소개해 주었다.

그러나 세와에는 소액융자만 있는 것이 아니었다. 우리가 세와에 대해 알아갈수록 이곳이 가난한 사람들을 위한 중요한 단체라는 직감이 들었다. 세와는 소액융자 외에도 노점상 연대, 정책 제의, 협동조합 조직, 비디오 세와 등 매력적인 활동을 매우 많이 하고 있었다. 또한 세와의 핵심 가치들인 정의, 비폭력, 자치 협동이 너무나 마음에 들었다.

희망의 증거 | 세와 SEWA Self Employment Woman Association

가난한 여성들에게 노동조합을!

1970년대 초, 여성 변호사 엘라 바트Ela Bhatt는 직물 산업으로 유명한 아흐메다바드에서 섬유노조연합(TLA) 노동운동에 참여하고 있었다. 어느 날 그녀에게 노점상 여성들과 가내수공업 노동자들이 도매상과 경찰로부터 자신들을 지켜달라며 찾아왔다. 그들은 노점으로 겨우 하루하루 생활하고 있는데 주위 상인들과 경찰의 횡포 때문에 생계를 유지하는 것조차 힘이 들었다. 엘라 바트는 그녀들의 요구에, 1972년 '비공식' 부문의 여성들을 모아 세와를 만들었다. 정부는 처음에 일정한 고용자가 없는 세와를 노동조합으로 인정할 수 없다며 노조 등록을 불허했다. 그러나 세와는 노동조합은 고용주와 싸우기 위해서가 아닌 노동자들 스스로 단결하기 위해서 필요한 거라고 끈질기게 주장했다. 결국 세와는 1975년에 7천여 명의 회원으로 합법적인 노동조합으로 인정받았다. 그 후 노점상인의 권리 요구뿐만 아니라 여성들의 육아 지원, 저축 및 신용 프로그램의 제공, 나아가 자체 협동조합의 설립까지 역할이 확대되었다. 현재 인도 전역에 걸쳐 70여만 명의 자가 고용 여성들이 세와에 가입되어 있으며, 그들의 운동은 남아공, 예맨, 터키까지 전파되고 있다.

통역자는 오는 중이에요

그런데 우리의 방문이 초장부터 꼬이고 말았다. 우리는 한국에서 세와를 알려준 사람에게 부탁해 세와를 제대로 소개받고 싶었다. 세와와 교류하고 있

는 전국노점상연합회를 통해 세와에 한국 학생들이 배우러 간다고 전한다면, 그냥 개인적으로 방문하는 것보다 더 자세히 세와를 소개해주지 않을까 하는 생각이었다. 그래서 우리는 전국노점상연합회의 신희철 국장이 세와의 부의장에게 연락해 두겠다는 약속만 철석 같이 믿고 세와에 따로 연락을 취하진 않았다. 한데 중간에 일이 꼬였나 보다.

가벼운 마음으로 세와 사무실에 도착했지만 우리를 반기는 사람은 아무도 없었다. 우리가 방문한다는 소식을 들은 적이 없다는 것이다. 혹시나 하는 마음에 부의장을 만나고 싶다고 했지만 그녀는 사무실에 없었다. 20대 중반으로 보이는 통통한 직원이 우리에게 말했다.

"미리 연락했으면 저희가 스케줄 다 짜 놓았을 텐데. 이번 주는 통역자도 구하기 힘든데…. 잠시만요. 영어가 가능한 사람을 한번 찾아볼게요. 거기 좀 앉아 계세요."

그러나 그녀는 감감 무소식이었다. 그 잠깐이 몇 시간을 의미할 줄이야. 우리는 사무실 한켠에 마련된 의자에 앉아 그녀가 우리에게 쥐어준 세와 자료집을 훑어보며 참을성 있게 기다렸다. 3시간을 넘게 기다렸지만 통역자가 올 기미는 보이질 않았다. 마침내 한 직원이 우리에게 다가왔다.

"통역자가 오늘은 병원 가야 해서 힘들다고 하네요. 내일은 어때요?"

"아… 그럼 내일 다시 올게요. 그런데 오늘 세와은행이나 노점상연합 담당자를 만날 수는 없나요?"

직원도 우리의 대책 없는 기다림이 안쓰러웠는지 바로 전화를 돌리기 시작했다.

노점상인들을 위한 도시 정책

끈질기게 기다린 끝에 마침내 우리는 세와의 정책 코디네이터 데발 타카를 만났다. 그녀는 세련된 사리에 단발머리를 한 신식 여성이었다. 인도 여자들은 보통 머리가 길다. 데발 다카는 그런 것에는 구애 받지 않는다는 듯 싹뚝 자른 짧은 머리에 영어 악센트가 강한 사람이었다. 1시간 뒤에 중요한 발표를 앞두고 있어서 마음이 급해 그런 것도 같았다. 그녀는 바로 요점으로 들어갔다.

"상인이 세와 회원 카드를 갖고 있으면 일시적인 자리 증명과 보호를 받을 수 있어요. 세와가 30여 년 간 경찰, 지방 자치 단체, 각 처 장관 등 정부를 상대로 노점 상인들의 권리를 이해시키고 투쟁한 결과죠."

한국에서도 노점상의 권리는 무시되기 일쑤다. 공공질서를 어지럽힌다는 명목으로 노점은 철거되고 노점상들은 철거반의 직·간접적인 폭력에 시달린다. 한국에서 노점상의 권리가 인정된 것은 아주 최근의, 그것도 일부에 한정된 일이다. 그런데 인도

노점상에게 합법적 권리가 있다니. 게다가 세와의 성취는 거기에 그치지 않았다.

"최근에 구자라트 주 정부에서 노점 상인들을 위한 정책 초안을 만들었어요. 지금 승인이 나기만을 기다리고 있지요."

데발의 목소리에는 자신감이 넘쳤다. 데발의 이야기를 들으니 우리는 더욱 직접 노점상을 하는 여성들을 만나보고 싶었다. 데발이 노점상 모임의 리더를 소개해 주었다. 한국에선 별 관심도 없던 노점상 문제를 인도에 와서 배우다니 조금 부끄럽기도 하다.

우리가 1등이래요~

우리는 비디오 세와를 3번 방문했다. 첫 번째는 통역자가 없는 상태에서 아무 준비도 없이 갔고, 두 번째는 비디오 세와를 좀 더 자세히 알기 위해 갔다. 그리고 세 번째 방문은 우리가 찍은 사진 메모리를 그들에게 전해주기 위해서였다. 그러면서 우리는 세와의 여러 활동들 중에서도 비디오 세와를 가장 자세히 알게 되었다.

본격적인 만남은 두 번째부터였다. 도착한 시간이 마침 점심 시간이었다. 그녀들은 우리를 점심 식사에 초대했다. 점심은 멤버들이 싸온 도시락이었다. 한 명의 도시락에는 짜파티, 커리, 식사용 과자가, 다른 사람의 것에는 후식으로 먹을 수 있는 과자가 담겨 있었다. 세와 멤버들과 함께 사이좋게 둘러앉아 음식을 나눠먹었다. 식당에서 사먹는 밥이 아니라 인도 여성들이 직접 싸온 도시락을 나눠 먹는다는 사실이 왠지 모르게 따뜻했다.

도시락을 먹고 있는데 진한 초록색 사리를 몸에 두른 마르고 키가 큰 여자가 들어왔다. 그녀는 흥분한 듯 큰 소리로 외쳤다.

"우리가 만든 '나의 인생, 나의 일(My life, My work)' 이 로마의 다큐 필름 페스티벌에서 1등 상을 받았어요!"

사람들은 밥을 먹다 말고 모두 얼싸 안으며 서로 기쁨을 나누었다. 어떤 영화인지, 어떻게 촬영했는지, 무슨 상인지는 잘 몰라도 우리도 덩달아 너무나 기뻤다. 사리를 입은 인도 여성들이 해외 영화제에서 상을 받는다는 건 평범한 일이 아니니까.

2007년 11월 19일부터 22일까지 4일간 이탈리아 로마에서 열린 사회다큐멘터리 페스티벌(2007 Giro corto)은 310개의 필름에서 선발된 13개의 작품을 평가하는 자리였다. 비디오 세와가 만든 '나의 인생, 나의 일' 은 세와를 통해 삶을 변화시킨 여성들의 삶을 다룬 작품이다. 그녀들의 경험이 녹아 있는 작품에 세계도 역시 감동을 했나 보다.

비디오 세와가 만들어지기까지

비디오 세와의 역사는 세와 설립자 엘라 바트가 아프리카 말리를 방문하면서부터 시작되었다. 그 당시 말리에는 비디오를 통해 개발 교육을 전파하는 '마을 비디오 네트워크(VVN:Village Video Network)' 가 활동하고 있었다. 엘라 바트는 문맹인 말리 여성들이 비디오 촬영 기술을 배우는 과정을 보고 큰 감명을 받았다.

VVN은 1982년 마샤 스튜어트Martha Stuart에 의해 설립되어 저개발국을 대상으로 하여 교육받지 못한 사람들에게 촬영 기술 등을 가르쳐 잠재력을 깨워 주는 개발 교육을 하고 있는 단체다. VVN은 말리, 중국, 인도, 이집트, 인도네시아 등에서 활동하고 있다.

1984년 엘라 바트가 VVN의 설립자 마샤를 아흐메다바드에 초청하게 된다. 그리고 VVN과 유엔 대학의 도움으로 3주간의 비디오 워크숍을 열었다. 이때 참여한 20명 중 1/3은 글을 읽지도 쓰지도 못하는 문맹이었으며, 나머지는 떠듬떠듬 글은 읽을 수 있었지만 비디오카메라와 같은 장비를 본 적조차 없는 사람들이었다. 처음 비디오 교육을 받을 당시, 여성들의 직업은 대부분 길에서 야채를 파는 노점상 또는 머리에 옷을 한 짐 지고 운반해 주는 짐꾼이었다.

3주간의 워크숍이 끝난 뒤, 참가한 여성들은 비디오 세와를 만들었다. 그 뒤 그들은 매주 미팅을 가지면서 3주간의 워크숍에서 부족했던 부분을 스스로 보충하며 기술을 익혔다. 그녀들은 스스로 각본을 만들고 당당하게 카메라를 들고 거리로 나섰다.

멤버들은 어린 시절, 카메라를 만져보려고 하면 "여자는 카메라 앞에 서 있어야지 뒤에 있으면 안 돼!"라는 말을 들으며 자라왔다고 한다. 그런 사회에서, 무려 23년 전에, 사리를 입은 여자들이 카메라와 마이크를 들고 거리 한복판으로 나선 것이다. 그때 그녀들을 본 사람들이 보냈을 격렬한 반응이 우리는 도저히 상상이 되지 않았다.

20년만 해봐요. 뭐든지 가능해요!

그들이 우리에게 비디오 세와의 84년 첫 작품을 틀어주었다. 야채 노점상 여성의 삶을 다룬 '마네 초크Manek Chowk' 라는 작품이었다. 카메라는 시선 이동을 거의 하지 않았고 계속 불안하게 흔들려 눈이 아팠다. 같은 화면에 내레이션만 약 20분 동안 계속되는 다큐멘터리였다.

첫 작품이 끝난 후 2007년 최신 작품이자, 로마 필름 페스티벌 수상작인 '나의 인생, 나의 일' 을 보여줬다. 능숙한 촬영과 매끄러운 시선 이동, 그리고 편집까지. 20여 년 동안 그녀들이 쌓은 노력이 한 편의 다큐에 가득 느껴졌다.

비디오 세와의 목적은 글을 모르는 사람들에게 사회와 환경의 이슈를 영상으로 제공해 주고 반대로 또 그들의 목소리를 사회에 전달할 수 있도록 돕는 것이다. 노점상으로 생계를 이어나가는 여성, 집 밖으로 나오지 못하고 비디(잎을 말아서 피는 담배)를 만들어 힘들게 아이를 키우는 여성들의 이야기를 영상으로 제작한다. 또 문맹의 여성들을 위해 쓰레기 처리 방법, 질병 예방법 등 다양한 주제의 영상을 만들어 정보를 제공해 준다.

그것은 남의 이야기가 아닌 자신들의 이야기다. 노점상 일을 하며 경찰에 쫓기던 힘든 생활, 남자와 똑같은 일을 해도 차별 받는 임금, 공무원들의 안이함과 부패로 인한 피해 등. 그녀들이 직접 경험했고 주위에서 흔히 일어나는 일을 자신의 목소리로 만든 작품이다.

또한 복잡한 기계는 교육 받은 사람들만 다룰 수 있다는 편견을 깼다. 비디오 세와의 시작부터 함께 했던 릴라 다타니아Leela datania는 채소 노점상으로 힘들게 살면서 텔레비전도 한 번 본적이 없고 기계를 만지는 것도 두려하던 여성이었다. 하지만 이제는 촬영이 있을 때마다 후배들에게 촬영 기술에 대한 조언을 하는 베테랑이 되었다.

"저는 교육을 받지 못해 글을 읽지도 쓰지도 못했어요. 그러나 비디오 장비를 다루는 방법을 배운 뒤 많은 사람들과 제가 익힌 기술을 나누고 있어요."

그녀의 말처럼 비디오 세와는 농촌 여성, 가난한 여성들에게 비디오 촬영 기술을 보급시키고 있다. 비디오 촬영 교육비는 훈련생의 환경, 소득에 따라 다르지만 가난한 여성일 경우 거의 무료로 교육을 받을 수 있다.

카메라로 움직이는 세상

우리는 사회 최하층 여성들에게 비디오 교육이 어떻게 전달되는지 궁금했다. 우리의 궁금증을 풀어준 사람은 비디오 세와의 가장 고참 코디네이터인 예순네 살의 닐람 다베Neelam Dave였다.

"10일간 여성들을 교육시킨 후 4달에 걸쳐 2개월 주기로 2~3일 재훈련을 통해 실력을 쌓도록 해요. 카메라 다루는 게 능숙해지면 세와은행에서 융자를 받아 카메라를 구입해 일을 할 수 있어요. 교육받은 여성들은 마을 행사, 결혼식 등에서

촬영을 해주고 수익을 얻을 수 있는 거죠."

그녀는 많은 여성들이 카메라 한 대로 생활에 큰 도움을 받고 있다고 말했다. 불현듯 그라민은행 생각이 났다. 그라민에 '폰 레이디'가 있는 것처럼 '카메라 레이디'도 있으면 좋겠다는 생각이 들었다.

그래서 그라민은행에 대해 얘기를 꺼냈더니 벌써 방글라데시에도 다녀온 적이 있다고 한다. 방글라데시와 프랑스 파리 등에서 약 2주씩 머물며 촬영 교육을 했다고 하니 비디오 세와의 영향력이 어디까지인지 짐작할 수 있었다.

"저희도 비디오 촬영을 교육을 받을 수 있을까요? 교육비는 얼마나 되나요?"

"여러분은 비디오 카메라가 없고 또한 가난하지 않기 때문에 2주간 교육에 5천 루피(약 13만원)를 내면 돼요." 닐람이 웃으며 이야기했다.

비디오 세와는 그동안의 활동을 바탕으로 2000년에는 정식 회사로 출범했다. 정식 명칭은 '구자라트 여성들의 비디오 세와 정보통신 협동조합(The Gujarat Women's VIDEO SEWA information and Communication Co-operative Society Ltd.)' 이라는 긴 이름이다.

비디오 세와는 인도의 가난하고 문맹인 일하는 여성들에게 능력을 깨우쳐 주는 기술을 제공하는 협동조합으로 여성 200명이 회사 지분을 나누어 갖고 있다. 여성이 주인이 될 수 있음을 보여주고 실현한 것이다.

비디오 세와의 수익 창출은 다큐멘터리 판매, 비디오 촬영 교육 훈련비, 비디오 상영 등을 통해 이루어진다. BBC, UNDP(국제연합개발계획) ILO(국제 노동기구), 인도은행(State Bank of India) 등 여러 국제기구, 비정부기구들이 세와의 비디오를 찾는다.

방송을 아는 세와 아주머니들

비디오 세와 아주머니들에게 몇 시간이 넘도록 자세한 이야기도 듣고 그녀들이 만든 영상도 보았다. 그래도 가장 중요한 궁금증은 가시지 않았다. 많은 이야기를 듣고 작품을 봐도 사리를 입은 보통의 인도 여성들로만 보이는 그녀들이, 다큐멘터리를 어떻게, 어떤 식으로 촬영하는지 상상이 되지 않았기 때문이다. 하지만 대놓고 부탁할 염치는 없었다. 그래서 그냥 인사를 드리고 가려는 찰나에 한 아주머니가 우리에게 물었다.

"학생들, 신문에 글을 쓴다고 했는데 사무실에서 찍은 사진 가지고 충분하겠어요?"

한 분이 더 거들어 주신다.

"그래요. 우리 촬영하는 모습 찍으러 같이 나가요."

와! 이게 웬 횡재냐. 우리는 신이 나서 카메라 뒤를 따라 나섰다. 한 명은 카메라 담당, 한 명은 마이크 담당, 그리고 날람은 총괄이었다. 비디오 세와 건물 근처는 빈민들이 모여 사는 곳이다. 대낮에도 일 없이 빈둥거리고 있는 남자들과, 그 옆에서 뭐라도 해서 먹고 살아가려는 부인들의 목소리를 세와 멤버들이 담기 시작했다.

몇 분 뒤에는 비디오 세와의 모든 멤버들이 밖으로 나왔다. 그녀들이 카메라와 비디오를 서로 번갈아 들며 우리에게 사진을 찍어달라고 했다. 카메라를 늘 만지는 사람들도 사진 찍는 게 즐겁나 보다.

세와는 예정에 없던 다큐멘터리를 찍었고, 우리는 덕분에 좋은 사진을 건졌다! 그녀들의 능숙한(?) 모습에 우리는 "역시 방송인이라 방송을 알아." 하고 입을 모으며 한바탕 웃었다.

천국과 지옥을 가르는 다리

지난 몇 달 동안 남아시아의 세 나라 방글라데시, 네팔, 인도를 다녔다. 환경도 종교도 문화도 비슷한 듯하면서도 또 조금씩 다른 나라들이었지만 유독 눈에 띄는 공통점이 하나 있었다. 바로 도시 근교에 위치한 많은 슬럼들이었다.

슬럼slum은 도시에서 주로 가난한 사람들이 모여 사는 지역을 뜻하는 용어다. 방글라데시와 네팔, 그리고 인도에서 우리는 많은 슬럼 지역을 목격할 수 있었다. 슬레이트 철판 몇 조각으로 다닥다닥 지어진 판자촌의 모습은 국경을 넘어도 달라지지 않았다. 문외한의 눈으로 보아도 남아시아 도

시 전체가 거대한 슬럼으로 변화하고 있다는 도시학자들의 지적이 정확해 보였다.

세와 본부와 세와은행 등이 위치한 사바르마티Sabarmati 강 근처도 그랬다. 강을 잇는 앨리스 다리 밑으로는, 다리 위의 고풍스럽고 깔끔한 아흐메다바드와는 전혀 다른 세계가 펼쳐져 있었다. 널려있는 쓰레기들, 더러운 판자촌과 마찬가지인 사람들.

강가를 지나다가 강 한가운데로 스티로폼을 타고 떠다니는 사람을 발견했다. 스티로폼 위에 탄 남자는 강가의 천막으로 향했다. 모래와 쓰레기가 뒤덮인 허허벌판인 강둑. 그는 그곳 모래 위에 나뭇가지 세 개를 꽂고 천 조각으로 덮은 보금자리를 마련한 것이다. 그는 주워온 나뭇가지에 불을 붙여 찌그러진 냄비를 데웠다.

빈민촌은 세와 건물 바로 밑까지 이어져 있었다. 학교 갈 시간이 분명한데 한 여자 아이는 발가벗은 남동생을 안고 멍 하니 하늘을 보고 있고, 때가 꼬장꼬장하게 낀 얼굴에 콧물을 흘리고 있는 소년은 우리를 향해 웃으며 손을 흔든다.

다리 위를 지나다니는 신식 자동차와 차를 모는 세련된 운전자들. 다리 밑으로는 숨 쉬는 것 말고는 그 어떤 권리도 갖지 못한 사람들. 20세기가 만들어낸 이 새로운 비극을 우리는 멍 하니 바라보았다.

세와은행

빈민촌의 한 집은 골갑빠 장사를 하는지 노점이 집 대문 앞에 세워져 있다. 골갑빠는 인도 길거리 음식 중 하나인데 감자와 밀가루로 반죽하여 속이 빈 공 모양으로 동그랗게 튀긴 뒤 중간에 구멍을 내 감자 샐러드 등을 담아 소스에 담근 간식이다.

이 골갑빠 장사를 하려고 해도, 길에서 야채를 팔려고 해도 처음에는 돈이 필요하다. 그런데 큰 은행들은 담보가 없으면 돈을 빌려주지 않는데다 특히 여성은 더 많은 신용이 필요하다. 그들은 어쩔 수 없이 고리대금을 이용하기도 하는데 불합리한 이자율로 더욱 가난에 빠지게 된다.

세와는 이들을 위해 은행을 만들었다. 가난한 여성들을 위한 세와은행이 설립된 것은 그라민은행보다 앞선 1974년이다. 초기에 협동조합 형태로 4,000명의 계좌로 시작한 것이 오늘 날에는(2005년 통계) 27만 여성들의 은행이 되었다. 신용이나 담보는 부족하지만 억척같이 살기 위해 노력하는 여성들에게 세와은행은 1.5% 이자율로 대출을 해주고, 저축을 늘려갈 수 있도록 재정적 상담도 해준다. 이 외에도 국가의 종합 사회보장 제도, 보험 회사, 주택 조합 등의 프로그램과 연계한 서비스도 제공한다.

우리가 은행을 방문했을 때 은행 창구에는 명절 기차

표를 끊기 위해 줄을 서 있는 것처럼 많은 사람이 몰려 있었다. 상당수가 문맹인 이들을 위해 세와은행은 대기표를 사용하지 않는다. 직원들이 차례가 된 고객의 이름을 직접 불러준다.

고객의 대부분은 사리를 입은 여성이었고 드문드문 남성들의 모습도 보였다. 남자들도 세와은행의 고객이 될 수는 있지만 대출은 반드시 여성을 통해서만 가능하다.

협동조합으로 한 걸음 더

자가 고용 노동자들의 노동조합으로 시작된 세와의 역할은 지금도 변함이 없다. 노점상을 무분별하게 단속하는 경찰에 맞서 단체 행동을 조직하고, 정부의 정책 변화를 요구해왔다. 그러나 비공식 노동자라는 매우 취약한 처지에 있는 세와 멤버들에게 정부와 중간 상인들과 직접 맞서 싸우는 활동은 너무나 위험한 일이기도 했다.

하루하루의 밥벌이가 생존과 직결되는 그들이 생계의 위협을 무릅쓰고 활동에 참여하는 데는 한계가 있었다. 일자리는 없고, 기술 수준은 낮고, 개선을 요구하기도 힘든 상황에서 기존의 노동운동에 대안이 필요했다.

"이들이 빈곤을 벗어날 수 있는 길은 일정한 수입이 있어야 하고, 먹을 양식이 있어야 하며, 사회보장을 통해 이들의 경제활동이 보장되어야 합니다. 일반 기업의 노조에서처럼 노조원들만의 임금 인상이나 복지증진 투쟁으로는 해결될 수 없는 일이지요. 가난한 여성들의 완전고용만이 그것을 가능하게 할 것입니다.(SEWA의 활동가)"

세와는 노동자들을 협동조합으로 재조직했다. 협동조합은 노동자들의 경제적 · 정치적 권익을 보장하는 형태의 생산조직이다. 주식회사는 주주나 임원들만이 결정권을 갖지만, 협동조합은 일하는 노동자들이 생산이나 분배 등의 문제를 함께 결정한다.

세와는 비공식 노동에 종사하던 멤버들을 모아 수공예품, 농업, 낙농 등의 생산자 협동조합과 서비스, 보건, 탁아, 청소 등의 용역노동자 협동조합, 또 노점상 협동조합 등 여러 형태의 협동조합을 만들었다.

또 경제적인 목적을 위한 것 외에 멤버들 스스로의 복지를 위해서도 협동조합을 조직했는데, 보건요원 협동조합, 육아 협동조합 등이 그것들이다. 육아 협동조합의 경우 약 80여 개가 조직되어 있는데, 이를 통해 세와에 속한 수많은 일하는 여성들이 안심하며 일과 육아를 병행 할 수 있게 되었다.

우리가 방문한 낙농협동조합도 이들 중 하나였다. 우리는 아흐메다바드 도심에서 30킬로미터 떨어진 근교의 협동조합 사무실을 찾아갔다. 3평 남짓한 공간에 크고 작은 우유통들과 컴퓨터, 지방 추출기 등이 가지런히 놓여있었다.

이 협동조합은 세와의 제안으로 7년 전에 만들어졌다. 현재 60명의 생산자들이 소속되어 있다. 우리가 방문한 시간에도 몇 명의 생산자들이 집에서 생산한 우유를 통에 가득 담아 왔다. 그들이 가져온 우유는 직원들에 의해 살균되고 지방이 제거된 후, 대형 우유 제조업자들에게 공급된다.

지방 추출기를 다루는 직원인 아누Anu는 우리에게 협동조합으로 얻은 혜택을 말해줬다.

"협동조합을 조직하고 나서 소득이 늘어났어요. 또 보험과 같은 사회보장 혜택도 조합을 통해 받을 수 있게 되었지요. 전 세와에서 지방 제거기를 다루는 교육도 받아서 이렇게 일을 하게 되었어요."

마네 초크의 노점상들은 당당하다

세와를 방문한 마지막 날, 우리는 드디어 세와를 움직이는 노점상 멤버들을 만나러 갔다. 그날따라 뜨거운 햇살을 뚫고 도착한 곳은 아흐메다바드 도심의 마네 초크Manek chowk 시장이었다. 시장이라고 하지만 상가 건물들이 늘어선 것이 아니라 큰 길가를 따라 조그마한 파라솔 아래 수많은 노점상들이 자리를 잡고 앉아 있었다. 상인들은 가져온 토마토, 푸른잎 채소들, 무, 감자 등을 펼쳐 놓고 팔고 있었다. 그들 중 몇 몇은 아이를 안은 채 장사를 하고 있었고 좀 더 큰 아이들은 큰 길 사이로 뛰어 놀고 있었다.

주위는 덜컹거리는 트럭 소리, 쉴 새 없이 울리는 자동차 경적 소리, 흥정하는 날카로운 목소리로 시끌벅적 했다. 그 사이를 뚫고 우리는 한니 벤Hani Ben이라는 아주머니와 이야기를 나누었다. 채소를 파느라 정신이 없었지만 한니 아주머니는 반갑게 우리를 맞아 주었다. 우리를 안내한 세와의 노점상 리더와 그녀는 막역한 사이인 듯했다.

"장사는 언제부터 시작하셨어요?"

"20년 전부터 채소를 팔기 시작했지. 노점을 하면서 많이 어려웠어. 여자가 허가도 받지 않은 곳에서 장사하기가 쉬운 게 아니었지."

"어떤 점이 가장 힘들었나요?"

"가장 힘들었던 건 경찰이 뇌물을 요구 할 때였어. 노점상을 단속한답시고 1주일에 3~4번이나 찾아와 벌금 명목으로 돈을 달라고 하는데… 돈이 없다고 하면 채소를 던지거나 압수해 갔어."

도매상과 경찰의 등살에 시달리던 그녀는 세와를 만나게 되면서 장사하기가 수월해졌다고 한다.

"세와에는 언제 가입하시게 되셨어요?"

"15년 전에 시장 사람들하고 같이 가입했어. 세와는 그 때도 우리 같은 상인들을 많이 도와주고 있었거든. 처음에는 압수당한 물건을 찾아줬어. 그리고 경찰 단속에 대항할 수 있도록 도와줬지."

그녀가 갑자기 허리춤 깊숙이 넣어 두었던 카드 한 장을 꺼냈다.

"이게 세와 회원 카드야. 이 카드가 있으면 지금 채소 장사 하는 여기 있지 여기, 이곳에서 장사 할 수 있도록 얼마 동안은 보장받게 돼. 벌금도 100루피 내던 것을 50루피만 내면 되고."

세와의 30년 노력이 맺은 결실이었다. 그녀가 당당하게 웃는 모습을 보면서 한국의 대조적인 상황이 떠올랐다. 가난한 서민들이 생계를 위해 하는 노점상을 무력으로 철거하고, 이에 맞서 싸우는 사람들의 모임도 부정하는 나라. 오히려 우리가 인도에 와서 배워야 하지 않을까?

세와 30년이 만들어낸 변화

세와의 노점상 운동은 여기서 끝나지 않는다. 세와는 노점상인들을 위한 면허증 발급, 자리 증명, 사회적 지원 등이 통합된 도시계획을 세울 것을 촉구하고 있다.

한니 아줌마가 이렇게 웃을 수 있게 된 데는 세와은행의 도움도 컸다. 세와은행을 이용하는 여성의 94%는 한니와 같은 영세 자영업자 또는 가내 수공업자이다. 그러면서도 세와은행 대출의 회수율은 97%이다.

그녀는 "세와은행에서 담보 없이 낮은 이자율로 대출을 받아 튼튼한 집을 짓게 되었고, 건강 보험, 교육 보험도 갖게 되었다."며 우리가 물어보기도 전에 세와 은행의 덕을 톡톡히 봤다며 환하게 웃었다.

세와 설립자 엘라 바트의 책에는 '가난은 지속적인 폭력이다.' 라는 글귀가 있다. 가난에 직면한 사람들, 특히 여성들은 사회, 가정, 제도에 끊임없는 고통을 당한다. 세와는 이들 여성을 가정의 테두리에만 갇히지 않고 스스로 경제적 주체가 되는 길을 열어 주었다. 또한 여성 스스로 조직을 만들도록 지원하여 그들만의 목소리를 내게 하는 어렵고도 지난한 일을 실현시킴으로써 많은 여성들을 해방시키고 있었다.

여성들의 보살핌과 힘을 만나는 기쁨

세와를 방문하기 전 연락은 필수다. 연락이 닿지 않아 며칠을 허비한 우리의 실수를 반복하지는 마시길! 아흐메다바드에 위치한 세와 본부를 찾기는 비교적 쉽다. 본부 건물은 아흐메다바드를 가로지르는 사바르마티Sanarmati강의 앨리스 다리 옆에 있다. 쉽게 찾아가는 법은 릭샤 · 택시 기사에게 도시의 명소인 빅토리아 가든Victoria Garden으로 가자고 하면 된다. 빅토리아 가든 옆 대로의 맞은편에 있는 건물이 세와 본부이다.
방문 비용은 따로 없으나 통역을 원한다면 일정한 요금을 내고 세와와 연결된 통역사들을 고용할 수 있다. 세와에는 다양한 자매조직들이 있는데, 멤버들의 필요에 따라 그때그때 만들어진 단체들이다. 그 중 여행자에게 특히 반가운 두 가지 조직이 있다. 공정무역과 에코투어리즘 단체들이다.

세와 공정무역을 만나 보자

세와의 공정무역 파트인 세와무역촉진센터(SEWA Trade Facilitation Centre, 이하 STFC)는 2003년 세와에 소속된 만 5천 명의 여성 장인들과 수공업 기술자들을 위해 시작되었다. WFTO(세계공정무역기구)에 정식으로 등록되기도 한 STFC는 인도의 세 도시-델리, 뭄바이, 아흐메다바드에 한시바(HANSIBA)라는 브랜드로 직영 판매점도 운영하고 있다. 이들 도시에 머무른다면 한번 방문해 보자. 여느 공정무역 제품처럼 정성이 가득 들어간 고급스러운 느낌의 의류 · 수공예품을 구매할 수 있다. 홈페이지에서 각 지점의 주소와 연락처를 확인할 수 있다.

세와와 함께 생태관광을!

세와에 소속된 두 협동조합이 여행자들을 위한 생태관광 프로그램을 운영한다. 1990년대부터 자리 잡기 시작한 생태관광(Eco Tourism)은 "자연에 대한 책임을 가지고, 환경을 보존하며 지역 원주민의 행복을 배려하는 여행(국제에코투어리즘 이사회)"이다. 가네쉬푸라Ganeshpura는 인도의 전통적 생활 모습을 간직한 농촌 마을이며, 카라고다Kharagodha는 인도에서 유명한 사염지대이다. 두 곳 다 아흐메다바드에서 기차로 한나절이면 갈 수 있는 거리이다.

세와

전화 91-79-25506477
이메일 mail@sewa.org
홈페이지 www.sewa.org

새로운 여행이 시작되다

한국으로 돌아올 때 우리 손에는 그동안 만났던 많은 사람들의 연락처가 가득했다. 그들 중 아직까지 연락을 주고받는 사람도 있고, 여전히 답장을 받지 못한 경우도 있다. 우리가 가장 기다렸던 마네쉬 구룽은 아직까지 깜깜 무소식이다.

치트완 국립공원에서 2박 3일 동안 우리의 가이드이자 친구였던 그는 20살의 앳된 청년이다. 가이드로 일해 모은 돈으로 한국에 일하러 갈 거라며 치트완에 있는 내내 한국에 대해서 물었던 친구다. 한국에 아는 사람이 아무도 없다던 그에게 우리는 아무 걱정 말라며 한국에 오면 우리가 한국말도 가르쳐주고, 그 때는 우리가 가이드가 되어주겠다며 꼭 다시 만나자는 기약을 했다. 한국으로 돌아온 뒤, 틈이 날 때마다 그에게 메일을 보냈다. 그런데 그에게는 한 차례의 답장만 왔을 뿐 그 뒤로 아무런 연락이 없다.

여행을 하면서 우린 빈곤과는 또 다른 세상과 만났다. 방글라데시 길거리를 지나갈 때면 키가 크고 수염이 덥수룩한 어른들이 다가와 한국에서 왔냐며 능숙한 한국어로 말을 걸었고, 네팔 식당에서는 한국으로 일하러 갈 거라며 반갑다고 콜라를 서비스로 주던 젊은 종업원도 만났다. 남아시아 곳곳에 있는 젊은 사람들이 한국으로 일자리를 얻기 위해 떠나고, 또 한국에서 다시 고향으로 돌아온 사람들도 많았다.

이들을 만나면서 우린 한국에 있는 무수한 아시아인을 생각하게 되었다. 여행을 떠나기 전에는 보지 못했던 그들의 존재가 보이기 시작했다. 한국으로 돌아온 우리는 이들을 만날 수 있는 곳으로 달려갔다.

그들에게 우리가 다녀온 곳들을 이야기하며 또 다시 여행을 떠난다. 시골에서 온 방글라데시 이주노동자에게 그라민은행 이야기를 듣고, 비소에 대한 의견을 묻는다. 또 포카라가 고향이라는 네팔 친구들에게 안나푸르나를 오르던 이야기를 하며 맞장구도 친다.

어리숙한 우리에게 배움을 나눠주고, 모자라지만 기꺼이 먹을 것과 친절을 베풀어준 아시아의 친구들을 우린 잊지 못한다. 그들 한명 한명을 생각하면 지금 한국에 와 있는 수많은 아시아인들을 외면할 수가 없다. 우린 지금 만나고 있는 아시아 친구들이 또 다른 마네쉬 구룽이라고 생각하며 그들에게 아시아를 다시 배우고 있다.

여행은 끝이 났지만 우리의 진짜 여행은 이제부터 시작일지 모른다. 여행에서 그랬듯이 우리는 더 많은 열병을 앓고, 더 많이 부딪치고, 더 많이 길을 헤매며 배울 것이다. 우리 여행의 길잡이가 되어 주었던 '희망' 을 품고.

희망이란 본래 있다고도 할 수 없고 없다고도 할 수 없다.

그것은 마치 땅 위의 길과 같은 것이다.

본래 땅 위에는 길이 없었다.

한 사람이 먼저 가고 걸어가는 사람이 많아지면

그것이 곧 길이 되는 것이다.

– 루쉰

도움받은 책들

계간 《녹색평론》

고미숙 『나비와 전사』(휴머니스트, 2006)

김남희 『소심하고 겁 많고 까탈스러운 여자 혼자 떠나는 걷기 여행 4 : 네팔 트레킹 편』(미래M&B, 2007)

나렌드라 자다브, 강수정 역 『신도 버린 사람들』(김영사, 2007)

데이비드 본스타인, 김병순 역 『그라민은행 이야기』(갈라파고스, 2009)

데이비드 스즈키, 조응주 역 『굿뉴스』(샨티, 2006)

르몽드 디플로마티크, 권지현 역 『르몽드 세계사』(휴머니스트, 2008)

리오넬 오귀스트 등, 고정아 역 『에코토이, 지구를 인터뷰하다』(효형출판, 2006)

마이크 데이비스, 김정아 역 『슬럼, 지구를 뒤덮다』(돌베개, 2007)

마이크 데이비스, 정병선 역 『엘니뇨와 제국주의로 본 빈곤의 역사』(이후, 2008)

마일즈 리트비노프, 존 메딜레이, 김병순 역 『공정무역』(모티브북, 2007)

모한다스 카람찬드 간디, 김선근 역 『힌두 스와라지』(지만지, 2008)

무하마드 유누스, 김태훈 역 『가난없는 세상을 위하여』(물푸레, 2008)

무하마드 유누스, 알란 졸리스, 정재곤 역 『가난한 사람들을 위한 은행가』(세상사람들의 책, 2002)

박창순, 육정희 『공정무역, 세상을 바꾸는 아름다운 거래』(시대의 창, 2010)

수잔 조지, 이대훈 역 『외채 부메랑』(당대, 1999)

실벵 다르니, 마튜 르 루, 민병숙 역 『세상을 바꾸는 대안기업가 80인』(마고북스, 2006)

아시아네트워크 『우리가 몰랐던 아시아』(한겨레신문사, 2003)

월간 《일하는 사람들의 작은 책》

월간 《작은 것이 아름답다》

유재현 『아시아의 기억을 걷다』(그린비, 2007)

유재현 『아시아의 오늘을 걷다』(그린비, 2009)

이강국 『가난에 빠진 세계』(책세상, 2007)

이매진피스, 임영신 · 이혜영 『희망을 여행하라』(소나무, 2009)

이유경 『아시아의 낯선 희망들』(인물과사상사, 2007)

이진경 『노마디즘』(휴머니스트, 2002)

임영신 『평화는 나의 여행』(소나무, 2006)

제리미 시브룩, 김윤창 역 『다른 세상의 아이들』(산눈, 2007)

제리미 시브룩, 황성원 역 『세계의 빈곤, 누구의 책임인가?』(이후, 2007)

제인 베델, 김선봉 역 『세상을 바꾼 용기 있는 아이들』(꼬마이실, 2005)
조병준 『제 친구들하고 인사하실래요?』(그린비, 2005)
카를 알브레히트 이멜, 서정일 역 『세계화를 둘러싼 불편한 진실』(현실문화연구, 2009)
칼 마르크스, 김수행 역 『자본론』(비봉출판사, 2005)
크레그 린드버그 외, 김성일 역 『생태관광』(일신사, 1999)
편집부 『론니플레닛 인도』(안그라픽스, 2009)
폴라니, 홍기빈 역 『거대한 전환』(도서출판 길, 2009)
프란스 판 데어 호프, 니코 로전, 김영중 역 『희망을 키우는 착한소비』(서해문집, 2008)
프란시스 무어 라페, 안나 라페, 신경아 역 『희망의 경계』(이후, 2005)
프란시스 무어 라페, 허남혁 역 『굶주리는 세계』(창비, 2003)
피에트라 리볼리, 김명철 역 『티셔츠 경제학』(다산북스, 2005)
하종강 『그래도 희망은 노동운동』(후마니타스, 2006)
헬레나 노르베리-호지, 김종철 등 역 『오래된 미래』(녹색평론사, 2001)
Polly Pattullo, Orely Minelli 『The Ethical Travel Guide』(EarthscanPublications, 2009)

참고한 단체 및 사이트

공정여행카페 cafe.naver.com/fairtravel
국제민주연대 www.khis.or.kr
대학생정토회 www.jungto20.org
모심과살림연구소 www.mosim.or.kr
여성환경연대 www.ecofem.or.kr
이매진피스 www.imaginepeace.or.kr
인권운동사랑방 www.sarangbang.or.kr
전국노점상연합회 www.nojum.org
지구촌대학생연합회 www.gsu.or.kr
쿨머니 coolmoney.mt.co.kr
한국 JTS www.jts.or.kr
한국공정무역연합 cafe.naver.com/fairtradekorea
희망의지도 cafe.naver.com/hopemap
ODA Watch www.odawatch.net